華夏英才基金學術文庫

微波毫米波平面电路理论

童玲 田雨 高博 年夫顺 著

科学出版社
北京

内 容 简 介

本书以微波毫米波平面电路设计分析理论和测试技术为主要内容。概述了微波毫米波非理想平面电路设计的主要分析方法。针对微波毫米波平面电路设计中的典型非理想因素，详细介绍了屏蔽电路、有限导带厚度、有耗介质、有限接地及多层平面电路垂直互联等工程实际电路的分析设计基础理论和方法，以及微波、毫米波平面电路和介质材料测试技术。

本书可作为从事微波毫米波平面电路分析设计的研究人员和工程技术人员的工作参考用书，也可供高等院校电子科学与技术、电磁场与电磁波、电路与系统、测试技术等专业的教师和研究生参考。

图书在版编目（CIP）数据

微波毫米波平面电路理论／童玲等著. —北京：科学出版社，2016

（华夏英才基金学术文库）

ISBN 978-7-03-050372-5

Ⅰ. ①微… Ⅱ. ①童… Ⅲ. ①微波集成电路 ②极高频-集成电路 Ⅳ. ①TN4

中国版本图书馆 CIP 数据核字（2016）第 257547 号

责任编辑：姚庆爽　张海娜／责任校对：郭瑞芝

责任印制：张　倩／封面设计：陈　敬

科学出版社 出版

北京东黄城根北街 16 号

邮政编码：100717

http://www.sciencep.com

北京凌奇印刷有限责任公司 印刷

科学出版社发行　各地新华书店经销

*

2016 年 10 月第　一　版　开本：720 × 1000　1/16

2016 年 10 月第一次印刷　印张：12　1/4

字数：249 000

POD定价：　85.00元

（如有印装质量问题，我社负责调换）

前　言

1865 年 Maxwell 方程预测电磁波存在，1888 年 Hertz 激发了电磁波，至今已过去一个多世纪。一百多年来，Maxwell 方程成为电磁场与电磁波的经典理论基础。现代电磁场与电磁波理论研究一直围绕着如何求解给定边界条件的 Maxwell 方程来开展研究工作，无论是传统的解析方法，还是现代数值计算方法，无一不是如此。然而在工程实际应用中，不是所有的电磁场问题都能用给定边界条件的 Maxwell 方程来获得解析解，由于边界条件的不连续、不规则、不均匀以及表面材料和填充材料的多样性，只有极少数电磁场问题能够直接从解 Maxwell 方程来获得。

随着现代电子信息技术以及移动通信技术的高速发展,微波毫米波电路向宽频段、高密度、综合化、集成化方向推进。器件与电路、电路与封装壳体之间的物理尺度越来越小，材料与电磁场、器件与电磁场、电路与环境的互相影响、互相作用问题日益突出。高频段、高集成度电路的出现使得微波毫米波平面电路和多层电路的各种非理想因素影响凸显。传统的分析理论和计算方法已渐渐不能满足现代微波毫米波平面电路和多层电路的设计需求。由于各种理想条件的假设，通过半解析分析方法获得的微波毫米波平面电路和多层的电路分析计算数据与工程测试结果的差距随着应用频率的提升而逐渐加大。数值仿真计算也由于各种非理想因素而导致计算效率大幅度下降、部分非理想因素影响还无法引入，设计人员只能凭个人“经验”借助于计算机的辅助分析进行设计和研制。微波毫米波平面电路工程设计只能通过“算”“试”“凑”和“调”等方式实现设计目的。

为此，电子科技大学与中国电子科技集团公司第四十一研究所(以下简称中电科集团 41 所)合作，在微波毫米波非理想平面电路以及多层电路垂直互联的分析理论和计算方法方面开展了深入的基础研究。在国家重大基础研究项目、通用测试技术预先研究计划项目、电子测试技术国防科技重点实验室基金、国家自然科学基金等研究计划支持下，针对微波毫米波各种主要非理想因素和多层电路的垂直互联分析设计，利用解析、半解析和数值仿真相结合的方法，开展了全面、深入的基础研究。在微波毫米波非理想平面电路和多层电路垂直互联设计理论和技术方面取得了一定的研究成果。本书为作者所在研究团队的研究工作和成果的系统总结。

本书内容涉及的微波毫米波平面电路的主要非理想因素包括有限屏蔽空间、有限导带厚度、有限接地线和有耗介质四类，介绍了针对每类非理想因素的半解析分析方法。在多层电路垂直互联分析方法中介绍了以电路外部结构和内部结构相结合的过孔、通孔和埋孔等各类垂直互联的仿真计算分析方法。同时本书还介绍了相应的电路介质材料测试技术和平面电路参数测试技术，展示了相应实验案例、测试结果和分析，可为相关电路、器件和系统设计提供参考。

微波毫米波平面电路以及多层电路垂直互联的分析理论是器件、系统设计的基础，尽管作者及所在研究团队多年来在此方面开展了大量研究，积累了一定成果和经验，但仍存在未尽工作和不完善之处，所持观点仅为一家之言。在此抛砖引玉，愿能为学界同仁的研究尽绵薄之力。

电子科技大学的童玲教授、田雨副教授、高博副教授和中电科集团 41 所的年夫顺研究员负责本书编写。电子科技大学四川省对地观测工程技术研究中心的博士研究生赵权、李大帅等同学参与了本书的校对和绘图工作，在此深表感谢。本书涉及的实验验证、测试是在中电科集团 41 所姜万顺研究员、刘金现研究员等同仁的帮助下完成的，在此深表感谢。本书还参考了大量相关资料，在此对这些文献的作者表示感谢。

本书的出版得到华夏英才基金的支持，在此深表感谢。

限于作者水平，书中难免存在不足之处，恳请读者批评指正。

童　玲

2016 年 5 月于电子科技大学

目　　录

第1章　绪　　论

1.1　微波毫米波平面电路

微波通常是指频率在300MHz～300GHz的信号，其波长对应为1m～1mm。依据波长划分，又可将微波进一步细分为分米波、厘米波和毫米波。从广义来讲，300～3000GHz的信号亦可归于微波的范畴，但是由于该波段的信号频率过高，向上已和近年来研究热点太赫兹技术相重合，因此本书主要讨论300GHz以内的信号。在相关学术著作中，舍弃了频率1GHz以下的研讨，因为此频段的信号和通常意义上的射频信号重叠，其研究方法和实现技术与常规意义的微波技术略有不同。

所谓微波毫米波电路和器件的提法主要是为了明确电路或者器件处理和传输信号的频率位于微波毫米波波段。从是否需要外界提供能源区分，可将微波毫米波电路和器件分为有源及无源两类；从使用有源器件的类型分类，可分为真空管电路和固态电路两大类；从实现微波毫米波电路所使用的技术角度考虑，又可分为印制电路板电路、混合集成电路、单片集成电路等；从实现功能区分又可将微波毫米波电路和器件分为放大器电路、衰减器电路、滤波器电路、功率分配器电路以及混频器电路等；依据特殊性能指标分类，又可分为诸如低噪声电路、高功率电路等；依据传输结构不同，又可分为波导电路、同轴线电路、带状线电路、微带电路、共面波导电路等；依据电路物理参数与信号波长的关系，又可分为集总参数电路、分布参数电路、平面电路、波导电路和长波导电路五类。

物理参数分类方法最早是由日本科学家Okoshi在其专著中提出。假设电路或器件处于笛卡儿直角坐标系中，信号传输方向默认为 z 方向，那么根据电路在 x，y，z 三个方向上的物理尺寸与波长之间的关系得出如下的五类电路：

(1) 集总参数电路。电路或元器件尺寸在 x，y，z 三个方向上都远小于信号波长，可认为元器件参数不随空间尺寸发生变化，通常电阻、电容、电感等都属于该类型。

(2) 分布参数电路。电路或元器件尺寸在 x，y 方向上远小于信号波长，但在 z 方向与信号波长上可比拟，如同轴谐振器、同轴衰减器等属于该类型。

(3) 平面电路。在 z 方向上远小于波长，在 x，y 方向上与波长可比拟，该情况可认为是平面电路，例如，微波多层电路中层与层之间传输信号的通孔就属于平面电路的范畴。

(4) 波导电路。在 x，y，z 三个方向上都与波长可比拟，一般腔体电路都属于该类型。

(5) 长波导电路。在 x，y 方向上与波长可比拟，而在 z 方向上远大于波长的类型属于长波导电路，例如，梳状滤波器属于长波导电路。

波导电路和长波导电路主要由各类波导及其衍生结构组成，20 世纪 40 年代出现的最早微波电路形式即是由波导传输线、波导元件、谐振腔和微波电子管等组成。可以说早期的微波电路基本是以腔体电路的形式出现的。随着微波固态器件技术和微波平面传输线技术的发展，在 20 世纪 60 年代出现了混合微波集成电路(hybrid microwave integrated circuit, HMIC)，它的特点是将无源微波器件和有源微波元件制作在一块半导体基片上，与立体微波电路相比具有体积小、重量轻的优点，并且回避了复杂的波导机械加工工艺；随后又出现了单片微波集成电路(monolithic microwave integrated circuit, MMIC)，与 HMIC 相比，MMIC 具有体积小、可靠性高、噪声低、功耗小、工作频率高的优点，以此基础上发展出了可用于毫米波波段的 MMIC，即微波与毫米波单片集成电路(MIMIC)。近年来，体积更小、集成度更高的微波多芯片组件(microwave multi-chip modules, MMCM)取得了迅猛发展，它将多个芯片和其他微波元器件高密度地组装在三维微波多层电路互连基板上，以形成高密度、高可靠和多功能的电路组件。总体来看，微波和毫米波电路经历了从腔体到平面、从低频到高频、从单层到多层的发展过程。

通常认为集总参数器件以及集总参数电路的分析设计方法在微波电路中是不适用的。在早期工艺和材料水平条件限制下，微波波段电路或者元器件的尺寸在 x，y，z 三个方向上都是远大于信号波长的，不满足集总参数电路条件。随着光刻技术以及薄膜材料技术的发展，电容、电感等常见的集总参数元件的尺寸大大缩小，已经可以直接运用于 20GHz 以下的电路，在很多的微波集成电路中都会运用集总参数的元件，其分析设计方法也适用于微波电路。

本书讨论的微波毫米波平面电路主要指借助印制电路板(printed circuit board, PCB)技术以各种形式的金属带线实现的电路。与腔体电路相比，平面电路加工难度和成本都会得到显著降低，而且，结合成熟并得到大量应用的微波固态器件，电路乃至系统的体积会大大降低，这一点在目前大量便携式智能设备应用上体现的尤其明显。但是需要引起注意的是，即使同样采用印制电路板技术，微波毫米波平面电路的设计和分析与常规意义的低频、高频等电路仍有非常大的区别，其具体体现在介质基材的选择、金属传输线的设计等方面。有源器件(主要包括各类晶体管、二极管等)在微波频率下使用的是特殊设计甚至采用了完全不同的物理原理；在低频段可以忽略不计的各类有源、无源器件的寄生电感、寄生电容等效应在微波电路中必须加以考虑。

1.2　微波毫米波平面电路类型

微波毫米波平面电路是结合微波平面传输线以及印制电路板技术发展而来的，甚至可以说，微波毫米波平面电路实质就是使用了微波毫米波平面传输线的电路总称。微波平面传输线主要包括带状线、微带线、槽线以及共面波导几种主要类型，其重要的指标参数包括有效介电常数、特征阻抗、色散特性、损耗以及工作频率。在常规的微波毫米波平面电路中，通常会选用其中一种或者几种平面传输线组合，尤其在多层电路技术下，微带线和带状线的应用尤其普遍。与波导和同轴形式的微波毫米波电路相比，微波毫米波平面电路体积小、重量轻、成本低、制造工艺简单的优点，尤其重要的优点是容易与微波固体器件配合使用，构成各类微波集成电路。

(1) 带状线。图 1.1 所示为带状线的横截面示意图，其主体结构有金属层和介质层两部分构成。金属层由两块宽度为 a、相距为 b 的接地板和中间宽度为 W、厚度为 t 的金属导带构成，在接地层之间填充有介电常数为 ε_r 的均匀介质。带状线的上下接地面形式，决定了在理想情况下工作模式为 TEM 波，但其结构特点使其仍然会输出高次 TM 和 TE 模。

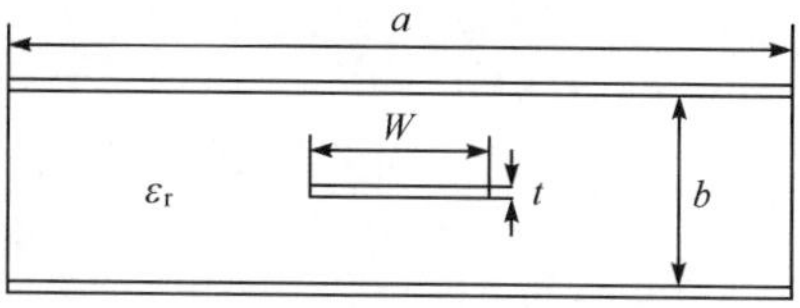

图 1.1　带状线横截面示意图

为了避免出现高次模，结构尺寸应满足如下关系：

$$b < \frac{\lambda_{\min}}{2}, \quad W < \frac{\lambda_{\min}}{2}, \quad 5W \leqslant a \leqslant 6W$$

其中 $\lambda_{\min}$ 是带状线的最小工作波长。设计带状线时，首先需要确定工作频段，其次在选择带状线物理尺寸时需要考虑工作频率、介质类型等相关参数。

在均匀介质中带状线的相位常数 β 由如下公式给出：

$$\beta = \frac{\omega}{v_p} = \omega\sqrt{\mu_0\varepsilon_0\varepsilon_r} = \sqrt{\varepsilon_r}k_0 \tag{1.1}$$

其中ω为角频率；v_p是沿带状线的波传播的速度；μ_0是自由空间的磁导率；ε_0是自由空间的介电常数；ε_r是带状线结构中介质材料的相对介电常数；k_0是自由空间的相位常数。

传输线的特征阻抗为

$$Z_0=\sqrt{\frac{L}{C}}=\frac{1}{v_pC} \tag{1.2}$$

其中L和C是传输线单位长度的电感值和电容值。为了简化计算，一般采用如下近似公式计算：

$$Z_0=\frac{30\pi}{\sqrt{\varepsilon_r}}\frac{b}{W_e+0.441b} \tag{1.3}$$

其中W_e和b满足如下关系式：

$$\frac{W_e}{b}=\frac{W}{b}-\begin{cases}0, & \dfrac{W}{b}>0.35\\ \left(0.35-\dfrac{W}{b}\right)^2, & \dfrac{W}{b}<0.35\end{cases} \tag{1.4}$$

在设计带状线时常常面临的问题是已经给定了带状线的特征阻抗、接地板之间的距离b以及介质的介电常数ε_r，计算带状线的宽度W。由上述公式得出

$$\frac{W}{b}=-\begin{cases}x, & \sqrt{\varepsilon_r}Z_0<120\\ 0.85-\sqrt{0.6-x}, & \sqrt{\varepsilon_r}Z_0>120\end{cases} \tag{1.5}$$

其中x满足下面的条件：

$$x=\frac{20\pi}{\sqrt{\varepsilon_r}Z_0}-0.441 \tag{1.6}$$

带状线的损耗由介质损耗α_d和金属损耗a_c两部分组成。由于带状线传输的是TEM模式，介质损耗的计算与其他传输TEM波的传输线(如同轴线)形式相同：

$$\alpha_d=\frac{k\tan\delta}{2} \tag{1.7}$$

其中$\tan\delta$为损耗角正切。

金属损耗a_c可通过以下公式进行计算：

$$a_c=\begin{cases}\dfrac{2.7\times10^{-3}R_s\varepsilon_rZ_0}{30\pi(b-t)}A, & \sqrt{\varepsilon_r}Z_0<120\\ \dfrac{0.16R_s}{Z_0b}B, & \sqrt{\varepsilon_r}Z_0>120\end{cases} \tag{1.8}$$

其中 R_s 为金属的表面电阻；参数 A 和 B 满足下列两式：

$$A = 1 + \frac{2W}{b-t} + \frac{1}{\pi}\frac{b+t}{b-t}\ln\left(\frac{2b-t}{t}\right) \tag{1.9}$$

$$B = 1 + \frac{b}{(0.5W+0.7t)}\left(0.5 + \frac{0.414t}{W} + \frac{1}{2\pi}\ln\frac{4\pi W}{t}\right) \tag{1.10}$$

(2) 微带线。微带线是微波毫米波平面传输线和电路中最常见的形式，在混合微波集成电路和单片微波集成电路中几乎都会使用到微带线结构。图 1.2 为微带线的横截面示意图。与带状线相比，微带线结构和制造工艺更为简单。一个介质基板介质一面是接地层，另一面是金属导带，金属导带的顶层暴露于空气中，可将金属导带视作被介电常数为 ε_r 的介质基板和空气组成的非均匀介质环绕的情况。由于没有中心导体，微带线无法传输纯 TEM 波，但为了计算和设计方便，通常近似认为微带线传输的是准 TEM 波。

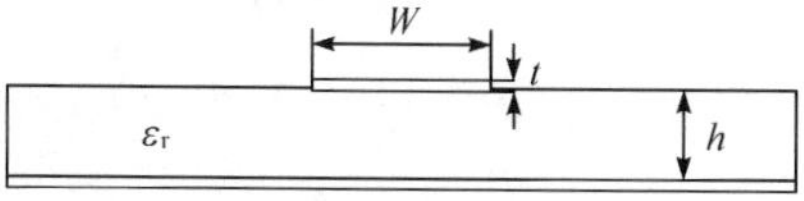

图 1.2　微带线示意图

微带线最大的优点是制造工艺简单、制造成本低廉。其金属导带属于开放结构，易于和其他有源或者无源器件的引脚或者底座相连接，故适于与其他微波器件进行互连构成各类集成电路和功能电路。但微带线也有显著的缺点，如具有较高的损耗、较大的辐射和色散、组件之间较多的寄生耦合。

由于微带线的金属导带位于非均匀介质中，因此在研究和使用微带线时，需要引入一个特殊参数——有效介电常数 ε_{eff}，其意义在于将非均匀介质转换为均匀介质，如图 1.3 所示，在微带线电路设计中具有重要意义。

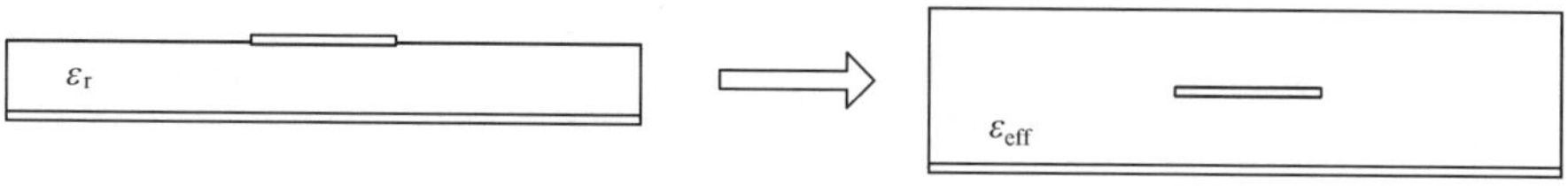

图 1.3　微带线介电常数的等效

ε_{eff} 可通过以下公式计算：

$$\varepsilon_{eff} = \frac{\varepsilon_r + 1}{2} + \frac{\varepsilon_r - 1}{2}\left(1 + \frac{10h}{W}\right)^{-\frac{1}{2}} \tag{1.11}$$

其中 h 是微带线结构中介质基板的厚度；W 是金属导带的宽度；ε_r 是介质基板的介电常数。

微带线的特征阻抗 Z_0 是非常重要的参数，其大小和计算公式与微带线的物理尺寸 W 和 h 有关，可通过以下公式计算：

当 $\frac{W}{h} < 3.3$ 时，

$$Z_0 = \frac{119.9}{\sqrt{2(\varepsilon_r + 1)}}\left[\ln\left(4\frac{h}{w} + \sqrt{16\left(\frac{h}{W}\right)^2 + 2}\right) - \frac{1}{2}\left(\frac{\varepsilon_r - 1}{\varepsilon_r + 1}\right)\left(\ln\frac{\pi}{2} + \frac{1}{\varepsilon_r}\ln\frac{4}{\pi}\right)\right] \tag{1.12}$$

当 $\frac{W}{h} > 3.3$ 时，

$$Z_0 = \frac{119.9\pi}{2\sqrt{\varepsilon_r}}\left[\frac{W}{2h} + \frac{\ln 4}{\pi} + \frac{\ln\left(\frac{e\pi^2}{16}\right)}{2\pi}\left(\frac{\varepsilon_r - 1}{\varepsilon_r^2}\right) + \frac{\varepsilon_r + 1}{2\pi\varepsilon_r}\left(\ln\frac{\pi e}{2} + \ln\left(\frac{W}{2h} + 0.94\right)\right)\right]^{-1} \tag{1.13}$$

上面公式中，e大小为 2.71828。同带状线的情况类似，在大多数设计中需要指定微带线特性阻抗 Z_0 大小和介质基板的相对介电常数 ε_r，$\frac{W}{h}$ 的值可以通过公式(1.14)～式(1.16)估算。

当 $Z_0 < 44 - 2\varepsilon_r$ 时，

$$\frac{W}{h} = \left(\frac{e^A}{8} - \frac{1}{4e^A}\right)^{-1} \tag{1.14}$$

其中 A 的表达式如下：

$$A = \frac{Z_0\sqrt{2(\varepsilon_r + 1)}}{119.9} + \frac{1}{2}\left(\frac{\varepsilon_r - 1}{\varepsilon_r + 1}\right)\left(\ln\frac{\pi}{2} + \frac{1}{\varepsilon_r}\ln\frac{4}{\pi}\right) \tag{1.15}$$

当 $Z_0 > 44 - 2\varepsilon_r$ 时，

$$\frac{W}{h} = \left(\frac{2}{\pi}\right)\left[(B-1) - \ln(2B-1)\right] + \frac{\varepsilon_r - 1}{\pi\varepsilon_r}\left[\ln(B-1) + 0.293 - \frac{0.517}{\varepsilon_r}\right] \tag{1.16}$$

其中

$$B = \frac{59.95\pi^2}{Z_0\sqrt{\varepsilon_r}}$$

(3) 共面波导传输线。共面波导传输线是一种结构非常特殊的传输线结构。与微带线的导带和接地层分别位居介质基板两侧不同，其导带和接地面位于介质基板的同一侧。图 1.4 所示为常规共面波导传输线的结构示意图。

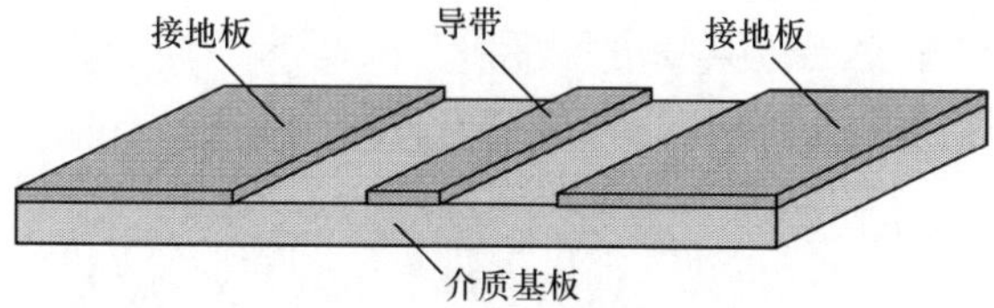

图 1.4　共面波导结构示意图

在对共面波导的分析和设计中为了简化理论分析，通常假设介质基板的相对介电常数 ε_r 远远大于 1，故可将介质基板视作无穷厚。但是实际上 ε_r 和介质基板的厚度都是有限的(如图 1.5 所示)，同时考虑到接地板的宽度有限的情况(如图 1.6 所示)，此结构共面波导称为有限地共面波导；此外，实际应用中为了增强共面波导的机械强度和功率容量，在介质基板的另一面会增加一金属层(如图 1.7 所示)，该类型的共面波导被称为金属底板共面波导。

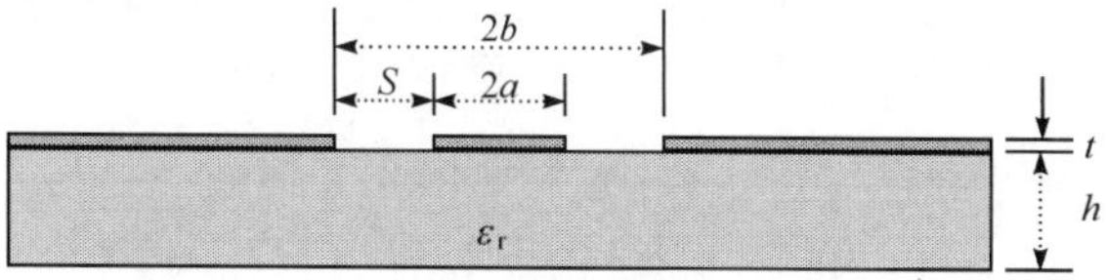

图 1.5　共面波导

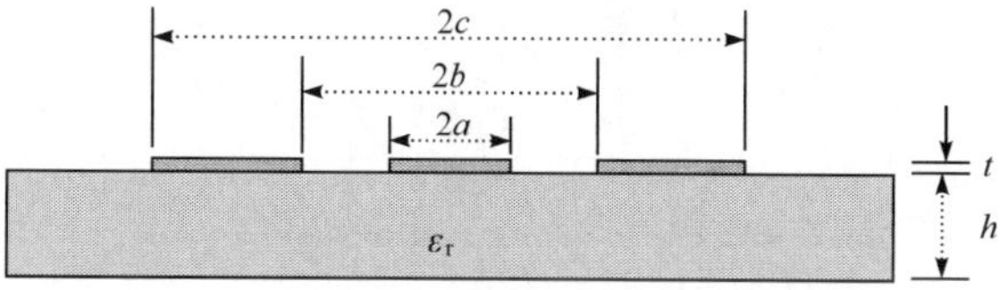

图 1.6　有限地共面波导

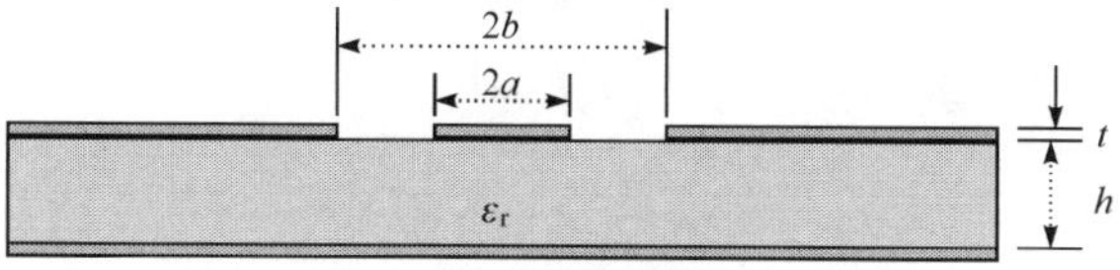

图 1.7　金属底板共面波导

无限地共面波导单位长度有效介电常数为

$$\varepsilon_{\text{eff}} = 1 + \frac{\varepsilon_r - 1}{2} \frac{K(k_2)}{K'(k_2)} \frac{K'(k_1)}{K(k_1)} \tag{1.17}$$

特征阻抗为

$$Z_0 = \frac{30\pi}{\sqrt{\varepsilon_{\text{eff}}}} \frac{K'(k_1)}{K(k_1)} \tag{1.18}$$

两个变量 k_1 和 k_2 是通过其物理尺度参数决定的。若导带宽度为 $W=2a$ ，导带与接地板之间的缝隙宽度 $S=b-a$ ，则有如下关系：

$$k_1=\frac{a}{b} \tag{1.19}$$

$$k_2=\frac{\sinh(\pi a/2h)}{\sinh(\pi b/2h)} \tag{1.20}$$

对于实际应用中更常见的有限地共面波导，有效介电常数和特征阻抗计算公式同上，但是需要将 k_1 和 k_2 用 k_3 和 k_4 替代。k_3 和 k_4 为

$$k_3=\frac{a}{b}\sqrt{\frac{1-b^2/c^2}{1-a^2/c^2}} \tag{1.21}$$

$$k_4=\frac{\sinh(\pi a/2h)}{\sinh(\pi b/2h)}\sqrt{\frac{1-\sinh^2(\pi b/2h)/\sinh^2(\pi c/2h)}{1-\sinh^2(\pi a/2h)/\sinh^2(\pi c/2h)}} \tag{1.22}$$

对于金属底板共面波导形式，引入参数 k_5：

$$k_5=\frac{\tanh(\pi a/2h)}{\tanh(\pi b/2h)} \tag{1.23}$$

有效介电常数 ε_{eff} 计算公式如下：

$$\varepsilon_{\text{eff}}=1+(\varepsilon_{\text{r}}-1)\frac{K(k_5)/K'(k_5)}{K(k_1)/K'(k_1)+K(k_5)/K'(k_5)} \tag{1.24}$$

$$Z_0=\frac{60\pi}{\sqrt{\varepsilon_{\text{eff}}}}\frac{1}{K(k_1)/K'(k_1)+K(k_5)/K'(k_5)} \tag{1.25}$$

其中函数 $\dfrac{K(k)}{K'(k)}$ 为第一类椭圆积分，定义为

$$\frac{K(k)}{K'(k)}=\frac{\pi}{\ln\left[2(1+\sqrt[4]{1-k^2})/(1-\sqrt[4]{1-k^2})\right]},\quad 0\leqslant k<0.707 \tag{1.26}$$

$$\frac{K(k)}{K'(k)}=\frac{\ln\left[2(1+\sqrt{k})/(1-\sqrt{k})\right]}{\pi},\quad 0.707\leqslant k\leqslant 1 \tag{1.27}$$

第 2 章　微波平面电路数值分析方法

自从 20 世纪微波平面电路被提出之日起,人们就开始对如何通过计算准确获得其电磁特性参数展开了广泛的研究，并获得了大量的研究成果，如理论分析方法、近似计算公式、分析软件等。这些研究成果为微波毫米波电路的发展和应用做出了巨大的贡献。其中对于微波毫米波平面电路的分析方法，按照其数值化程度的高低，可以分为三类，分别为：纯解析分析方法、半数值半解析分析方法、纯数值分析方法。

纯解析分析方法，如保角变换法[1,2]，以理论推导为基础，通过引入一定的近似，可以得到所分析对象的理论计算公式。由于不需要大量的计算机辅助计算，这类方法最早被应用于对微波毫米波电路的分析。其所得理论计算公式使用简单、物理概念较强，因此至今仍然被广泛使用。但是由于这类方法理论推导复杂，很难用于对电路的整体性能进行综合分析。并且由于在理论推导过程中引入了较多的近似，其结果的适用范围会受到一定的限制。

近年来随着微波平面电路的不断发展，微波毫米波电路尤其是微波单片集成电路(MMIC)在电路加工成型后几乎不可能进行调整，这就对微波毫米波平面电路分析计算精度提出了更高的要求。另外，随着计算机技术的不断发展，纯数值分析方法在过去的几十年中得到了极大的发展，出现了一系列以之为基础的商业电磁仿真软件，如 CST、HFSS、Sonnet 等。矩量法、时域有限差分法、有限元法等都是具有代表性的、被广泛应用的纯数值计算方法。这类方法通过将被分析的复杂结构划分为很多个简单的小网格(如立方体、四面体等)，来实现对任意复杂问题的精确分析。但是这类方法计算量庞大、占用计算资源多、计算时间长，在应用上具有一定局限性。

近年来针对微波毫米波平面电路的结构特点，出现了若干半数值半解析的分析方法。这类方法可以在保证计算精度的前提下较大地减小所需的计算量，如直线法、谱域法等。此类方法可以容易和快速地分析一些纯数值方法分析较为困难或所需计算量较大的问题。在本书的第 3 章非理想微波平面传输线中，就利用直线法对微波平面电路中所涉及的几种主要的非理想情况的影响进行了分析，从中可以看出直线法的引入使得计算量和计算难度大为降低。

目前能够用来对微波毫米波平面电路进行研究的分析方法很多，本章中主要列出了几种较为典型的数值分析方法。

2.1 直 线 法

直线法的概念最初是由数学家[3,4]提出的，是一种主要用来求解偏微分方程的半解析半数值的方法。由于该方法在求解偏微分方程时的优越性，Schulz 和 Pregla[5]将其引入电磁场领域，并在此领域中得到了极大的发展。2008 年，Pregla 发表了他关于直线法的专著[6]。在国内，洪伟教授[7]对直线法理论进行了系统性的研究，深入地对直线法的误差来源进行了分析，并给出了提升直线法计算精度的高阶离散化格式。方大纲教授[8]通过讨论直线法的引入方式，论述了直线法和谱域法在数学本质上的关系，为进一步掌握直线法的实质提供了重要的参考。本节以图 2.1 所示的简单静电场问题为例，给出直线法求解拉普拉斯方程的基本原理和主要步骤。

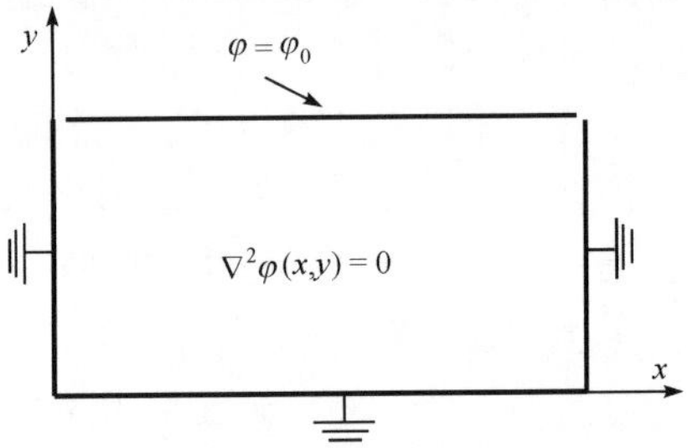

图 2.1　静电场问题

对于如图 2.1 所示的静电场问题，其静电位满足如式(2.1)所示的 Laplace 方程。

$$\frac{\partial^2 \varphi}{\partial x^2}+\frac{\partial^2 \varphi}{\partial y^2}=0 \tag{2.1}$$

直线法是一种差分数值方法，在对某一些变量进行离散化的同时，保持对其他变量的解析性。应用直线法对方程进行求解时，对变量 x 以间隔 h 进行等间隔离散，如图 2.2 所示。

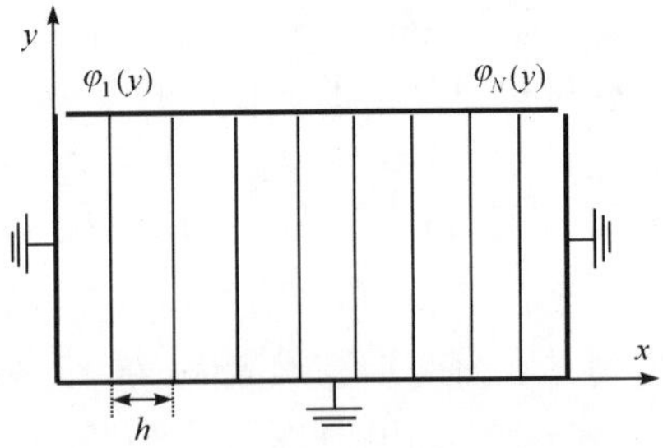

图 2.2　分析区域的直线化离散

将变量 x 离散为 N 个离散点，各离散点 x_i 对应的平行于 y 轴直线上 $\varphi(x,y)$ 值为 $\varphi(x_i,y)$，为了方便，下文中统一表示为 $\varphi_i(y)$，使用差分代替偏导运算，方程(2.1)变为

$$\begin{cases}\dfrac{\mathrm{d}^2\varphi_i(y)}{\mathrm{d}^2y}+\dfrac{1}{h^2}\left[\varphi_{i+1}(y)-2\varphi_i(y)+\varphi_{i-1}(y)\right]=0, \quad i=1,2,\cdots,N \\ \varphi_0=\varphi_{N+1}=0\end{cases} \tag{2.2}$$

将上式表示为对应的矩阵形式：

$$\frac{\mathrm{d}^2\left[\phi(y)\right]}{\mathrm{d}y^2}+\frac{1}{h^2}\boldsymbol{P}\left[\phi(y)\right]=0 \tag{2.3}$$

其中

$$\left[\varphi(y)\right]=\left[\varphi_1(y),\varphi_2(y),\cdots,\varphi_N(y)\right]^{\mathrm{T}}$$

$$\boldsymbol{P}=\begin{bmatrix}-2 & 1 & & & \\ 1 & -2 & 1 & & \\ & \ddots & \ddots & \ddots & \\ & & 1 & -2 & 1 \\ & & & 1 & -2\end{bmatrix}$$

$\boldsymbol{P}$ 为三对角矩阵，包含了 x 方向的两个边界条件 $\varphi_0(y)=\varphi_{N+1}(y)=0$，其中各方程之间相互不独立。

引入如下变换：

$$\left[\varphi(y)\right]=\boldsymbol{T}\left[\overline{\varphi}(y)\right] \tag{2.4}$$

矩阵 $\boldsymbol{T}$ 为矩阵 $\boldsymbol{P}$ 的特征向量矩阵，将其代入式(2.3)，可得

$$\frac{\mathrm{d}^2\left[\overline{\phi}(y)\right]}{\mathrm{d}y^2}+\frac{1}{h^2}\boldsymbol{T}^{-1}\boldsymbol{PT}\left[\overline{\phi}(y)\right]=0 \tag{2.5}$$

由于矩阵 $\boldsymbol{P}$ 为实对称矩阵，有如下性质：

$$\boldsymbol{T}^{-1}\boldsymbol{PT}=\boldsymbol{T}^{\mathrm{T}}\boldsymbol{PT}=\left[\lambda^2\right] \tag{2.6}$$

其中矩阵 $[\lambda^2]$ 为对角矩阵，是矩阵 $\boldsymbol{P}$ 的特征向量矩阵所对应的特征值矩阵，式(2.5)可进一步变为

$$\frac{\mathrm{d}^2\left[\overline{\phi}(y)\right]}{\mathrm{d}y^2}+\frac{1}{h^2}\left[\lambda^2\right]\left[\overline{\phi}(y)\right]=0 \tag{2.7}$$

式(2.7)为一组 N 个相互独立的二阶常微分方程，即式(2.8)：

$$\frac{\mathrm{d}^2\left[\bar{\varphi}_i(y)\right]}{\mathrm{d}y^2}+\frac{\lambda_i^2}{h^2}\bar{\varphi}_i(y)=0,\quad i=1,2,\cdots,N \tag{2.8}$$

方程中仅含有一个变量 y，结合 y 方向的边界条件，可以很容易给出其解析解。直线法在 x 方向离散，在 y 方向解析，故称其为半数值半解析的分析方法。相比于全数值方法，计算量可大为降低。

2.2 谱　域　法

谱域法[8,9]是在傅里叶分析的基础上发展起来的电磁分析方法。该方法对空域电磁场量进行傅里叶变换(以下简称傅氏变换)，其物理概念为用振幅和相位空间分布不同的平面波来叠加出一个给定的空间场分布。经过变换后，三维空间的场量就可以被变换为谱域中的一维场量，对应的空域多元偏微分方程也就被转化为谱域中的代数方程。

谱域法在被用于分析微波平面电路时，计算速度和结果精度都有着较为明显的优势。例如，对于如图 2.3 所示的平面微带线结构，利用谱域法进行分析时，其基本步骤如下。

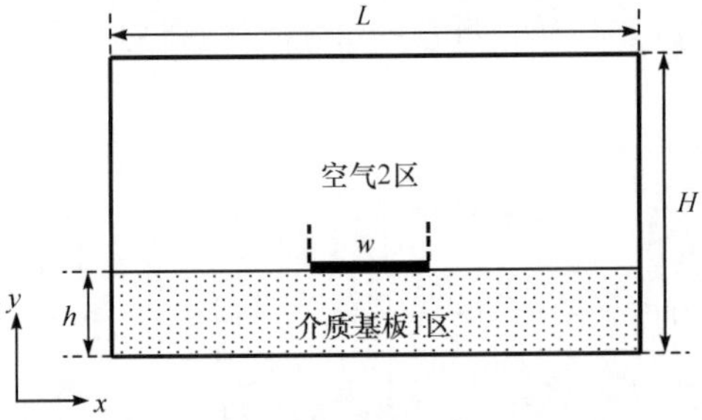

图 2.3　屏蔽微带线

由电磁场的基本理论可知，对于在微带线中传播的 TM 模和 TE 模，可以分别引入如下形式的标量位函数，分别为标量电位 Φ^e 和标量磁位 Φ^h。

$$\phi_i^e=E_{zi}/k_c^2=E_{zi}\Big/\left(k_i^2-\beta^2\right) \tag{2.9a}$$

$$\phi_i^h=H_{zi}/k_c^2=H_{zi}\Big/\left(k_i^2-\beta^2\right) \tag{2.9b}$$

其中 $i=1,2$ 分别表示介质基板和空气层中的场量；$k_i=2\pi f\sqrt{\mu_i\varepsilon_i}$；$\beta$ 为屏蔽微带线的相移常数。

电磁场的各个分量与标量位函数之间满足式(2.10)：

$$
\begin{aligned}
E_{xi} &= \frac{\partial^2}{\partial x \partial z}\phi_i^e - \mathrm{j}\omega\mu\frac{\partial}{\partial y}\phi_i^h, \quad H_{xi} = \frac{\partial^2}{\partial x \partial z}\phi_i^h - \mathrm{j}\omega\varepsilon\frac{\partial}{\partial y}\phi_i^e \\
E_{yi} &= \frac{\partial^2}{\partial y \partial z}\phi_i^e - \mathrm{j}\omega\mu\frac{\partial}{\partial x}\phi_i^h, \quad H_{yi} = \frac{\partial^2}{\partial y \partial z}\phi_i^h - \mathrm{j}\omega\varepsilon\frac{\partial}{\partial x}\phi_i^e \\
E_{zi} &= -\left(\frac{\partial^2}{\partial x^2} + \frac{\partial^2}{\partial y^2}\right)\phi_i^e, \quad H_{zi} = -\left(\frac{\partial^2}{\partial x^2} + \frac{\partial^2}{\partial y^2}\right)\phi_i^h
\end{aligned}
\tag{2.10}
$$

在笛卡儿坐标系中，标量电位 Φ^e 、磁位 Φ^h 满足如式(2.11)所示的亥姆霍兹方程：

$$
\frac{\partial^2 \phi}{\partial x^2} + \frac{\partial^2 \phi}{\partial y^2} + \left(k_i^2 - \beta^2\right)\phi = 0 \tag{2.11}
$$

引入如式(2.11)所示的傅里叶变换，将空域中的量变换到谱域：

$$
\tilde{\phi}(\alpha, y) = \int_{-L/2}^{L/2} \phi(x, y)\,\mathrm{e}^{\mathrm{j}\alpha x}\mathrm{d}x \tag{2.12}
$$

注：本节中凡是带有波浪线顶标的变量均表示谱域中的量。

由傅氏变换的相关理论可知，经过变换后谱域中的亥姆霍兹方程可以表示为如下形式：

$$
\frac{\mathrm{d}^2 \tilde{\phi}}{\mathrm{d}y^2} - \left(\alpha^2 + \beta^2 - k_i^2\right)\tilde{\phi} = 0 \tag{2.13}
$$

通过引入空域傅氏变换，亥姆霍兹方程在谱域中表示为一元二次常微分方程，可以直接写出其解的一般表示形式为

$$
\tilde{\phi}_i = \alpha_+ \exp(\gamma_i y) + \alpha_- \exp(-\gamma_i y) \tag{2.14}
$$

其中 α_+, α_- 为未知系数；$\gamma_i = \sqrt{\left(\alpha^2 + \beta^2 - k_i^2\right)}$ 。

结合屏蔽微带线屏蔽盒的顶盖以及微带线地板处的边界条件，可以得到标量位函数在各个区域中的表达式为

区域 1(介质)中：

$$
\begin{cases}
\tilde{\phi}_1^e = A\sinh(\gamma_1 y) \\
\tilde{\phi}_1^h = B\sinh(\gamma_1 y)
\end{cases}
\tag{2.15}
$$

区域 2(空气)中：

$$
\begin{cases}
\tilde{\phi}_2^e = A\sinh(\gamma_1 y) \\
\tilde{\phi}_2^h = B\sinh(\gamma_1 y)
\end{cases}
\tag{2.16}
$$

其中 $y' = H - y$ 。

对式(2.10)做谱域变换，可以得到如下谱域中的电磁场各个分量与谱域中的标量电位和标量磁位之间的关系式：

$$\begin{cases}\tilde{E}_{xi}=-\alpha\beta\tilde{\phi}_i^e-\mathrm{j}\omega\mu\dfrac{\mathrm{d}}{\mathrm{d}y}\tilde{\phi}_i^h, & \tilde{H}_{xi}=-\alpha\beta\tilde{\phi}_i^h+\mathrm{j}\omega\varepsilon\dfrac{\partial}{\partial y}\tilde{\phi}_i^e\\ \tilde{E}_{yi}=-\mathrm{j}\beta\dfrac{\mathrm{d}}{\mathrm{d}y}\tilde{\phi}_i^e+\omega\mu\alpha\tilde{\phi}_i^h, & \tilde{H}_{yi}=-\mathrm{j}\beta\dfrac{\partial}{\partial y}\tilde{\phi}_i^h-\omega\varepsilon\alpha\tilde{\phi}_i^e\\ \tilde{E}_{zi}=\left(k_i^2-\beta^2\right)\tilde{\phi}_i^e, & \tilde{H}_{zi}=\left(k_i^2-\beta^2\right)\tilde{\phi}_i^h\end{cases} \tag{2.17}$$

各个区域中电磁场为：

区域 1(介质)中，

$$\begin{cases}\tilde{E}_{x1}=-\alpha\beta A\sinh(\gamma_1 y)-\mathrm{j}\omega\mu_0\gamma_1 B\sinh(\gamma_1 y), & \tilde{E}_{z1}=\left(k_1^2-\beta^2\right)A\sinh(\gamma_1 y)\\ \tilde{H}_{x1}=-\alpha\beta B\cosh(\gamma_1 y)+\mathrm{j}\omega\varepsilon_1\gamma_1 A\cosh(\gamma_1 y), & \tilde{H}_{z1}=\left(k_1^2-\beta^2\right)B\cosh(\gamma_1 y)\end{cases} \tag{2.18}$$

区域 2(空气)中，

$$\begin{cases}\tilde{E}_{x2}=-\alpha\beta C\sinh(\gamma_2 y')+\mathrm{j}\omega\mu_0\gamma_2 D\sinh(\gamma_2 y'), & \tilde{E}_{z2}=\left(k_2^2-\beta^2\right)C\sinh(\gamma_2 y')\\ \tilde{H}_{x2}=-\alpha\beta D\cosh(\gamma_2 y')-\mathrm{j}\omega\varepsilon_2\gamma_2 C\cosh(\gamma_2 y'), & \tilde{H}_{z2}=\left(k_2^2-\beta^2\right)D\cosh(\gamma_2 y')\end{cases} \tag{2.19}$$

导带所在平面($y=h$)电场、磁场满足如下边界条件：

$$\begin{cases}\tilde{E}_{x1}-\tilde{E}_{x2}=0, & \tilde{H}_{x1}-\tilde{H}_{x2}=\tilde{J}_z\\ \tilde{E}_{z1}-\tilde{E}_{z2}=0, & \tilde{H}_{z1}-\tilde{H}_{z2}=-\tilde{J}_x\end{cases} \tag{2.20}$$

将式(2.18)和式(2.19)代入边界条件(2.20)，并进行空域变换傅氏变换后可得导带所在平面切向电场与导带上的电流满足的关系式为

$$\begin{bmatrix}E_z(\alpha)\\ E_x(\alpha)\end{bmatrix}=\begin{bmatrix}\tilde{G}_{11}(\alpha,\beta) & \tilde{G}_{12}(\alpha,\beta)\\ \tilde{G}_{21}(\alpha,\beta) & \tilde{G}_{22}(\alpha,\beta)\end{bmatrix}\begin{bmatrix}\tilde{J}_x\\ \tilde{J}_z\end{bmatrix} \tag{2.21}$$

其中

$$\begin{cases}\tilde{G}_{11}=\tilde{G}_{22}=\alpha\beta\left[\gamma_1\tanh(\gamma_1 y)+\gamma_2\tanh(\gamma_2 y')\right]/\det\\ \tilde{G}_{12}=\left[\left(\varepsilon_r k_0^2-\beta^2\right)\gamma_2\tanh(\gamma_2 y')+\left(k_0^2-\beta^2\right)\gamma_1\tanh(\gamma_1 y)\right]/\det\\ \tilde{G}_{21}=\left[\left(\varepsilon_r k_0^2-\alpha^2\right)\gamma_2\tanh(\gamma_2 y')+\left(k_0^2-\alpha^2\right)\gamma_1\tanh(\gamma_1 y)\right]/\det\\ \det=\left[\gamma_1\tanh(\gamma_1 y)+\varepsilon_r\gamma_2\tanh(\gamma_2 y')\right]\left[\gamma_1\coth(\gamma_1 y)+\gamma_2\coth(\gamma_2 y')\right]\end{cases}$$

由于式(2.21)中导带上的横向电流 $\tilde{J}_x$ 和纵向电流 $\tilde{J}_z$ 都是未知量，需引入电流

基函数 $\tilde{J}_{xm}$ 和 $\tilde{J}_{zm}$ 来展开式(2.21)中的未知电流分量，即

$$\tilde{J}_x = \sum_{m=1}^{M} c_m \tilde{J}_{xm}(\alpha) \tag{2.22a}$$

$$\tilde{J}_z = \sum_{m=1}^{M} d_m \tilde{J}_{zm}(\alpha) \tag{2.22b}$$

在微带线导带所在平面($y = h$)上，由于导带上的电流与切向电场在空间上互补。将式(2.22)代入式(2.21)中，利用谱域中的伽辽金方法，用电流基函数作为权函数，对等式左右两边求内积，根据巴塞瓦定理，第一式的左边为

$$\int_{-\infty}^{\infty} \tilde{E}_z(\alpha)\tilde{J}_{zn}(\alpha)\mathrm{d}\alpha = 2\pi\int_{-\infty}^{\infty} E_z(x)J_{zn}(x)\mathrm{d}x = 0$$

即方程组的左边均等于零。整理之后可得如下线性齐次方程：

$$\begin{aligned}
&\sum_{m=1}^{M} k_{im}^{(1,1)} c_m + \sum_{m=1}^{M} k_{im}^{(1,2)} d_m = 0, \quad i = 1,2,\cdots,N \\
&\sum_{m=1}^{M} k_{im}^{(2,1)} c_m + \sum_{m=1}^{M} k_{im}^{(2,2)} d_m = 0, \quad i = 1,2,\cdots,M
\end{aligned} \tag{2.23}$$

其中 k_{im} 为

$$k_{im}^{(1,1)}(\beta) = \sum_{n=1}^{\infty} \tilde{J}_{zi}(\alpha_n)\tilde{G}_{11}(\alpha_n,\beta)\tilde{J}_{xm}(\alpha_n)$$

$$k_{im}^{(1,2)}(\beta) = \sum_{n=1}^{\infty} \tilde{J}_{zi}(\alpha_n)\tilde{G}_{12}(\alpha_n,\beta)\tilde{J}_{zm}(\alpha_n)$$

$$k_{im}^{(2,1)}(\beta) = \sum_{n=1}^{\infty} \tilde{J}_{xi}(\alpha_n)\tilde{G}_{21}(\alpha_n,\beta)\tilde{J}_{xm}(\alpha_n)$$

$$k_{im}^{(2,2)}(\beta) = \sum_{n=1}^{\infty} \tilde{J}_{xi}(\alpha_n)\tilde{G}_{22}(\alpha_n,\beta)\tilde{J}_{zm}(\alpha_n)$$

$$\alpha_n = \left(n - \frac{1}{2}\right)\frac{2\pi}{L}$$

线性齐次方程组存在非零解的前提是其系数行列式为零，故可得一个仅相关于相移常数 β 的一元非线性方程组。利用数值方法(如牛顿迭代法等)解此方程组，可得到相应微波平面传输线的相移常数。求解过程中得到的多个相移常数分别对应于微带线的基模和高次模式。

在谱域法中，基函数的选择对于谱域法的收敛速度和精度都有着较大的影响。如果仅关心主模式，电流基函数可选择如式(2.24)和式(2.25)所示的一阶近似，即可获得较高的计算精度，且计算量非常小。

空域中：

$$\begin{cases} J_{x1}(x)=\begin{cases} \dfrac{2}{\omega}\sin\dfrac{2\pi x}{\omega}, & |x|\leqslant\dfrac{\omega}{2} \\ 0, & \dfrac{\omega}{2}\prec|x|\prec\dfrac{L}{2} \end{cases} \\ J_{z1}(x)=\begin{cases} \dfrac{1}{\omega}\left(1+\left|\dfrac{2x}{\omega}\right|^3\right), & |x|\leqslant\dfrac{\omega}{2} \\ 0, & \dfrac{\omega}{2}\prec|x|\prec\dfrac{L}{2} \end{cases} \end{cases} \tag{2.24}$$

谱域中：

$$\begin{cases} \tilde{J}_{x1}(x)=\dfrac{2\pi\sin\left(\alpha\dfrac{\omega}{2}\right)}{\left(\alpha\dfrac{\omega}{2}\right)^2-\pi^2} \\ \tilde{J}_{z1}(x)=\dfrac{2\sin\left(\alpha\dfrac{\omega}{2}\right)}{\alpha\dfrac{\omega}{2}}+\dfrac{3}{\left(\alpha\dfrac{\omega}{2}\right)^3}\left\{\cos\left(\alpha\dfrac{\omega}{2}\right)-\dfrac{2\sin\left(\alpha\dfrac{\omega}{2}\right)}{\alpha\dfrac{\omega}{2}}+\dfrac{2\left[1-\cos\left(\alpha\dfrac{\omega}{2}\right)\right]}{\left(\alpha\dfrac{\omega}{2}\right)^2}\right\} \end{cases} \tag{2.25}$$

2.3 矩 量 法

矩量法是一种频域计算电磁学方法，主要用于计算电磁场边界和体积分方程组问题。电磁场的激励源常为需要分析的问题，矩量法在求解辐射和散射方面特别有效。

依据线性空间理论，在线性空间中由 N 个线性方程联立的方程组都认为是 Hilbert 空间的算子方程，可转化为矩阵方程的形式求解。由于在求解过程中需要计算广义矩量，故称该方法为矩量法，其实质是将算子方程组转化为矩阵方程求解。

假定算子方程的形式为

$$L(f)=g \tag{2.26}$$

其中 L 表示算子，矩量法中多以积分方程的形式出现；g 表示已知函数，通常代表实际问题中的激励源；f 表示未知函数。

假定算子方程有解且解唯一，那么必有 L 的逆算子 L^{-1} 存在，满足下式：

$$f=L^{-1}(g) \tag{2.27}$$

假定两个函数 f_1, f_2 和两个任意数 a, b 满足式下式，则称 L 为线性算子。

$$L(af_1 + bf_2) = aL(f_1) + bL(f_2) \tag{2.28}$$

应用矩量法需要求内积运算，内积定义为：在 Hilbert 空间 H 中两个元素 f 和 g 的内积是一个标量，记为 $\langle f, g\rangle$，并且满足以下几个关系式：

$$\langle f, g\rangle = \langle g, f\rangle \tag{2.29}$$

$$\langle a\cdot f + b\cdot g,\ h\rangle = a\langle f, h\rangle + b\langle g, h\rangle \tag{2.30}$$

$$\begin{cases} \langle f, f^*\rangle > 0, & f \neq 0 \\ \langle f, f^*\rangle = 0, & f = 0 \end{cases} \tag{2.31}$$

其中 a 和 b 为标量；f^* 为 f 的共轭量。对于算子 L，定义域中的所有 f 和 g，假如有式(2.32)成立，则称 L^a 为 L 的伴随算子。若 L^a 和 L 满足 $L^a = L$，则称 L 为自伴算子[10]：

$$\langle Lf, g\rangle = \langle f, L^a g\rangle \tag{2.32}$$

故 L^a 的定义域即 L 的定义域，而且有下式成立：

$$\langle Lf, g\rangle = \langle f, Lg\rangle \tag{2.33}$$

由上述线性空间和算子的基本概念，可引出矩量法的实现过程。

假定有一算子方程为第一类 Fredholm 积分方程：

$$\int_a^b G(z, z')f(z')\mathrm{d}z = L\left[f(z') = g(z)\right] \tag{2.34}$$

其中 $G(z, z')$ 为核；$g(z)$ 为已知函数；$f(z')$ 为未知函数。用线性独立的函数组 $f_n(z')$ 近似表示未知函数 $f(z')$，其中 $n = 1, 2, \cdots, N$，即

$$f(z') \approx \sum_{n=1}^{N} a_n f_n(z') \tag{2.35}$$

其中 a_n 为待定系数；$f_n(z')$ 为算子定义域内的基函数；N 为正整数，N 的大小根据要求的计算精度和计算效率以及数值解的收敛性共同确定。将 $f(z')$ 的近似表达式代入式(2.34)左边，并由线性算子的性质将积分与连续求和次序交换，则得到

$$\sum_{n=1}^{N} a_n L[f_n(z')] \approx g(z) \tag{2.36}$$

由于 $f(z')$ 用近似式表示，因此算子方程近似值与其右端精确值 $g(z)$ 之间存在下列关系：

$$\varepsilon(z) = \sum_{n=1}^{N} a_n L[f_n(z')] - g(z) \tag{2.37}$$

其中 $\varepsilon(z)$ 称为残数。由于等式右边第一项与第二项可以用希尔伯特空间的矢量形

式来表示，因此上式可表示为两个矢量之差为$\varepsilon(z)$，如图 2.4 所示。

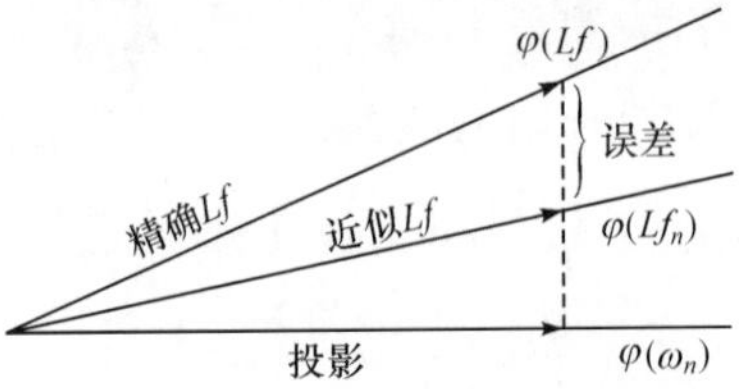

图 2.4　残数的矢量描述

若用线性空间的概念解释矩量法，Lf 的值域表示为$\varphi(Lf)$，$\varphi(Lf_n)$表示由Lf_n张成的空间，$\varphi(\omega_n)$表示由ω_n张成的空间，ω_n为所选取的检验函数。

现将等式两端与检验函数ω_n求内积，即求两端矢量在$\varphi(\omega_n)$空间上的投影，可表示为

$$\langle\omega_m,\varepsilon\rangle=\sum_{n=1}^{N}a_n\langle\omega_m,L[f_n(z)]\rangle-\langle\omega_m,g(z)\rangle \tag{2.38}$$

假如表征残数的矢量$\varepsilon(z)$对检验函数空间$\varphi(\omega_n)$的投影为零，即式(2.39)成立，则表征ω_n与ε正交，或者Lf的精确解在$\varphi(\omega_n)$上的投影等于其近似值在$\varphi(\omega_n)$上的投影，并且随着N的增加近似值越来越逼近于精确值，残数$\varepsilon(z)$也随之趋于最小。

$$\langle\omega_m,\varepsilon\rangle=0 \tag{2.39}$$

由此可得如式(2.40)所示的积分方程：

$$Z\cdot I=V \tag{2.40}$$

互阻抗矩阵Z中的元素为

$$Z_{mn}=\langle\omega_m,L[f_n(z)]\rangle \tag{2.41}$$

V中的元素表达式为

$$V_m=\langle\omega_m,g\rangle \tag{2.42}$$

I中元素为待定系数a_n。

假定选择基函数f_n使得$f(z)$满足式(2.40)，可以认为求解结果是收敛的，该计算过程称之为矩量法。

$$f(z)=\sum_{n=1}^{N}a_nf_n(z) \tag{2.43}$$

特别需要指出的是，当$\omega_m=f_m$时，称之为伽辽金方法，该方法是最常用的一种检验函数的选取方法。

通过上述关于矩量法理论的论述，可以总结出矩量法的基本步骤如下：

(1) 建立算子方程，对于电磁场问题通常就是应用格林函数建立电场积分方程或者磁场积分方程；

(2) 选择合适的基函数离散积分方程，基函数的形式决定了求解结果的准确性和计算模型的形式，在本书中选择分段正弦基函数就必须把三维结构降维处理，而选择 RWG 基函数则可以直接处理；

(3) 选择合适的检验函数，建立并求解矩阵方程。

2.4　时域有限差分

时域有限差分法是求解电磁问题的一种数值技术，于 1966 年由 Yee[11]首次提出，由于具有所需计算资源相对较少、可直接获得时域信息、一次计算即可得到电路的宽频信息等优势，近年来发展非常迅速。时域有限差分法是一种纯数值计算方法，可以用以分析各种复杂的微波电路。下面简单介绍时域有限差分法在分析电磁问题时的基本步骤。

在直角坐标系中，麦克斯韦方程有如下形式：

$$\begin{aligned}
\nabla\times H(x,y,z,t) &= \varepsilon\frac{\partial E(x,y,z,t)}{\partial t}+\sigma_e E(x,y,z,t)\\
\nabla\times E(x,y,z,t) &= -\mu\frac{\partial H(x,y,z,t)}{\partial t}-\sigma_m H(x,y,z,t)
\end{aligned}\tag{2.44}$$

其中 σ_e 为电导率，单位：西门子/米(S/m)；σ_m 为等效磁阻率，单位：欧姆/米(Ω/m)。

由上式可得，如下形式的 6 个标量方程：

$$\begin{aligned}
\frac{\partial H_x}{\partial t} &= \frac{1}{\mu}\left(\frac{\partial E_y}{\partial z}-\frac{\partial E_z}{\partial y}-\sigma_m H_x\right)\\
\frac{\partial H_y}{\partial t} &= \frac{1}{\mu}\left(\frac{\partial E_z}{\partial x}-\frac{\partial E_x}{\partial z}-\sigma_m H_y\right)\\
\frac{\partial H_z}{\partial t} &= \frac{1}{\mu}\left(\frac{\partial E_x}{\partial y}-\frac{\partial E_y}{\partial x}-\sigma_m H_z\right)\\
\frac{\partial E_x}{\partial t} &= \frac{1}{\varepsilon}\left(\frac{\partial H_z}{\partial y}-\frac{\partial H_y}{\partial z}-\sigma_e E_x\right)\\
\frac{\partial E_y}{\partial t} &= \frac{1}{\varepsilon}\left(\frac{\partial H_x}{\partial z}-\frac{\partial H_z}{\partial x}-\sigma_e E_y\right)\\
\frac{\partial E_z}{\partial t} &= \frac{1}{\varepsilon}\left(\frac{\partial H_y}{\partial x}-\frac{\partial H_x}{\partial y}-\sigma_e E_z\right)
\end{aligned}\tag{2.45}$$

将式(2.45)进行差分，需要将分析的空间进行离散，也就是建立空间网格。

Yee 用矩形网格进行了空间离散，将每个矩形网格的一个角点作为节点进行编号，节点的编号和其空间坐标位置按照 $(i,j,k) \Leftrightarrow (i\Delta x, j\Delta y, k\Delta z)$ 的方式对应起来，如图 2.5 所示。

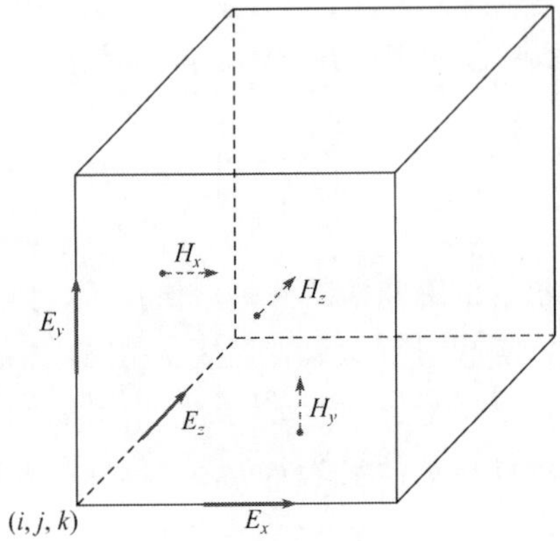

图 2.5　Yee 网格

点(i,j,k)的任意函数 $F(x,y,z)$ 在时刻 $n\Delta t$ 的值可以表示为

$$F^n(i,j,k) = F(i\Delta x, j\Delta y, k\Delta z, n\Delta t) \tag{2.46}$$

其中 Δx，Δy，Δz 分别为沿 x，y，z 方向上离散的空间步长；Δt 是时间步长。

空间和时间离散化后，就可以将上面的式(2.45)化为相应的差分方程，此处仅给出 E_x 分量的表达式：

$$\begin{aligned}
E_x^{n+1}(i+\frac{1}{2},j,k) &= \frac{1-\sigma_e\left(i+\frac{1}{2},j,k\right)\Delta t \Big/ 2\varepsilon\left(i+\frac{1}{2},j,k\right)}{1+\sigma_e\left(i+\frac{1}{2},j,k\right)\Delta t \Big/ 2\varepsilon\left(i+\frac{1}{2},j,k\right)} \times E_x^n\left(i+\frac{1}{2},j,k\right) \\
&+ \frac{\Delta t}{\varepsilon\left(i+\frac{1}{2},j,k\right)} \cdot \frac{1}{1+\sigma_e\left(i+\frac{1}{2},j,k\right)\Delta t \Big/ 2\varepsilon\left(i+\frac{1}{2},j,k\right)} \\
&\times \left\{ \begin{array}{l} \dfrac{H_z^{n+\frac{1}{2}}\left(i+\frac{1}{2},j+\frac{1}{2},k\right) - H_z^{n+\frac{1}{2}}\left(i+\frac{1}{2},j-\frac{1}{2},k\right)}{\Delta y} \\ + \dfrac{H_y^{n+\frac{1}{2}}\left(i+\frac{1}{2},j,k+\frac{1}{2}\right) - H_y^{n+\frac{1}{2}}\left(i+\frac{1}{2},j,k-\frac{1}{2}\right)}{\Delta z} \end{array} \right\}
\end{aligned} \tag{2.47}$$

从式(2.47)中可以看出：每个网格上各场分量的新值依赖于该点在前一时间步

长时刻的值，及该点周围邻近点上另一场量的场分量早半个时间步长时刻的值。通过这些基本算法，逐个时间步长对模拟区域各网格点的电磁场交替进行计算，在执行到适当的时间步数后，即可获得需要的时域数值结果。

FDTD 方程中的 ε，μ，σ 都表示成了空间坐标的函数，说明这些参数可以设置成非均匀的或各向异性的。因此，这种算法在处理媒质的非均匀性和各向异性方面不仅有效，而且很方便。

2.5 有限元法

有限元法[12,13]是一种可以用于求解电磁场边值问题的纯数值分析方法，它通过将求解区域划分为有限多个简单的单元，在每个单元中构造子域基函数，并利用里兹变分法或者加权余量法构造代数形式的有限元方程。

有限元法的基本原理和主要步骤如下。

首先，待求边值问题的微分方程通常可表示成如下形式：

$$L(\phi)=f \tag{2.48}$$

其中 L 为微分算子；ϕ 为未知函数；f 为与函数 ϕ 无关的量。

假设 $\tilde{\phi}$ 为式(2.48)的近似解，其表达式如下：

$$\tilde{\phi}=\sum_{i=1}^{n}\alpha_i N_i \tag{2.49}$$

其中 N_i 为基函数；α_i 为对应系数。

将 $\tilde{\phi}$ 代入式(2.48)可得余量为

$$R=L(\tilde{\phi})-f \tag{2.50}$$

利用伽辽金法，取权函数和基函数相同，则有

$$\int_{\Omega}N_i R\mathrm{d}\Omega=\int_{\Omega}N_i\left(L(\phi)-f\right)\mathrm{d}\Omega=0 \tag{2.51}$$

L 为线性算子，则

$$\int_{\Omega}N_i\left(L\left(\sum_{j=1}^{n}\alpha_j N_j-f\right)\right)\mathrm{d}\Omega=\int_{\Omega}N_i\left(\sum_{j=1}^{n}\alpha_j\left(L\left(N_j\right)\right)-f\right)\mathrm{d}\Omega=0 \tag{2.52}$$

整理后可得如下方程组：

$$\boldsymbol{k\alpha}=\boldsymbol{b} \tag{2.53}$$

其中

$$k_{ij}=\int_{\Omega}N_i L\left(N_j\right)\mathrm{d}\Omega$$

$$b_i = \int_\Omega N_i f \mathrm{d}\Omega$$

通过以上处理，原微分方程被转化为一个代数方程组。

下面以二维问题分析为例，介绍有限元方法中的离散、基函数等概念。对图 2.6 所示的二维区域进行有限元法分析时，通常可以采用三角形网格对其进行离散。

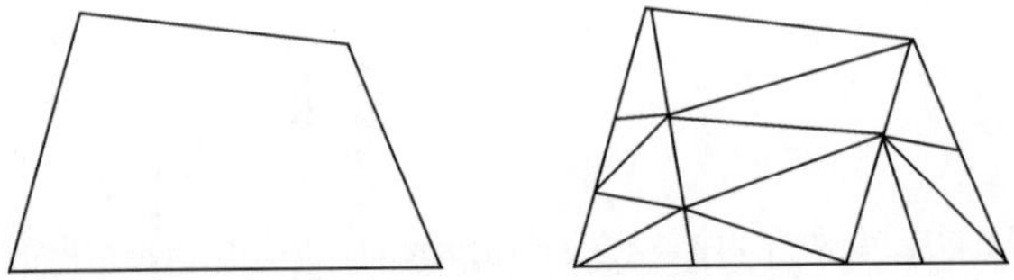

(a) 离散前　　(b) 离散后

图 2.6　有限元法二维离散示意图

单个三角形单元如图 2.7 所示。

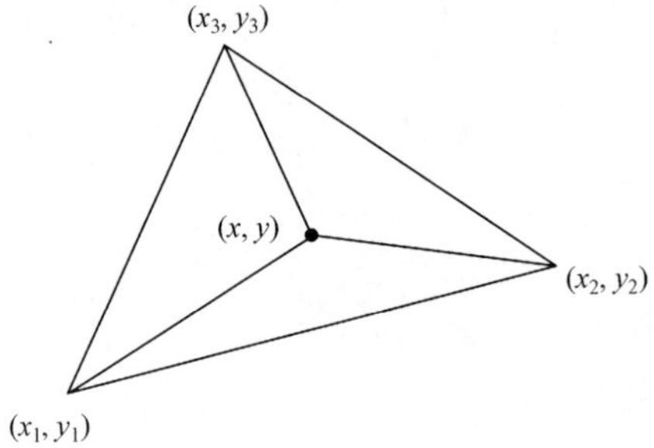

图 2.7　单个三角形单元

假设三角形三个顶点处的函数值分别为 ϕ_1，ϕ_2，ϕ_3，并且单元足够小，则可以采用线性近似，将单元内任意一点$(x，y)$处的函数值表示为

$$\varphi(x,y) = a + bx + cy \tag{2.54}$$

代入三个顶点的坐标和函数值，即可解出 a，b，c。式(2.54)可表示为

$$\phi(x,y) = \phi_1 \frac{\Delta_1(x,y)}{\Delta} + \phi_2 \frac{\Delta_2(x,y)}{\Delta} + \phi_3 \frac{\Delta_3(x,y)}{\Delta} \tag{2.55}$$

其中

$$\Delta = \frac{1}{2}\begin{vmatrix} 1 & 1 & 1 \\ x_1 & x_2 & x_3 \\ y_1 & y_2 & y_3 \end{vmatrix}, \quad \Delta_1 = \frac{1}{2}\begin{vmatrix} 1 & 1 & 1 \\ x & x_2 & x_3 \\ y & y_2 & y_3 \end{vmatrix}$$

$$\Delta_2=\frac{1}{2}\begin{vmatrix}1 & 1 & 1\\ x_1 & x & x_3\\ y_1 & y & y_3\end{vmatrix},\quad \Delta_3=\frac{1}{2}\begin{vmatrix}1 & 1 & 1\\ x_1 & x_2 & x\\ y_1 & y_2 & y\end{vmatrix}$$

对比

$$\tilde{\phi}=\alpha_1 N_1+\alpha_2 N_2+\alpha_3 N_3 \tag{2.56}$$

可得相应基函数为

$$N_i=\frac{\Delta_i(x,y)}{\Delta},\quad i=1,2,3 \tag{2.57}$$

未来计算系数矩阵 $\boldsymbol{k}$，对确定的 i，积分 $k_{ij}=\int_{\Omega}N_i L(N_j)\mathrm{d}\Omega$ 的有效区域为以 i，j 为公共节点的所有三角形单元。

图 2.8 给出了几个有限元法离散单元的示意图，其中数字 1～8 为节点编号，符号①～⑦为离散单元的编号。

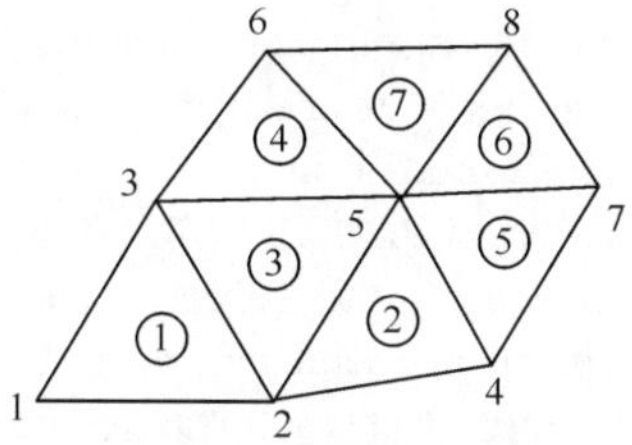

图 2.8　有限元法离散单元示意图

如对图 2.8 中所示的节点 2，其积分区域应包括①、②、③，以 k_{22} 为例，其相应的积分表达式为

$$k_{22}=\int_{\Omega_1+\Omega_2+\Omega_3}N_2 L(N_2)\mathrm{d}\Omega \tag{2.58}$$

$$b_2=\int_{\Omega_1+\Omega_2+\Omega_3}N_2 f\mathrm{d}\Omega \tag{2.59}$$

如果把单元 e 的贡献记为

$$k_{ij}^{(e)}=\int_{\Omega_e}N_i^e L(N_j^e)\mathrm{d}\Omega \tag{2.60}$$

$$b_i^e=\int_{\Omega_e}N_i^e f^{(e)}\mathrm{d}\Omega \tag{2.61}$$

则

$$k_{22} = k_{22}^{(1)} + k_{22}^{(2)} + k_{22}^{(3)} \tag{2.62}$$

$$b_2 = b_2^{(1)} + b_2^{(2)} + b_2^{(3)} \tag{2.63}$$

其中每个 $k_{ij}^{(e)}$ 和 b_i^e 的计算都在具体的单元内单独计算，称为单元分析。完成单元分析，求得具体的矩阵 $\boldsymbol{k}$ 和 $\boldsymbol{b}$ 的值后，代入相应的边界条件并求解线性方程组(2.53)，即可得出函数在这些节点上的值。需要注意的是，有限元法中，将这些节点的值代回式(2.55)中，就可得到任意一点的函数值。这是有限元法不同于有限差分法的一个重要区别，有限差分法计算得到的是一些离散点上的函数值，而有限元法则给出的是每个离散单元的近似解。

参 考 文 献

[1] Schinzinger R, Laura P A. Conformal Mapping: Methods and Applications [M]. New York: Courier Dover Publications, 2003.

[2] Wheeler H A. Transmission-line properties of parallel strips separated by a dielectric sheet [J]. Microwave Theory and Techniques,IEEE Transactions on, 1965, 13(2): 172-185.

[3] Hicks J, Wei J. Numerical solution of parabolic partial differential equations with two-point boundary conditions by use of the method of lines [J]. Journal of the ACM (JACM), 1967, 14(3): 549-562.

[4] Zafarullah A. Application of the method of lines to parabolic partial differential equations with error estimates [J]. Journal of the ACM (JACM), 1970, 17(2): 294-302.

[5] Schulz U, Pregla R. A new technique for the analysis of the dispersion characteristics of planar waveguides [J]. Archiv Elektronik und Uebertragungstechnik, 1980, 34:169-173.

[6] Pregla R. Analysis of Electromagnetic Fields and Waves: The Method of Lines [M]. Chichester: John Wiley & Sons, Ltd, 2008.

[7] 洪伟. 直线法原理及应用 [M]. 南京: 东南大学出版社, 1993.

[8] 方大纲. 电磁理论中的谱域方法 [M]. 合肥: 安徽教育出版社, 1995.

[9] Itoh T, Mittra R. Spectral-domain approach for calculating the dispersion characteristics of microstrip lines (short papers) [J]. Microwave Theory and Techniques, IEEE Transactions on, 1973, 21(7): 496-499.

[10] Harrington R F. Field Computation by Moment Methods [M]. London: The MacMillan Company, 1968.

[11] Yee K S. Numerical solution of initial boundary value problems involving Maxwell's equations in isotropic media [J]. IEEE Trans. Antennas. Propag., 1966, 14(3): 302-307.

[12] Silvester P P, Ferrari R L. Finite elements for electrical engineers [M]. Cambridge: Cambridge University Press, 1996.

[13] 金建铭. 电磁场有限元方法 [M]. 西安: 西安电子科技大学出版社, 1998.

第 3 章　非理想微波平面传输线

从 20 世纪 40 年代末、50 年代初微波平面电路被提出之日起，人们就开始了对其电磁特性的研究，并得到了大量的研究成果[1]，如计算公式、理论分析方法、分析软件等。这些成果为微波平面电路的发展和应用做出了巨大的贡献。为了降低理论分析的难度，人们在对微波平面电路进行分析时，常常采用一些理想化近似(如开放边界、金属导带无限薄、地板无限大等)，这些近似计算结果在很长一段时间内都可以很好地满足实际微波电路设计的需要。但随着微波单片集成电路(MMIC)的发展，微波平面电路的体积变得更小、工作频率更高，一些过去理论分析中被当成理想情况的因素会对微波平面电路的电磁特性产生较大的影响。本章将把这些在理想模型中被忽略，但会对微波平面电路特性产生较大影响的因素称为“非理想因素”。忽略这些非理想因素，会造成理论分析结果和实际电路特性存在一定的差异。此外，MMIC 电路集成度高并且电路在加工成型后几乎不可能调整，如何减小理论分析结果与实际电路测试结果的差距是目前微波电路计算机辅助设计领域亟须解决的重要问题之一。

3.1　非理想微波平面传输线概述

图 3.1 给出了实际设计微波平面传输线时常遇到的几类非理想因素，其主要特点简要介绍如下。

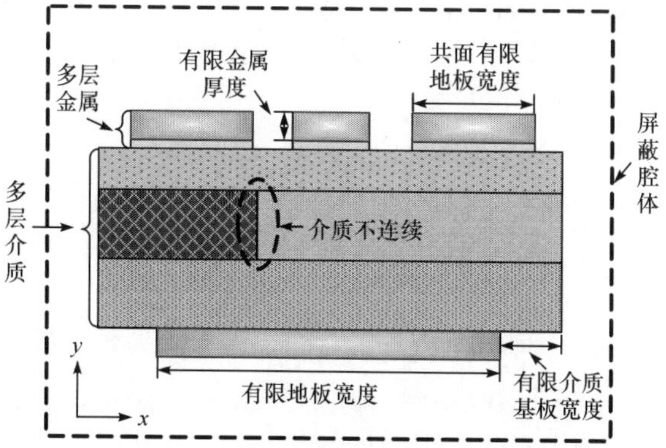

图 3.1　非理性平面传输线截面模型

1) 有限空间

在实际应用中，为了减小外部电磁环境对电路的干扰，微波平面电路通常会安装在一定尺寸的屏蔽盒中，屏蔽盒会对微波平面电路的电磁特性产生一定的影响[2-14]。在实际分析计算中，应该考虑屏蔽盒顶盖和侧壁对于传输线电磁特性的影响。在多层微波电路中，上层微波电路的金属地板对下层微波平面电路的影响，也可被看成有限空间问题。

2) 有限地

在实际微波平面电路中，地板的宽度是有限的[15-33]。但相比于电路整体尺寸，分析时常将其等效为无限宽结构。随着微波电路集成度增加，地板宽度对于微波平面电路电磁特性的影响变得逐渐明显起来。例如，对于共面波导，其共面地的宽度变得接近甚至小于中心导带和缝隙的宽度时，地板尺寸就会对共面波导电磁特性产生较大的影响。此外，处于电路板边缘处的微带线，其地板宽度的影响也需要仔细考虑。

3) 有限导带厚度

早期微波平面传输线导带的厚度常被认为是无限薄，其金属导带的电导率也被假设为无穷大[34-44]。随着微波平面电路不断小型化和高集成度的发展，金属导带的厚度及其电导率对微波电路特性的影响日趋严重。在以下两种情况下，金属导带厚度的变化将会对微波平面传输线的电磁特性产生较大的影响：①导带厚度和趋肤深度处于相同量级；②导带厚度和导带宽度接近。

4) 有限介质基板宽度

实际微波电路的介质基板宽度必然是有限的[45-54]。在过去的微波电路中，介质基板宽度通常都远远大于金属导带的宽度，基本不会对微波平面传输线的电磁特性产生影响，为了分析简便，常将其假设为无限大。随着微波电路的发展，尤其是单片微波集成电路的发展，介质基板宽度变化也开始对微波平面电路的电磁特性产生一定的影响。例如，当导带接近电路板边缘或者当导带附近存在有因过孔等结构造成的介质基板不连续时，微波平面传输线的介质基板就不能再被看成是无限大了。

5) 多层金属、多层介质

由于加工工艺的要求，微波平面传输线介质和导带往往是由一层主料和一些辅助层构成[55-61]。例如，电路的金属导带一般采用导电性能较好的金属材料，如金、紫铜等。然而这类金属的附着性都不是很好，为了让导带可以很好地黏附在介质基板上，常常会在导带与介质基板之间加一层附着特性较好的金属材料，如Ti。因此实际微波平面传输线的导带基本上都是由两层甚至更多层的金属组成。由于附属层一般都很薄，对传统平面传输线的影响较小，通常可以忽略不计。然而随着工作频率的升高、趋附深度的降低，这种影响会逐渐显著起来。为了在高频段获得更高精度的计算模型，多层金属、多层介质的影响应该计入模型。

本章将以直线法为基础，结合作者的研究工作，介绍分析上述非理想因素的理论方法，给出在实际电路设计中，评估这些非理性因素影响大小的规律。

3.2　有限空间微波平面传输线

3.2.1　有限空间微波平面传输线概述

以下几种常见的非理想情况，可将其归结为有限空间问题：

(1) 置于有限尺寸屏蔽盒中的微波平面电路。在屏蔽盒尺寸有限时，建模应考虑屏蔽盒顶盖和侧壁对于微波平面传输特性的影响。

(2) 集成度较高的微波平面电路中，临近的微波器件或者金属结构会对微波平面传输线的电磁特性产生较大的影响。

(3) 多层微波集成电路的上层电路金属地板会影响下层微波平面电路的电磁特性。

对于以上三种情况，以微带线为例，分别给出了如图 3.2 所示的三种模型。其中，图 3.2(a)为加屏蔽盒的微带线结构，图 3.2(b)可以描述微带线附近存在其他金属结构时的情况，图 3.2(c)描述上层地对于微带线传输特性的影响。以上模型中均假设金属导带厚度为零、电导率为无穷大。

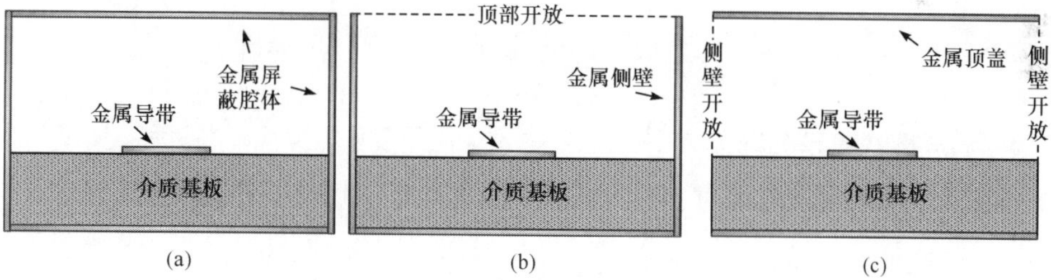

图 3.2　三种常见的有限空间问题

下面以直线法分析有限空间微带线为例，介绍有限空间问题的基本求解方法，并通过分析所得数值计算结果，对屏蔽盒的影响规律进行讨论。

3.2.2　有限空间微波平面传输线的直线法分析

直线法[62]最初是由数学家提出的一种用来求解偏微分方程的半数值半解析的方法。作为电磁问题基础的麦克斯韦方程及其导出的波动方程是一组偏微分方程，直线法在电磁问题中的应用，主要就集中在如何针对具体的电磁结构求解波动方程。式(3.1)为直角坐标系中的波动方程，该方程为一个三元偏微分方程：

$$\frac{\partial^2 F}{\partial x^2}+\frac{\partial^2 F}{\partial y^2}+\frac{\partial^2 F}{\partial z^2}+k^2 F=0 \tag{3.1}$$

其中 $k=\omega\sqrt{\mu\varepsilon}$ ； F 代表 E_x,E_y,E_z 或者 H_x,H_y,H_z 。

由于微波平面传输线沿传播方向结构是均匀的，因此假设电磁场各分量中与传播方向 z 相关的部分满足形式 $\mathrm{e}^{-\gamma z}$ (γ 为虚数表示沿 z 向波动场， γ 为实数表示沿 z 向衰减场)，此时场分量可以表示为 $F(x,y)\mathrm{e}^{-\gamma z}$ ，将其代入方程(3.1)可得

$$\frac{\partial^2 F}{\partial x^2}+\frac{\partial^2 F}{\partial y^2}+\left(k^2+\gamma^2\right)F=0 \tag{3.2}$$

以图 3.3(a)所示的屏蔽微带线为例，直线法分析微波平面传输线问题时的基本步骤如下。

第一步，离散化。

离散化是直线法分析当中十分重要的一步。在这一步中，为了提高计算结果的精度、速度和收敛特性等，针对具体的结构，需要采用诸多措施。例如，非均匀离散、p 因子选择等。

对图3.3(a)所示的屏蔽微带线模型，首先利用若干条直线，沿 x 方向对其均匀离散，如图3.3(b)所示。

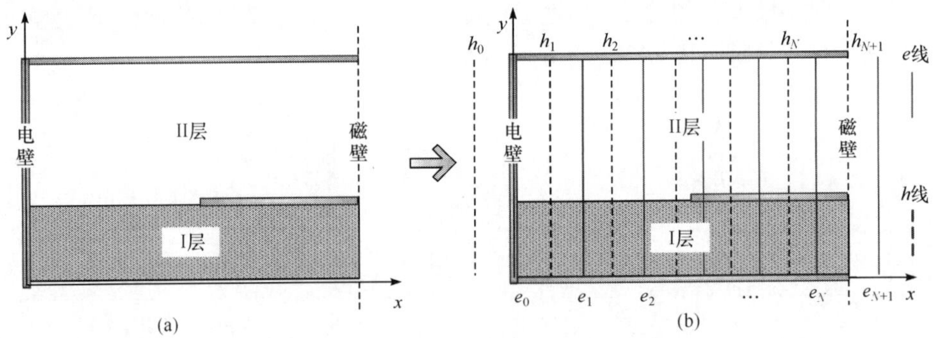

图 3.3　屏蔽微带线截面离散示意图

在直线法中采用了两种线型进行交错离散，因此区分清楚各场分量与线型之间的对应关系，对直线法的公式推导及后面缩减矩阵的提取十分重要。表 3-1 给出了电磁场量与离散线型的对应关系。

表 3-1　电磁场量与离散线型的对应关系

电磁场量	对应线型	表示形式
H_x，E_y，E_z，J_z	e 线	实线
E_x，H_y，H_z，J_x	h 线	虚线

此外，对于图 3.3(a)给出的屏蔽微带线模型，由于假设其金属导带为无限薄且电导率无限大，此时该理想导带边缘的电流密度会存在奇异性。如果有离散线恰好在导带边缘，会导致计算结果有较大的离散误差，因此需要恰当的设置金属导带边缘与两种相邻离散线之间的距离。导带边缘一般采用如图 3.4 所示的离散方法[63]，将第 1 根 e 线设置在距离导带边缘 $h/4$ 处(h 为两条相同离散线之间的距离)，以保证离散误差最小、收敛曲线最为平滑。

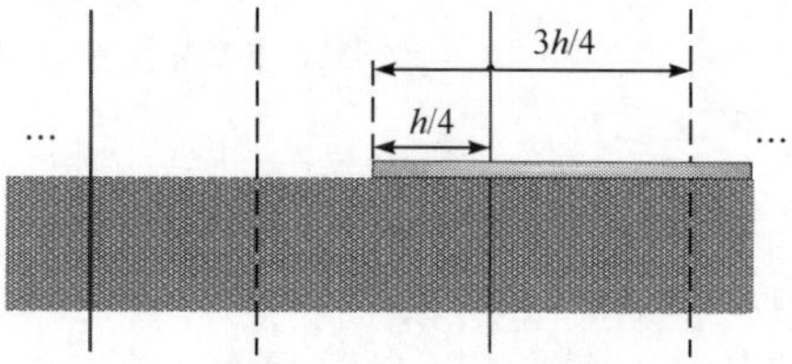

图 3.4　无限薄导带边缘处离散线的设置

离散化后 x 方向的偏微分可以用相应的差分形式来代替。例如，对于 z 向电场的偏微分可以表示为如下形式：

$$h\frac{\partial E_z}{\partial x} \to \boldsymbol{D}\boldsymbol{E}_z \tag{3.3}$$

其中

$$\boldsymbol{E}_z = [E_{z1} \quad E_{z2} \quad \cdots \quad E_{zN}]^{\mathrm{T}}$$

$$\boldsymbol{D} = \begin{bmatrix} 1 & & & \\ -1 & \ddots & & \\ & \ddots & \ddots & \\ & & -1 & 1 \end{bmatrix}$$

同理，可知 H_z 对于 x 的偏微分，可以表示为

$$h\frac{\partial H_z}{\partial x} \to -\boldsymbol{D}^{\mathrm{T}}\boldsymbol{H}_z \tag{3.4}$$

从上式可以看出，H_z 对应的差分矩阵为 E_z 对应差分矩阵的负转置，这是采用交错线系离散的一个优点。这种离散方式还有一个优点：二阶差分矩阵可以用一阶差分矩阵来构造。例如：

$$\begin{aligned} h^2\frac{\partial^2 E_z}{\partial x^2} &= h^2\frac{\partial}{\partial x}\left(\frac{\partial E_z}{\partial x}\right) \to -\boldsymbol{D}^{\mathrm{T}}\boldsymbol{D}\boldsymbol{E}_z = -\boldsymbol{P}_{\mathrm{DN}}\boldsymbol{E}_z \\ h^2\frac{\partial^2 H_z}{\partial x^2} &= h^2\frac{\partial}{\partial x}\left(\frac{\partial H_z}{\partial x}\right) \to -\boldsymbol{D}\boldsymbol{D}^{\mathrm{T}}\boldsymbol{H}_z = -\boldsymbol{P}_{\mathrm{ND}}\boldsymbol{H}_z \end{aligned} \tag{3.5}$$

二阶差分矩阵 $\boldsymbol{P}$ 的下标 D 和 N 分别代表场量在屏蔽盒侧壁所满足的边界条件，D 代表 Dirichlet 条件，N 代表 Neumann 条件。

将以上差分表达式代入方程(3.2)中，可得

$$\frac{\partial^2 \boldsymbol{F}}{\partial y^2} + \left[\left(k^2 + \gamma^2\right)\boldsymbol{I} - h^{-2}\boldsymbol{P}\right]\boldsymbol{F} = \boldsymbol{0} \tag{3.6}$$

其中 $\boldsymbol{I}$ 为单位矩阵；$\boldsymbol{F}$ 表示 $\boldsymbol{E}_z$ 或者 $\boldsymbol{H}_z$；$\boldsymbol{P}$ 为相应的二阶差分矩阵。由于此时 $\boldsymbol{P}$ 矩阵为三对角矩阵，也就是说，不同离散线上的场分量仍然是相互交联的，因此无法直接求解此方程。

第二步，引入正交变换。

沿 x 方向离散化后，方程(3.6)就变成了一个关于 y 的一元常微分方程组，但此时若干条离散线上的电磁场仍然相互交联，无法直接求解。需要引入正交变换，将该方程组去耦。变换过后，该方程可以化为 N 个(N 为离散线条数)相互独立的、关于 y 的常微分方程。

引入正交变换如下：

$$\boldsymbol{F} = \boldsymbol{T}\overline{\boldsymbol{F}} \tag{3.7}$$

其中 $\boldsymbol{T}$ 为矩阵 $\boldsymbol{P}$ 的特征向量矩阵，如果用 $\boldsymbol{\lambda}^2$ 表示特征向量矩阵所对应的特征值矩阵，则它们之间有如下关系：

$$\boldsymbol{T}^{-1}\boldsymbol{P}\boldsymbol{T} = \boldsymbol{\lambda}^2 \tag{3.8}$$

又由于矩阵 $\boldsymbol{P}$ 为实对称矩阵，因此可以得到矩阵 $\boldsymbol{T}$ 满足

$$\boldsymbol{T}^{-1} = \boldsymbol{T}^{\mathrm{T}} \tag{3.9}$$

经过以上变换后，方程(3.6)变为

$$\frac{\partial^2 \overline{\boldsymbol{F}}}{\partial y^2} + \left[\left(k^2 + \gamma^2\right)\boldsymbol{I} - h^{-2}\boldsymbol{\lambda}^2\right]\overline{\boldsymbol{F}} = \boldsymbol{0} \tag{3.10}$$

为了描述方便，令

$$k_{yi}^2 = k_0^2\left(\overline{\lambda}_i^{\,2} - \varepsilon_{\mathrm{r}} + \varepsilon_{re}\right) \tag{3.11}$$

其中

$$\overline{\lambda}_i^{\,2} = \frac{\lambda_i^2}{\left(k_0 h\right)^2}, \quad \varepsilon_{re} = -\frac{\gamma^2}{k_0^2}$$

耦合方程组(3.6)由此被转化为了 N 个独立的常微分方程。

$$\frac{\partial^2 \overline{F_i}}{\partial y^2} - k_{yi}^2 \overline{F_i} = 0, \quad i = 1, 2, \cdots, N \tag{3.12}$$

以第 i 个方程为例，此方程在 y 方向的解析通解为

$$\overline{F_i} = A_i \cosh k_{yi} y + B_i \sinh k_{yi} y \tag{3.13}$$

第三步，沿 y 方向解析解方程。

对于微波平面传输线而言，在 y 方向可以分为若干层，层与层之间的场分量满足相应的边界条件。因此为了获得变换域中的系统方程，由方程(3.12)的通解以及边界条件，可以给出同一层中电磁场切向分量(相对于 y 方向)之间的关系式。

图 3.5 为厚度为 d 的介质层，其与上下介质之间存在 A 和 B 两个介质不连续面。

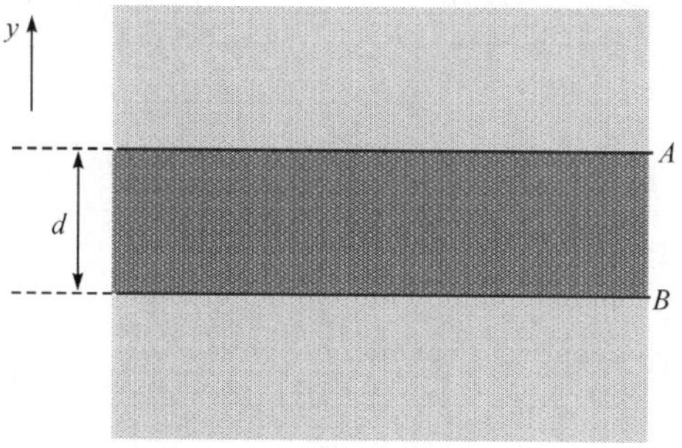

图 3.5　介质分层示意图

$$\begin{bmatrix} \overline{\boldsymbol{H}}_A \\ \overline{\boldsymbol{H}}_B \end{bmatrix} = \begin{bmatrix} \overline{\boldsymbol{y}}_1 & \overline{\boldsymbol{y}}_2 \\ \overline{\boldsymbol{y}}_2 & \overline{\boldsymbol{y}}_1 \end{bmatrix} \begin{bmatrix} \overline{\boldsymbol{E}}_A \\ -\overline{\boldsymbol{E}}_B \end{bmatrix} \tag{3.14}$$

其中

$$\overline{\boldsymbol{H}}_{A,B} = \eta_0 \begin{bmatrix} -\mathrm{j}\overline{\boldsymbol{H}}_{zA,B} \\ \overline{\boldsymbol{H}}_{xA,B} \end{bmatrix}, \quad \overline{\boldsymbol{E}}_{A,B} = \begin{bmatrix} \overline{\boldsymbol{E}}_{xA,B} \\ -\mathrm{j}\overline{\boldsymbol{E}}_{zA,B} \end{bmatrix}$$

$$\overline{\boldsymbol{y}}_1 = \begin{bmatrix} -\varepsilon_d \boldsymbol{\gamma}_h & \boldsymbol{\gamma}_h \boldsymbol{\delta} \\ \boldsymbol{\delta}^t \boldsymbol{\gamma}_h & \boldsymbol{\gamma}_E \end{bmatrix}, \quad \overline{\boldsymbol{y}}_2 = \begin{bmatrix} -\varepsilon_d \boldsymbol{\alpha}_h & \boldsymbol{\alpha}_h \boldsymbol{\delta} \\ \boldsymbol{\delta}^t \boldsymbol{\alpha}_h & \boldsymbol{\alpha}_E \end{bmatrix}$$

$$\tilde{\boldsymbol{\delta}} = \sqrt{\varepsilon_{re}}\, \overline{\boldsymbol{\delta}}, \quad \begin{Bmatrix} \boldsymbol{\alpha}_E \\ \boldsymbol{\gamma}_E \end{Bmatrix} = \left(\overline{\boldsymbol{\lambda}}_e^2 - \varepsilon_{\mathrm{r}} \boldsymbol{I} \right) \begin{Bmatrix} \boldsymbol{\alpha}_e \\ \boldsymbol{\gamma}_e \end{Bmatrix}$$

对于图 3.2(a)所示的屏蔽微带线模型，对应介质层和空气层的式(3.14)，可得

$$\begin{bmatrix} \overline{\boldsymbol{H}}_A \\ \overline{\boldsymbol{H}}_{B-} \end{bmatrix} = \begin{bmatrix} \overline{\boldsymbol{y}}_1^{\mathrm{I}} & \overline{\boldsymbol{y}}_2^{\mathrm{I}} \\ \overline{\boldsymbol{y}}_2^{\mathrm{I}} & \overline{\boldsymbol{y}}_1^{\mathrm{I}} \end{bmatrix} \begin{bmatrix} \overline{\boldsymbol{E}}_A \\ -\overline{\boldsymbol{E}}_{B-} \end{bmatrix} \tag{3.15}$$

$$\begin{bmatrix} \overline{\boldsymbol{H}}_{B+} \\ \overline{\boldsymbol{H}}_{C} \end{bmatrix} = \begin{bmatrix} \overline{\boldsymbol{y}}_1^{\mathrm{II}} & \overline{\boldsymbol{y}}_2^{\mathrm{II}} \\ \overline{\boldsymbol{y}}_2^{\mathrm{II}} & \overline{\boldsymbol{y}}_1^{\mathrm{II}} \end{bmatrix} \begin{bmatrix} \overline{\boldsymbol{E}}_{B+} \\ -\overline{\boldsymbol{E}}_{C} \end{bmatrix} \tag{3.16}$$

对于图 3.1(a)所示的屏蔽微带线结构，其切向电场在屏蔽盒、地板以及介质空气分界面处，满足如下边界条件：

$$\begin{aligned} &\overline{\boldsymbol{E}}_A = \overline{\boldsymbol{E}}_C = \boldsymbol{0} \\ &\overline{\boldsymbol{E}}_{B+} = \overline{\boldsymbol{E}}_{B-} = \overline{\boldsymbol{E}}_B \end{aligned} \tag{3.17}$$

将其代入方程(3.15)和方程(3.16)中，可得

$$\begin{aligned} &\overline{\boldsymbol{H}}_{B-} = -\overline{\boldsymbol{y}}_1^{\mathrm{I}} \overline{\boldsymbol{E}}_B \\ &\overline{\boldsymbol{H}}_{B+} = \overline{\boldsymbol{y}}_1^{\mathrm{II}} \overline{\boldsymbol{E}}_B \end{aligned} \tag{3.18}$$

在 B 面上，切向磁场的边界条件为

$$\overline{\boldsymbol{H}}_{B+} - \overline{\boldsymbol{H}}_{B-} = -\overline{\boldsymbol{J}}_B \tag{3.19}$$

其中 $\overline{\boldsymbol{J}}_B = \eta_0 \left(\mathrm{j}\overline{\boldsymbol{J}}_{Bx}^{\mathrm{T}}, \overline{\boldsymbol{J}}_{Bz}^{\mathrm{T}} \right)^{\mathrm{T}}$ 为空气与介质分界面上的电流密度。将方程(3.18)代入，可得

$$\overline{\boldsymbol{E}}_B = -\left(\overline{\boldsymbol{y}}_1^{\mathrm{II}} + \overline{\boldsymbol{y}}_1^{\mathrm{I}} \right)^{-1} \overline{\boldsymbol{J}}_B \text{或者} \begin{bmatrix} \overline{\boldsymbol{E}}_{Bx} \\ -\mathrm{j}\overline{\boldsymbol{E}}_{Bz} \end{bmatrix} = \begin{bmatrix} \overline{\boldsymbol{Z}}_{xx} & \overline{\boldsymbol{Z}}_{xz} \\ \overline{\boldsymbol{Z}}_{zx} & \overline{\boldsymbol{Z}}_{zz} \end{bmatrix} \begin{bmatrix} \mathrm{j}\overline{\boldsymbol{J}}_{Bx} \\ \overline{\boldsymbol{J}}_{Bz} \end{bmatrix} \tag{3.20}$$

方程(3.20)即为屏蔽空间微带线在变换域中的系统方程。

第四步，逆变换。

这一步当中，将变换域中的系统方程逆变换回空域，并进一步利用导带面上电磁场与电流的互补关系，即可得到相应的齐次空域系统方程组。

由于方程(3.20)中，电场和电流密度都需要将方程(3.20)变换回空域。方程(3.20)可以写为

$$\begin{bmatrix} \overline{\boldsymbol{E}}_{Bx} \\ -\mathrm{j}\overline{\boldsymbol{E}}_{Bz} \end{bmatrix} = \begin{bmatrix} \boldsymbol{T}_h^{\mathrm{T}} & \boldsymbol{0} \\ \boldsymbol{0} & \boldsymbol{T}_e^{\mathrm{T}} \end{bmatrix} \begin{bmatrix} \boldsymbol{E}_{Bx} \\ -\mathrm{j}\boldsymbol{E}_{Bz} \end{bmatrix} = \begin{bmatrix} \overline{\boldsymbol{Z}}_{xx} & \overline{\boldsymbol{Z}}_{xz} \\ \overline{\boldsymbol{Z}}_{zx} & \overline{\boldsymbol{Z}}_{zz} \end{bmatrix} \begin{bmatrix} \boldsymbol{T}_h^{\mathrm{T}} & \boldsymbol{0} \\ \boldsymbol{0} & \boldsymbol{T}_e^{\mathrm{T}} \end{bmatrix} \begin{bmatrix} \mathrm{j}\boldsymbol{J}_{Bx} \\ \boldsymbol{J}_{Bz} \end{bmatrix} \tag{3.21}$$

方程两边同时乘以相应的变换矩阵后：

$$\begin{bmatrix} \boldsymbol{E}_{Bx} \\ -\mathrm{j}\boldsymbol{E}_{Bz} \end{bmatrix} = \begin{bmatrix} \boldsymbol{T}_h & \boldsymbol{0} \\ \boldsymbol{0} & \boldsymbol{T}_e \end{bmatrix} \begin{bmatrix} \overline{\boldsymbol{Z}}_{xx} & \overline{\boldsymbol{Z}}_{xz} \\ \overline{\boldsymbol{Z}}_{zx} & \overline{\boldsymbol{Z}}_{zz} \end{bmatrix} \begin{bmatrix} \boldsymbol{T}_h^{\mathrm{T}} & \boldsymbol{0} \\ \boldsymbol{0} & \boldsymbol{T}_e^{\mathrm{T}} \end{bmatrix} \begin{bmatrix} \mathrm{j}\boldsymbol{J}_{Bx} \\ \boldsymbol{J}_{Bz} \end{bmatrix} \tag{3.22}$$

由式(3.22)可得，空域中的系统方程为

$$\begin{bmatrix} \boldsymbol{E}_{Bx} \\ -\mathrm{j}\boldsymbol{E}_{Bz} \end{bmatrix} = \begin{bmatrix} \boldsymbol{Z}_{xx} & \boldsymbol{Z}_{xz} \\ \boldsymbol{Z}_{zx} & \boldsymbol{Z}_{zz} \end{bmatrix} \begin{bmatrix} \mathrm{j}\boldsymbol{J}_{Bx} \\ \boldsymbol{J}_{Bz} \end{bmatrix} \tag{3.23}$$

此时在屏蔽微带线的导带平面上，存在如下条件：

$$\boldsymbol{E}_B=\begin{cases}\boldsymbol{0}, & \text{有金属导带处}\\ \boldsymbol{E}_{BS}, & \text{无金属导带处}\end{cases} \tag{3.24}$$

$$\boldsymbol{J}_B=\begin{cases}\boldsymbol{J}_{Bm}, & \text{有金属导带处}\\ \boldsymbol{0}, & \text{无金属导带处}\end{cases} \tag{3.25}$$

以上两式中，下标 m 代表金属导带处的电流密度分量，下标 S 代表无金属导带的槽缝处的场分量。从以上两式可以看出，在该分界面上切向电场和电流密度之间为互补关系，利用此关系可对式(3.23)的矩阵维数进行缩减。将式(3.24)和式(3.25)代入式(3.23)中，可得

$$\begin{bmatrix}\boldsymbol{Z}_{xx} & \boldsymbol{Z}_{xz}\\ \boldsymbol{Z}_{zx} & \boldsymbol{Z}_{zz}\end{bmatrix}\begin{bmatrix}\boldsymbol{0}\\ \mathrm{j}\boldsymbol{J}_{Bxm}\\ \boldsymbol{0}\\ \boldsymbol{J}_{Bzm}\end{bmatrix}=\begin{bmatrix}\boldsymbol{E}_{Bxs}\\ \boldsymbol{0}\\ -\mathrm{j}\boldsymbol{E}_{Bzs}\\ \boldsymbol{0}\end{bmatrix} \tag{3.26}$$

去掉式(3.26)中电流密度为 0 的分量，$\boldsymbol{Z}$矩阵中相对应的列向量也就去掉了。同时将$\boldsymbol{Z}$矩阵剩余的部分按照等式右边零元素和非零元素对应分割成 8 个子矩阵，可得

$$\begin{bmatrix}\boldsymbol{Z}_{xx}^{ru} & \boldsymbol{Z}_{xz}^{ru}\\ \boldsymbol{Z}_{xx}^{rl} & \boldsymbol{Z}_{xz}^{rl}\\ \boldsymbol{Z}_{zx}^{ru} & \boldsymbol{Z}_{zz}^{ru}\\ \boldsymbol{Z}_{zx}^{rl} & \boldsymbol{Z}_{zz}^{rl}\end{bmatrix}\begin{bmatrix}\mathrm{j}\boldsymbol{J}_{Bxm}\\ \boldsymbol{J}_{Bzm}\end{bmatrix}=\begin{bmatrix}\boldsymbol{E}_{Bxs}\\ \boldsymbol{0}\\ -\mathrm{j}\boldsymbol{E}_{Bzs}\\ \boldsymbol{0}\end{bmatrix} \tag{3.27}$$

其中上标 r 表示去掉 $\boldsymbol{Z}$ 矩阵中相对应的列后所剩下的右半部分。u 和 l 分别表示剩下右半部分矩阵的上、下两部分子矩阵。接下来可以将式(3.27)分为如下两部分：

$$\begin{bmatrix}\boldsymbol{Z}_{xx}^{rl} & \boldsymbol{Z}_{xz}^{rl}\\ \boldsymbol{Z}_{zx}^{rl} & \boldsymbol{Z}_{zz}^{rl}\end{bmatrix}\begin{bmatrix}\mathrm{j}\boldsymbol{J}_{Bxm}\\ \boldsymbol{J}_{Bzm}\end{bmatrix}=\begin{bmatrix}\boldsymbol{0}\\ \boldsymbol{0}\end{bmatrix} \tag{3.28}$$

$$\begin{bmatrix}\boldsymbol{Z}_{xx}^{ru} & \boldsymbol{Z}_{xz}^{ru}\\ \boldsymbol{Z}_{zx}^{ru} & \boldsymbol{Z}_{zz}^{ru}\end{bmatrix}\begin{bmatrix}\mathrm{j}\boldsymbol{J}_{Bxm}\\ \boldsymbol{J}_{Bzm}\end{bmatrix}=\begin{bmatrix}\boldsymbol{E}_{Bxs}\\ -\mathrm{j}\boldsymbol{E}_{Bzs}\end{bmatrix} \tag{3.29}$$

要让一个齐次方程组有非零解，则其系数行列式就必须为零。利用此条件可得关于微波平面传输线传播常数的一元非线性方程。

第五步，一元非线性方程的建立及数值求解。

式(3.28)为一个关于电流密度的齐次线性方程组。由于在微带线工作时，其上的电流密度不可能全为零，即此齐次方程组必有非零解，因此该齐次方程组的系

数行列式必为零：

$$\begin{vmatrix} \boldsymbol{Z}_{xx}^{rl} & \boldsymbol{Z}_{xz}^{rl} \\ \boldsymbol{Z}_{zx}^{rl} & \boldsymbol{Z}_{zz}^{rl} \end{vmatrix} = 0 \tag{3.30}$$

此矩阵中仅有传播常数 γ 一个未知数，可通过数值方法求解。在求解过程中，数值求解方法和初值的选择，对整个算法的计算速度影响较大。

通过上面的分析步骤，可得到微波平面传输线的复传播常数，其实部对应衰减常数，虚部对应相位常数。进一步可求得传输线的等效相对介电常数以及特性阻抗。另外，将复传播常数代回空域齐次方程中，还可以得到传输线横截面上的场分布。

3.2.3　有限空间对微波平面传输线电磁特性的影响

掌握屏蔽盒影响微波平面传输线电磁特性的规律，对于指导实际工程应用有着十分重要的意义。利用直线法的计算结果，对图 3.6 所示的屏蔽微带线进行分析，研究屏蔽盒高、宽对其电磁特性的影响规律。主要包括以下几点：

(1) 加入屏蔽盒，对微带线电磁特性的基本影响趋势；

(2) 屏蔽盒对微带线电磁特性有较大影响或者基本无影响的条件；

(3) 不同频段屏蔽盒对微带线电磁特性影响规律的异同。

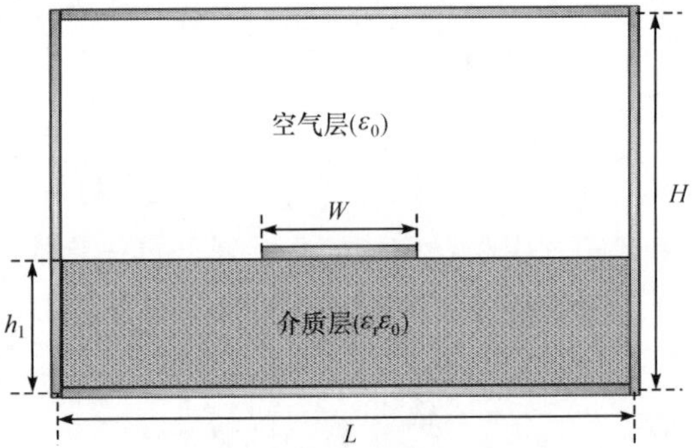

图 3.6　屏蔽微带线参数模型

1. 屏蔽盒高度对微带线电磁特性的影响

为了研究屏蔽盒高度对微带线电磁特性的影响规律，首先将屏蔽盒宽度设置得很大，以模拟屏蔽盒侧壁无影响条件。

计算模型的物理参数为：

屏蔽盒宽度 L=6mm，介质基板厚度 h_1=0.254mm，介质基板相对介电常数 9.8，金属导带宽度 W=0.26mm。

图 3.7 给出了分别使用三个不同高度的屏蔽盒时，在 1～67GHz 内，微带线等效相对介电常数随频率的变化曲线。图 3.8 给出了微带线分别工作在 1GHz、10GHz 以及 50GHz 时，屏蔽盒高度变化对于微带线等效相对介电常数的影响曲线。从以上两图可以看出，屏蔽盒顶盖会对微带线电磁特性产生如下影响：

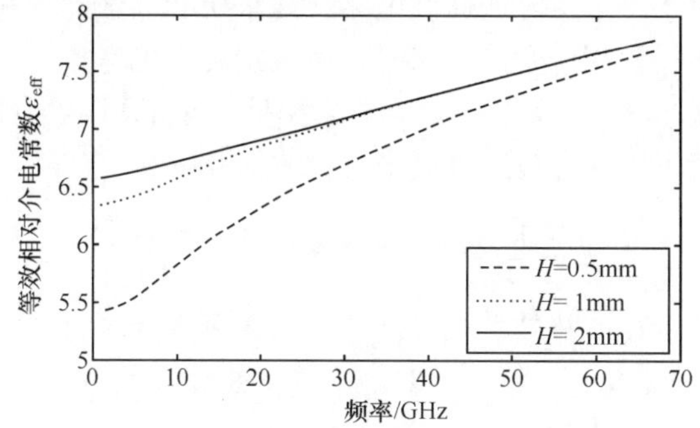

图 3.7　不同屏蔽盒高度微带线等效相对介电常数随屏蔽盒高度的变化曲线

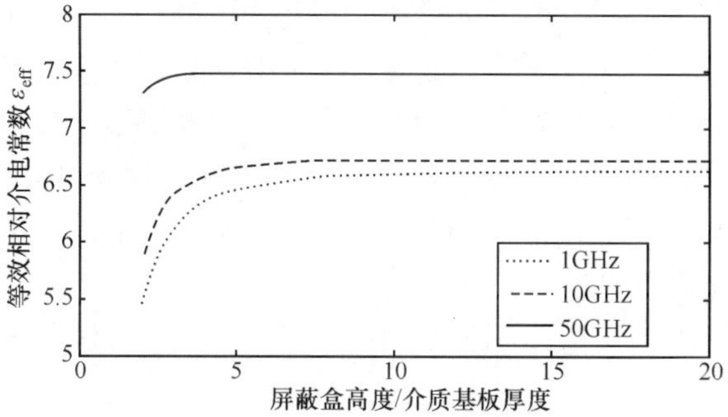

图 3.8　不同频率微带线等效相对介电常数随频率的变化曲线

(1) 屏蔽盒顶盖的存在，会使得微带线的等效相对介电常数变小，并且屏蔽盒高度越小，其影响就会越大。

(2) 当屏蔽盒高度小于 5 倍的介质基板厚度时，屏蔽盒顶盖对微带线电磁特性的影响非常明显，等效相对介电常数会随着屏蔽盒高度的增加而迅速增大。

(3) 当屏蔽盒高度处于 5 倍到 10 倍介质基板厚度时，屏蔽盒顶盖对微带线电磁特性的影响逐渐减弱，等效相对介电常数随屏蔽盒高度增加而增加的速度逐渐变缓。

(4) 当屏蔽盒高度大于 10 倍的介质基板厚度时，屏蔽盒顶盖对微带线电磁特性的影响基本可以忽略，等效相对介电常数不随屏蔽盒高度的增加而变化，此时该模型可以看成顶部为开放边界条件的情况。

(5) 屏蔽盒高度对于微带线电磁特性的影响，随着工作频段的变化，也存在着一定的差异。从图 3.7 可以明显看出，当频率较低时，不同尺寸间等效相对介电常数差异较大，屏蔽盒顶盖的影响较明显。随着频率的升高，等效相对介电常数的差异变小，屏蔽盒顶盖的影响逐渐减弱。

综上所述，对于一个实际的微波电路，如果所加屏蔽盒的高度小于 5 倍介质基板厚度，那么在设计相应微波电路时，就一定要精确考虑屏蔽盒的影响，同时在加工时要尽量减小这一方面的公差。与之相反，当所加屏蔽盒高度大于 10 倍介质基板厚度时，就可以用开放边界微带模型来简化分析。

2. 屏蔽盒宽度对微带线电磁特性的影响

为了研究屏蔽盒宽度对微带线电磁特性的影响规律，将屏蔽盒高度设置为大于 10 倍的介质基板厚度，以保证其对微带线电磁特性基本无影响。

计算模型的物理参数为：

屏蔽盒高度 $H=20\times h_1$，介质基板厚度 h_1=0.254mm，介质基板相对介电常数 9.8，金属导带宽度 W=0.26mm。

图 3.9 给出了分别使用三个不同宽度的屏蔽盒时，在 1～150GHz 范围内，微带线等效相对介电常数随工作频率的变化曲线。图 3.10 给出了微带线分别工作在 1GHz、10GHz 以及 50GHz 时，屏蔽盒宽度变化对于微带线等效相对介电常数的影响曲线。从图 3.9 和图 3.10 可以看出，屏蔽盒侧壁会对微带线电磁特性产生如下影响：

(1) 屏蔽盒侧壁的存在，会使得微带线的等效相对介电常数变小，并且屏蔽盒宽度越小，其影响就会越大。

(2) 当屏蔽盒宽度小于 10 倍的金属导带宽度时，屏蔽盒侧壁对微带线电磁特

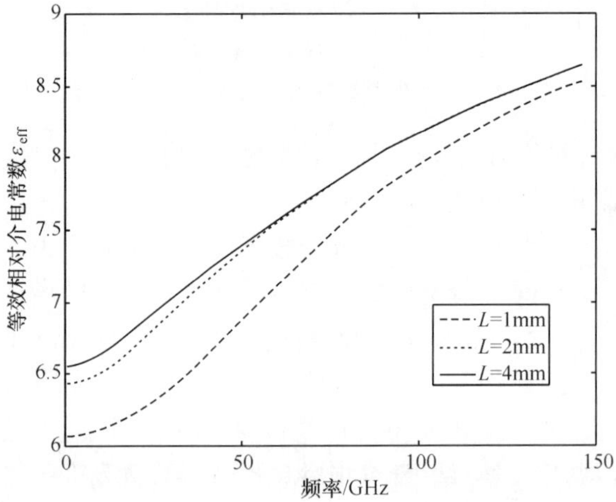

图 3.9　不同屏蔽盒宽度微带等效相对介电常数随频率的变化曲线

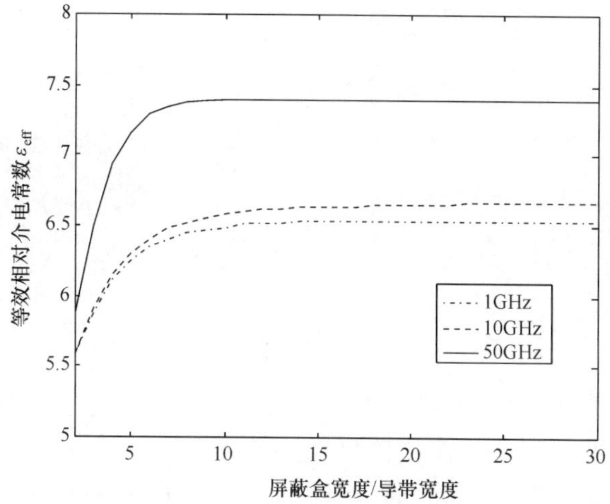

图 3.10　不同频率时微带线等效相对介电常数随屏蔽盒宽度的变化曲线

性的影响非常明显，等效相对介电常数会随着屏蔽盒宽度的增加而迅速增大。

(3) 当屏蔽盒宽度处于 10 倍到 20 倍金属导带宽度时，屏蔽盒侧壁对微带线电磁特性的影响逐渐减弱，等效相对介电常数随屏蔽盒宽度的增加而增大的速度逐渐变缓。

(4) 当屏蔽盒宽度大于 20 倍的金属导带宽度时，屏蔽盒侧壁对微带线电磁特性的影响基本可以忽略，等效相对介电常数几乎不随屏蔽盒宽度的增加而变化，此时该模型可以看成两侧为开放边界条件的情况。

(5) 屏蔽盒宽度对于微带线电磁特性的影响，随着工作频段的变化，也存在着一定的差异。从图 3.9 可以明显看出，当频率较低时，不同尺寸间等效相对介电常数差异较大，屏蔽盒侧壁的影响较明显；随着频率的升高，等效相对介电常数的差异变小，屏蔽盒侧壁的影响逐渐减弱。

综上所述，对于一个实际的微波电路，如果所加屏蔽盒宽度小于 10 倍的导带宽度或者在此距离内有其他金属器件时，在设计相应微波电路时，就一定要精确考虑它们的影响，同时在加工时要尽量减小这一方面的公差。与之相反，当所加屏蔽盒宽度大于 20 倍的金属导带宽度时，就可以用侧壁为开放边界的微带模型来简化分析。

图 3.11(a)给出了在屏蔽盒高度、屏蔽盒宽度远大于微带线介质基板厚度、金属导带宽度的情况下，屏蔽微带线的电力线分布示意图。图 3.11(b)给出了在屏蔽盒高度、屏蔽盒宽度相对较小的情况下，屏蔽微带线的电力线分布示意图。下面利用以上两幅图以及微带线等效相对介电常数的基本特性，从场分布的角度来解释屏蔽盒对微带线电磁特性的影响规律。

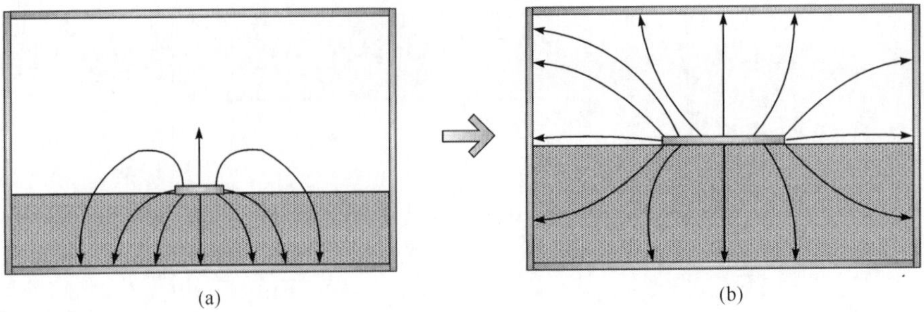

图 3.11　屏蔽微带线电力线分布示意图

由等效相对介电常数的定义可知，微带线等效相对介电常数的值应该处于空气的相对介电常数 1 和介质基板相对介电常数ε_r之间。

当屏蔽盒高度、屏蔽盒宽度远大于微带线介质基板厚度、金属导带宽度时，屏蔽微带线的电磁场分布如图 3.11(a)所示，其中的电磁场主要集中在导带与金属地之间的介质基板中。此时微带线等效相对介电常数的值就更接近于介质基板的相对介电常数ε_r。

当屏蔽盒高度和宽度变小时，屏蔽微带线的电磁场分布如图 3.11(b)所示，受到屏蔽盒顶盖和侧壁的影响，电磁场在空气中的部分变得越来越多，并且这种影响随着屏蔽盒的不断减小会越来越明显。此时微带线等效相对介电常数的值就会向空气的相对介电常数靠近，即微带线的等效相对介电常数会随着屏蔽盒高度和宽度的减小而急剧变小。

此外，当屏蔽微带线工作频率越高时，其对应的波长就会越短，屏蔽盒对微带线场分布产生影响的距离就会相应地变短，即当频率升高时，屏蔽盒高、宽对微带线电磁特性的影响变弱。

3. 屏蔽盒对微带线高次模式的影响

高次模式是影响微波平面传输线最高工作频率的主要因素之一。在微带线中，除了作为主模的准 TEM 模式外，随着频率的升高还可能出现波导和表面波模式。这些高次模式的出现，会较为严重地影响微带线的传输性能，增大其传输损耗。因此准确地分析微带线的高次模式，研究屏蔽微带线高次模式的场型、色散曲线和截止频率等电磁特性，总结屏蔽盒对微带线高次模式尤其是第 1 阶高次模式的截止频率的影响规律，对于指导实际微波平面电路设计有着十分重要的意义。

以图 3.6 给出的屏蔽微带线为例，对屏蔽微带线的高次模式进行分析，主要包括以下几点：

(1) 利用直线法，分析给出了 20～60GHz 频率范围内，屏蔽微带线主模及前两阶高次模式的色散曲线；

(2) 分析了屏蔽微带线的第 1 阶高次模式,研究了其所属类型及电磁场分布;

(3) 研究了屏蔽盒高度、宽度变化对微带线第 1 阶高次模式截止频率的影响规律。

1) 屏蔽微带线的主模及前两阶高次模式

计算模型的物理参数为:

屏蔽盒高度 H=4mm，屏蔽盒宽度 W=6mm，介质基板厚度 h_1=0.254mm，介质基板相对介电常数 9.8，金属导带宽度 W=0.26mm。

图 3.12 给出了屏蔽微带线在 20～60GHz 频率范围内，主模及前两阶高次模式的色散曲线。从图中可以看出，在工作频率较低时，屏蔽微带线中只有主模可以传播。当工作频率升高到 24GHz 附近时，屏蔽微带线中出现了第 1 阶高次模式。随着屏蔽微带线工作频率的不断升高，其中可存在的高次模式会变得越来越多。在实际微波电路设计时，为了避免传输线上产生其他高次模式，一般要求其工作在单模传输区域。因此研究屏蔽微带线的高次模式，尤其是第 1 阶高次模式的电磁特性，对于指导实际微波电路设计有着十分重要的意义。下面就重点研究屏蔽微带线第 1 阶高次模式的电磁特性，以及屏蔽盒高度和宽度对于第 1 阶高次模式截止频率的影响规律。

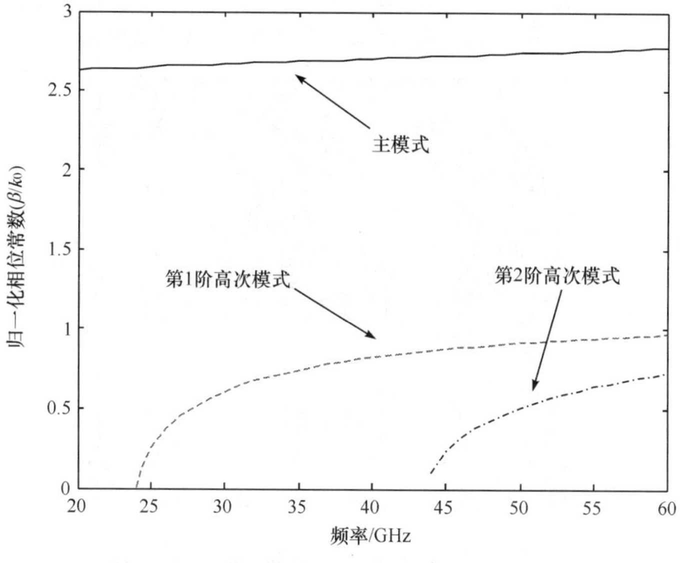

图 3.12　屏蔽微带线主模及高次模式色散曲线

2) 屏蔽微带线第 1 阶高次模式

为了分析屏蔽微带线第 1 阶高次模式的电磁特性，下面首先利用直线法计算图 3.6 所示屏蔽微带线截面内的电磁场分布。

图 3.13 给出了频率为 30GHz 时通过直线法计算所得屏蔽微带线主模式 x 方向电场强度的分布图。图中可以明显看出，x 方向的电场主要集中在金属导带附近。图 3.14 给出了屏蔽微带线第 1 阶高次模式的 x 方向的电场分布图，观察该图可以发现，此时

导带附近的电场虽然依旧很大，但是与屏蔽微带线其他位置处的场相比，此处的场仅占了一小部分。接下来将这种情况下屏蔽微带线的场分布与部分介质填充矩形波导截面上的场分布相比对，即可确定屏蔽微带线第 1 阶高次模式的类型。

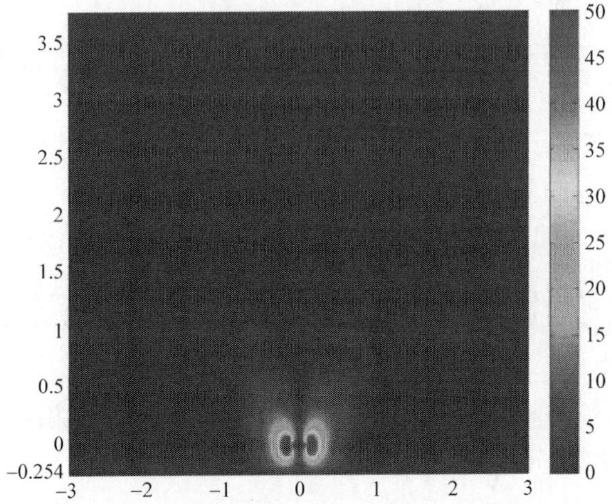

图 3.13　屏蔽微带线主模 x 方向电场分布

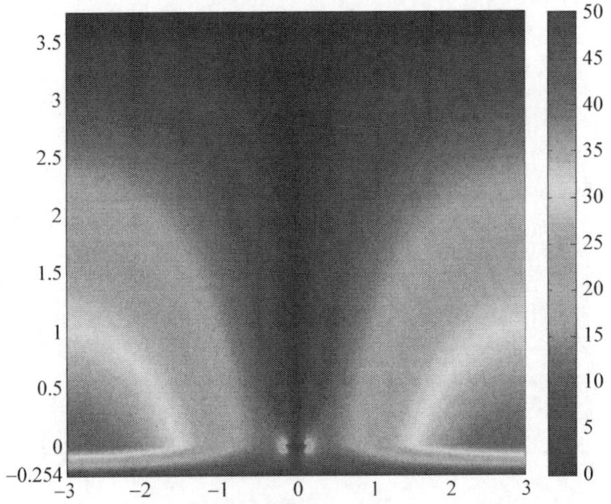

图 3.14　屏蔽微带线第 1 阶高次模式 x 方向电场分布

图 3.15 给出了部分介质填充矩形波导的截面模型，它和屏蔽微带线的主要区别为：部分介质填充矩形波导中不存在金属导带。对于部分介质填充矩形波导，可以完全通过解析的方式来进行分析。图 3.16 给出了部分介质填充矩形波导 LSM(纵截面磁模)模式 x 方向电场强度的分布图。对比图 3.14 和图 3.16 可以发现，图 3.14 中除了因金属导带的存在而造成的小部分场变化外，其场分布基本上与图 3.16 中的分布一致。因此可以初步判定，在屏蔽微带线中，其第 1 阶高次模式为

部分介质填充矩形波导中的 LSM 模式。

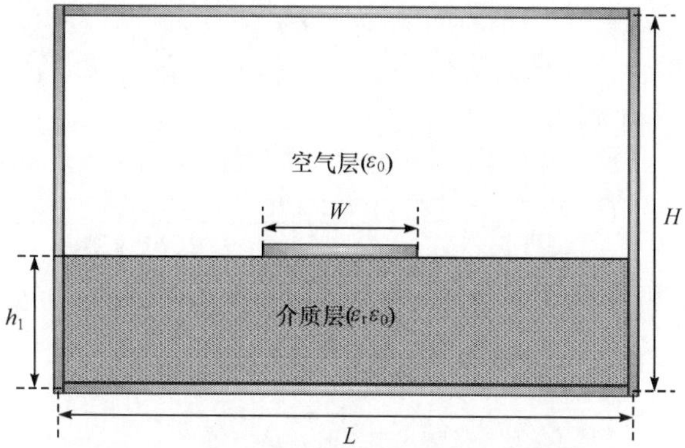

图 3.15　部分介质填充矩形波导截面模型

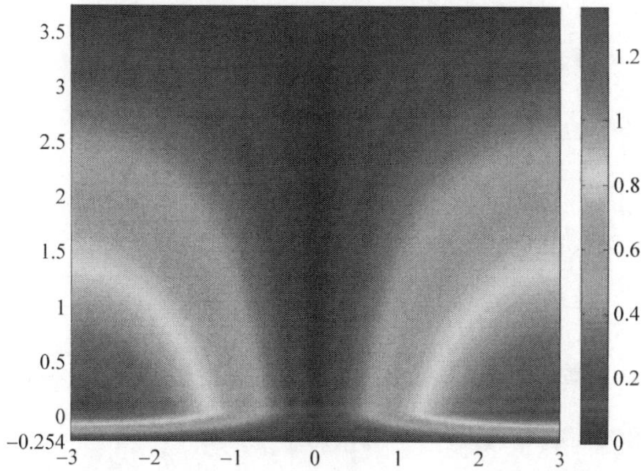

图 3.16　部分介质填充矩形波导 LSM 模式 x 方向电场强度分布

通过求解式(3.31)所示的本征方程(推导详见文献[64])得到部分介质填充矩形波导的色散曲线，将其与由直线法计算得到的屏蔽微带线第 1 阶高次模式的色散曲线进行比对。

$$\frac{\varepsilon}{\varepsilon_0}k_{y2}\tan k_{y2}\left(H-h_1\right)=-k_{y1}\tan\left(k_{y1}h_1\right) \tag{3.31}$$

其中

$$k_{y1}^2=k_1^2-\beta^2-\left(\frac{n\pi}{L}\right)^2$$

$$k_{y2}^2=k_2^2-\beta^2-\left(\frac{n\pi}{L}\right)^2$$

从图 3.17 可以看出，屏蔽微带线第 1 阶高次模式的色散曲线与部分介质填充矩形波导 LSM 模式(n=1)的色散曲线吻合较好。综上可以得出屏蔽微带线的第 1 阶高次模式即为部分介质填充矩形波导的 LSM 模式。接下来具体分析屏蔽盒对于此高次模式的影响规律。

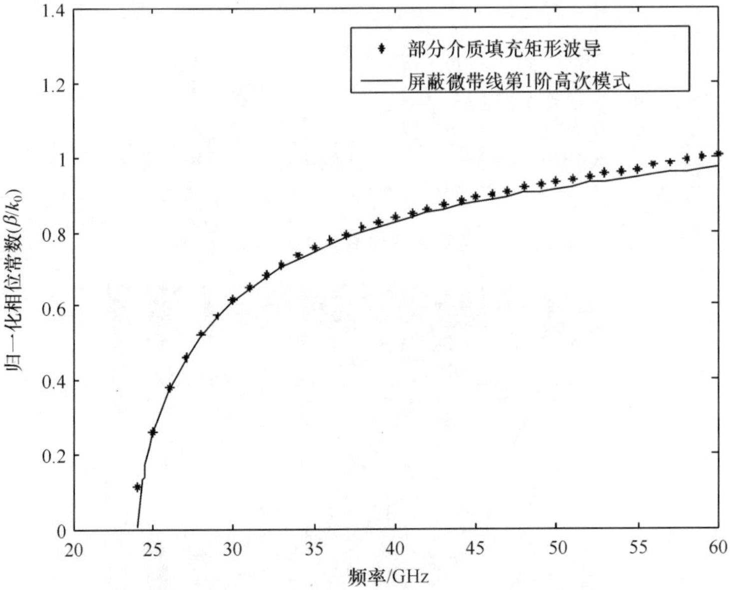

图 3.17　屏蔽微带线第 1 阶高次模式与部分介质填充矩形波导 LSM 模式色散曲线比对图

3) 屏蔽盒高度对微带线第 1 阶高次模式的影响

将屏蔽盒宽度 L 固定为 6mm，研究屏蔽盒高度变化对微带线第 1 阶高次模式截止频率的影响。

图 3.18 给出了屏蔽盒分别取四种不同高度时，屏蔽微带线第 1 阶高次模式的色散曲线。从图中可以清楚地看出，屏蔽盒顶盖的影响会导致屏蔽微带线第 1 阶高模式提前出现，从而引起微带线最高工作频率的下降。并且随着屏蔽盒高度的减小，其第 1 阶高次模式的截止频率会逐渐降低。

4) 屏蔽盒宽度对微带线第 1 阶高次模式的影响

将屏蔽盒高度 H 固定为 4mm，研究屏蔽盒宽度变化对微带线第 1 阶高次模式截止频率的影响。

图 3.19 给出了屏蔽盒分别取四种不同宽度时，屏蔽微带线第 1 阶高次模式的色散曲线。从图中可以清楚地看出，屏蔽盒侧壁的影响会导致屏蔽微带线第 1 阶高模式推后出现，从而可以提升屏蔽微带线的最高工作频率。并且随着屏蔽盒宽度的减小，其第 1 阶高次模式的截止频率会逐渐升高。

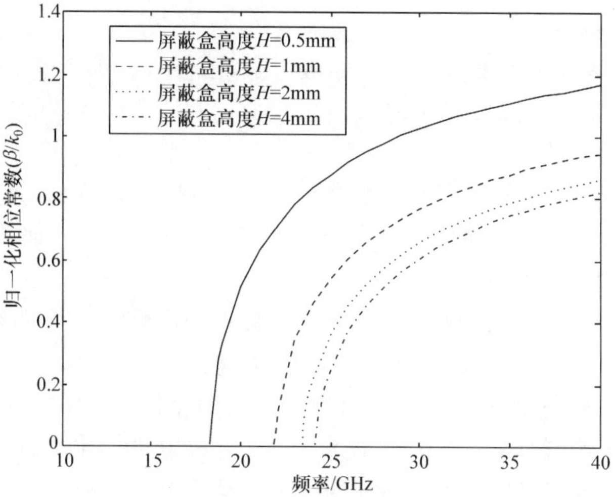

图 3.18　不同屏蔽盒高度时，屏蔽微带线第 1 阶高次模式的色散曲线

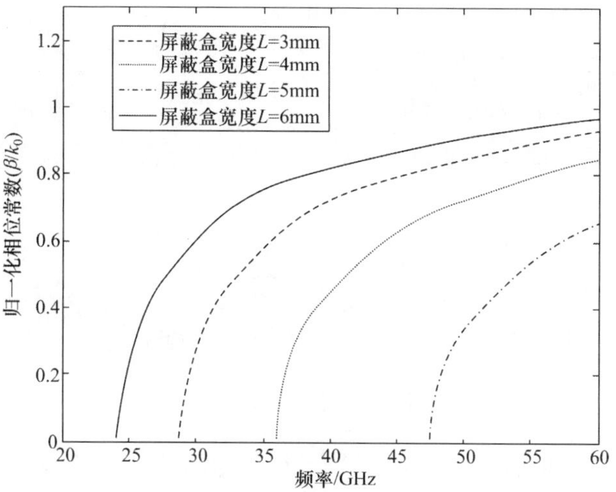

图 3.19　不同屏蔽盒宽度时，屏蔽微带线第 1 阶高次模式的色散曲线

3.3　有限接地面积微波平面传输线

3.3.1　有限接地面积微波平面传输线概述

在实际微波平面电路中，地板的宽度是有限的。对于集成度较低的电路，地板宽度相对较宽，在理论分析时常近似认为是无限宽。随着微波平面电路技术的发展，该近似导致的误差会越来越大。实际微波电路中可将以下几种常见的情况

归结为有限地问题：

(1) 当微波平面传输线很靠近电路板边缘时，金属导带与电路板边缘之间的距离，将会直接影响传输线的电磁特性。因此这些位置传输线的地板就不能再按无限大来处理。

(2) 随着微波电路集成度的不断增加，共面波导的共面地宽度变得接近甚至小于中心导带和缝隙的宽度。此时地板宽度变化，必然会对共面波导的电磁特性产生较大的影响。

(3) 当下层地板(不与金属导带处于同一面上的地板)上，因过孔等结构导致地板不连续时，其附近传输线的地板就不能再被近似为无限宽。

对于以上几种情况，以共面波导和微带线为例，图 3.20 给出了两种模型结构。图 3.20(a)为共面波导地宽度变化对微波平面传输线电磁特性的影响规律的结构模型；图 3.20(b)为微带传输线下层地板宽度变化对其电磁特性的影响规律结构模型；模型中均假设金属导带厚度为零、电导率为无穷大。

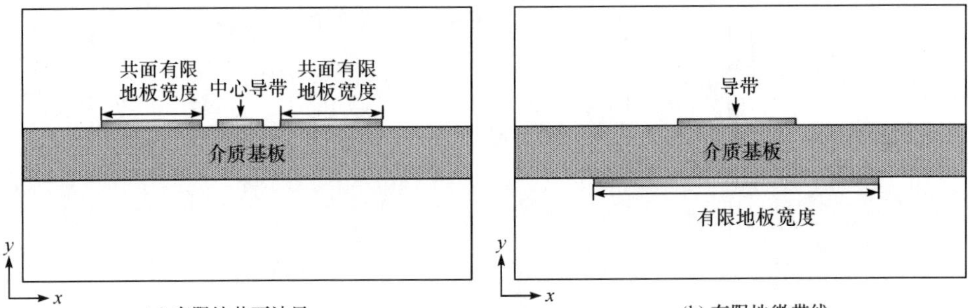

(a) 有限地共面波导　　(b) 有限地微带线

图 3.20　有限地微波平面传输线截面模型

3.3.2　有限接地面积微波平面传输线的直线分析法

利用直线法分析有限接地面积微波平面传输线时，其基本步骤与 3.2.2 节给出的分析步骤近似。下面仅给出这类结构分析的不同处，主要包括以下几点。

1. 模型的不等间隔离散化

与 3.2.2 节类似，对图 3.20(a)所示的有限地共面波导模型进行离散化时，通过引入理想磁壁，利用对称性将需分析的区域减小一半。在使用两组线系 e 线和 h 线对该结构沿 x 方向离散化时，因为相对于有限空间问题，与前面所使用的离散方式有所不同。有限地共面波导模型有着以下特点：

(1) 直线法为了减小离散误差、加快收敛速度，在导体边缘处的离散线要满足图 3.4 所示的边缘条件。而对于图 3.21 所示的多导体系统，就要求在每一个导体边缘处，其离散线的分布都满足边缘条件。如果仍然采用等间隔离散的方式，则无法在所用导体边缘处都满足这一条件。

(2) 当共面波导的槽缝和中心导带的宽度相对于地板宽度很小时，如果仍然采用等间隔离散，为了保证计算精度，整个截面内所需的离散线条数就会急剧增加。然而由于在远离槽缝和导带边缘的位置场变化较为平缓，无需那么密集的离散线就可以达到很高的精度。

针对以上两个特点，在对有限地微波平面传输线模型进行离散时，需要使用不等间隔离散的方法[65]。图 3.21 为有限地共面波导的不等间隔离散示意图，从图中可以看出，采用了不等间隔离散后，对于槽缝和导带边缘等电磁场变化较为剧烈的位置，离散间隔较小，对于其他电磁场变化较平缓的位置则离散间隔较大，这样就可以在保证计算精度的同时提高计算效率。

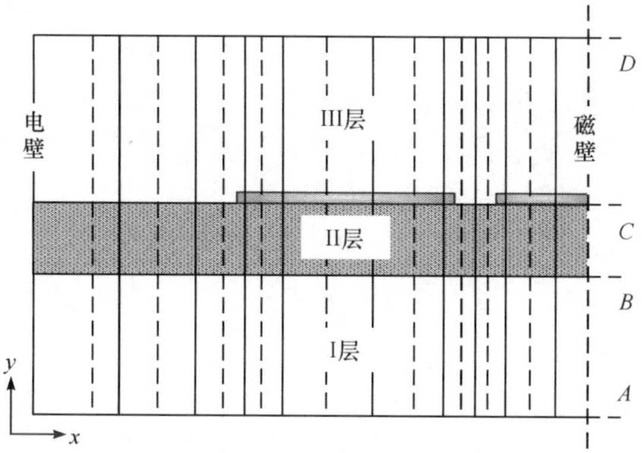

图 3.21　有限地共面波导不等间隔离散示意图

图 3.22 为直线法不等间隔离散线的局部示意图，图中 e_i 代表第 i 条 e 线所穿过的两条相邻 h 线之间的距离。h_i 代表第 i 条 h 线所穿过的两条相邻 e 线之间的距离。

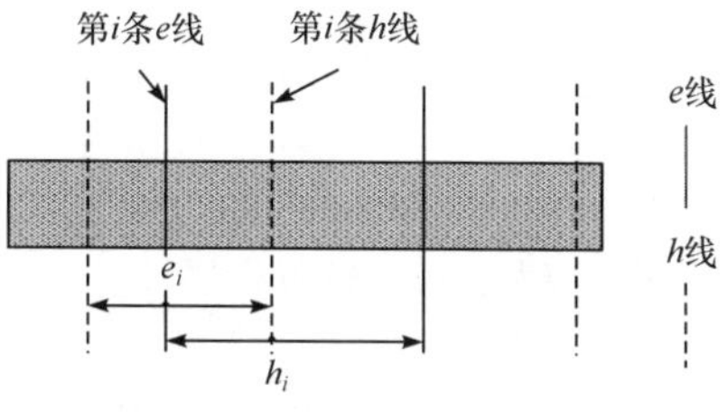

图 3.22　不等间隔离散局部示意图

以 z 方向的电场分量 E_z 为例，其在第 i 条 h 线上的一阶偏微分就可以用式(3.32)给出的一阶差分来代替。

$$\left.\frac{\partial E_z}{\partial x}\right|_i \approx \frac{E_{z(i+1)} - E_{zi}}{h_i} \tag{3.32}$$

式(3.32)与 3.2 节中等间隔离散时的一阶差分表达式,在形式上是完全一致的。E_z 在第 i 条 e 线上的二阶偏微分，在不等间隔离散时的二阶差分形式为

$$\left.\frac{\partial^2 E_z}{\partial x^2}\right|_i \approx \frac{\dfrac{E_{z(i+2)} - E_{z(i+1)}}{h_{i+1}} - \dfrac{E_{z(i+1)} - E_{zi}}{h_i}}{e_i} \tag{3.33}$$

如果采用的是等间隔离散的方法，其对应的二阶偏微分可以表示为如下二阶差分形式：

$$\left.\frac{\partial^2 E_z}{\partial x^2}\right|_i \approx \frac{\dfrac{E_{z(i+2)} - E_{z(i+1)}}{h} - \dfrac{E_{z(i+1)} - E_{zi}}{h}}{h} = \frac{E_{z(i+2)} - 2E_{z(i+1)} + E_{zi}}{h^2} \tag{3.34}$$

从式(3.33)和式(3.34)可以看出，在等间隔离散时，可以容易地根据差分表达式写出如式(3.5)所示的二阶差分矩阵 $\boldsymbol{P}$ 。在不等间隔离散的情况下，由于离散线与线之间的间隔均不相等，因此很难直接写出其相应的差分矩阵。为了解决这一问题，需要对场量进行归一化处理。

令场量与其对应的归一化变量之间满足如下关系式：

$$\begin{aligned}\boldsymbol{E}_z &= \boldsymbol{r}_e \boldsymbol{E}_{nz} \\ \boldsymbol{H}_z &= \boldsymbol{r}_h \boldsymbol{H}_{nz}\end{aligned} \tag{3.35}$$

其中

$$\boldsymbol{r}_e = \mathrm{diag}\left(\sqrt{\frac{h}{e_i}}\right), \quad \boldsymbol{r}_h = \mathrm{diag}\left(\sqrt{\frac{h}{h_i}}\right) \tag{3.36}$$

其中 h 为不等间隔离散时离散间隔宽度的平均值。从以上表达式可以看出当等间隔离散时，$\boldsymbol{r}_e$ 和 $\boldsymbol{r}_h$ 即可简化为单位矩阵。

对变量进行归一化处理后，二阶偏微分所对应的差分表达式推导如下。

将式(3.32)写为如下形式：

$$h\sqrt{\frac{h_i}{h}}\left.\frac{\partial E_z}{\partial x}\right|_i = \sqrt{\frac{h}{h_i}}\left(E_{z(i+1)} - E_{zi}\right) \tag{3.37}$$

在整个离散区域内，将式(3.37)写成如下矩阵形式：

$$h\boldsymbol{r}_h^{-1}\mathrm{diag}\left(\left.\frac{\partial E_z}{\partial x}\right|_i\right) \to \boldsymbol{r}_h \boldsymbol{D}\boldsymbol{E}_z = \boldsymbol{r}_h \boldsymbol{D}\boldsymbol{r}_e \boldsymbol{E}_{nz} \tag{3.38}$$

方程(3.38)中，$\boldsymbol{D}$ 仍然和等间隔离散时的差分矩阵相同。

令

$$\boldsymbol{r}_h \boldsymbol{D} \boldsymbol{r}_e = \overline{\boldsymbol{D}} \tag{3.39}$$

与等间隔离散时的表达式对比，可知 $\overline{\boldsymbol{D}}$ 即为非等间隔离散时的差分矩阵。对于 E_z 的一阶偏微分，可以表示为如下形式：

$$h\boldsymbol{r}_h^{-1}\mathrm{diag}\left(\left.\frac{\partial E_z}{\partial x}\right|_i\right) \to \overline{\boldsymbol{D}}\boldsymbol{E}_{nz} \tag{3.40}$$

同理对于 H_z，其一阶偏微分可以表示为

$$h\boldsymbol{r}_e^{-1}\mathrm{diag}\left(\left.\frac{\partial H_z}{\partial x}\right|_i\right) \to -\boldsymbol{r}_e\boldsymbol{D}^{\mathrm{T}}\boldsymbol{H}_z = -\boldsymbol{r}_e\boldsymbol{D}^{\mathrm{T}}\boldsymbol{r}_h\boldsymbol{H}_{nz} = -\overline{\boldsymbol{D}}^{\mathrm{T}}\boldsymbol{H}_{nz} \tag{3.41}$$

引入归一化变量后，相应的二阶偏导就可以表示为

$$\begin{aligned} h^2\boldsymbol{r}_e^{-1}\mathrm{diag}\left(\left.\frac{\partial^2 E_z}{\partial x^2}\right|_i\right) &\to -\overline{\boldsymbol{D}}^{\mathrm{T}}\overline{\boldsymbol{D}}\boldsymbol{E}_{nz} = -\overline{\boldsymbol{P}}_{\mathrm{DN}}\boldsymbol{E}_{nz} \\ h^2\boldsymbol{r}_h^{-1}\mathrm{diag}\left(\left.\frac{\partial^2 H_z}{\partial x^2}\right|_i\right) &\to -\overline{\boldsymbol{D}}\,\overline{\boldsymbol{D}}^{\mathrm{T}}\boldsymbol{H}_{nz} = -\overline{\boldsymbol{P}}_{\mathrm{ND}}\boldsymbol{H}_{nz} \end{aligned} \tag{3.42}$$

从式(3.40)、式(3.41)和式(3.42)可以看出，在非均匀离散时，通过引入归一化变量，可以让其一阶和二阶差分表达式与均匀离散时完全相同。

此时式(3.42)中的 $\overline{\boldsymbol{P}}$ 矩阵，仍为实对称三对角矩阵，可以通过正交变换将其对角化为

$$\boldsymbol{T}^{\mathrm{T}}\overline{\boldsymbol{P}}\boldsymbol{T} = \boldsymbol{\lambda}^2 \tag{3.43}$$

由 3.2.2 节可知，引入如下正交变换：

$$\boldsymbol{F}_n = \boldsymbol{T}\overline{\boldsymbol{F}}_n \tag{3.44}$$

即可将波动方程转换为一组可以沿 y 方向解析求解的常微分方程：

$$\left[\left(\frac{\mathrm{d}^2}{\mathrm{d}y^2} + k^2 + \gamma^2\right)\boldsymbol{I} - h^{-2}\boldsymbol{\lambda}^2\right]\overline{\boldsymbol{F}}_n = \boldsymbol{0} \tag{3.45}$$

在非均匀离散过程中，从空域中的变量变换到变换域，一共经历了两次变换。因此在后面计算过程中，清晰分辨各个场量与其中间变换矩阵的对应关系十分重要。表 3-2 给出了电磁场各分量与其变换及归一化矩阵之间的对应关系。

表 3-2　电磁场各分量与变换及归一化矩阵之间的对应关系

空域电磁场量	对应线型	归一化电磁场量	变换域电磁场量
$\boldsymbol{H}_x, \boldsymbol{E}_y, \boldsymbol{E}_z, \boldsymbol{J}_z$	e 线	$\boldsymbol{F}_n = \boldsymbol{r}_e^{-1}\boldsymbol{F}$	$\overline{\boldsymbol{F}}_n = \boldsymbol{T}_e^t\boldsymbol{r}_e^{-1}\boldsymbol{F}$
$\boldsymbol{E}_x, \boldsymbol{H}_y, \boldsymbol{H}_z, \boldsymbol{J}_x$	h 线	$\boldsymbol{F}_n = \boldsymbol{r}_h^{-1}\boldsymbol{F}$	$\overline{\boldsymbol{F}}_n = \boldsymbol{T}_h^t\boldsymbol{r}_h^{-1}\boldsymbol{F}$

注：计算时需特别注意矩阵 $\boldsymbol{r}_e$ 中的 e_i 是指第 i 条 e 线穿过的两个相邻 h 线之间的间隔，矩阵 $\boldsymbol{r}_h$ 中的 h_i 是指第 i 条 h 线穿过的两个相邻 e 线之间的间隔。

2. 有限地模型不等间隔离散方式

上面介绍了直线法不等间隔离散时波动方程差分化的主要步骤。下面给出有限地模型具体采用的不等间隔离散方式。针对不同的研究对象不等间隔离散时，离散方式对于直线法的计算和收敛速度有着十分重要的影响。在保证计算精度的条件下，应尽量减少所需计算量，不等间隔离散一般应遵守以下几个基本原则：

(1) 对于电磁场随空间变化较为剧烈的地方，为保证计算精度，离散间隔应该设置得尽可能小。在电磁场随空间变化较为平缓的位置，离散间隔则应设置得较大，以减少计算量。

(2) 在离散间隔设置时，如果能够预估被离散场量的近似分布函数，并依照该函数设置恰当的离散间隔，就可以保证在整个研究区域内，离散误差的分布尽可能均匀。

(3) 在进行不等间隔离散时，相邻离散间隔的大小不能相差过大。

文献[66]在分析多导体平面传输线的准静态参数时指出，可以用描述单导体表面电荷的分布函数来近似描述微波平面传输线导体上的表面电荷分布。

已知单导体上的表面电荷服从麦克斯韦分布，如果将离散线的分布设置为如式(3.46)所示的正弦分布：

$$x_i=\sin\left(\frac{2i-M}{2M}\pi\right) \tag{3.46}$$

其中 M 为导带上离散线之间的间隔数。这样可以保证在每个相邻离散线之间所包含的电荷数相等，即以下积分始终成立：

$$\frac{1}{\pi}\int_{x_{i-1}}^{x_i}\frac{\mathrm{d}x}{\sqrt{1-x^2}}=\frac{1}{M} \tag{3.47}$$

对于 $x_a \leqslant x \leqslant x_b$ 区域内离散线分布的位置，可以用下式确定：

$$x_i=\frac{x_b+x_a}{2}+\frac{x_b+x_a}{2}\sin\left(\frac{2i-M}{2M}\pi\right),\quad i=0,\cdots,M \tag{3.48}$$

从上式可以看出，由于单金属导带上的表面电荷分布为两边密集中间稀疏。如图 3.20 所示的有限地共面波导和有限地微带线，电磁场分布在导带和槽缝边缘处变化剧烈，在其他位置的变化则相对较为平缓。因此可以用上述方法对有限地共面波导和有限地微带线进行不等间隔离散。

下面对图 3.20(a)所示有限地共面波导进行不等间隔划分。

首先，将有限地共面波导按照其上金属导带和槽缝的分布用 3 条虚线划分为如图 3.23 所示的 4 个区域。在对各区间进行离散之前，先要确定整个截面的最小离

散间隔 Δ，确定了该最小间隔后，将其他区域的最小间隔也设置为该值。这样就可以保证导带的边缘处，两边离散线的间距基本一致，且近似对称。这个最小间距一般由最小的导带或者导带之间的最小缝隙来决定，其值由式(3.49)计算如下：

$$\Delta = x_{M_{\min}} - x_{M_{\min}-1} \tag{3.49}$$

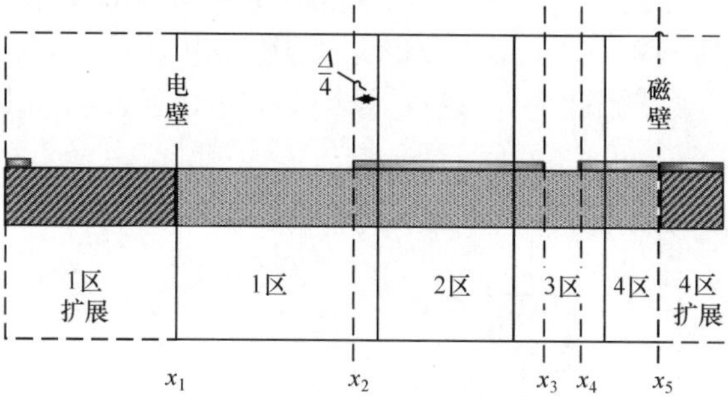

图 3.23　有限地共面波导离散分区示意图

其中 $M_{\min}$ 为最小导带或缝隙区域内离散线的间隔数。

下面以上述最小间隔 Δ 为标准，令其他区域的最小间隔与其相等，由式(3.48)可以得出其他区域离散线数的计算公式为

$$M_n = \mathrm{INT}\left(\frac{2\pi}{\pi - 2\arcsin\left[1 - 2\Delta/\left(x_b' - x_a'\right)\right]}\right) \tag{3.50}$$

其中 INT 为取整算子；x_a' 和 x_b' 为离散区域两端边界的坐标。对于区域 1 内越靠近侧壁，场变化越平滑，离散线的间距应该越大。对于此区域的划分，可通过对称扩展来实现。如图 3.23 所示，将区域 1 以侧壁为中心进行对称扩展，在扩展后的区域内按照上述步骤划分，取其中的一半。为了准确描述侧壁影响，要求该扩展区域内总离散线数为奇数，以确保屏蔽盒侧壁上有一根 e 线。

此外，由于电磁场在导带边缘处存在奇异性，在进行离散时，要求离散线与导带边缘处满足如图 3.4 所示的边缘条件。因此在离散化过程中，为了将边缘条件包含在内，对各区域的宽度进行预调整。调整后各区域长度如下：

第 1 区宽度：$L_1 = 2\left(x_2 - x_1 + \Delta/4\right)$

第 2 区宽度：$L_2 = \left(x_3 - x_2 - \Delta/2\right)$

第 3 区宽度：$L_3 = \left(x_4 - x_3 + \Delta/2\right)$

第 4 区宽度：$L_4 = 2\left(x_5 - x_4 - \Delta/4\right)$

最后利用式(3.48)分别对调整后的各区域进行不等间隔划分，确定 e 线的分布坐标，完成对有限地共面波导横截面上 e 线分布位置的确定。在 e 线分布的基础

上，还需确定 h 线的分布位置。

确定 h 线位置最简单的方法如图 3.24 所示，将 h 线设置在两根相邻 e 线的中心处。但是这种划分方式在相邻离散间隔的宽度相差较大时，会产生较大的离散误差。例如，对于 E_z 分量，由于在直线法中，采用的是 1 阶中心差分对其 1 阶偏导数近似，按照以上划分，E_z 分量的 1 阶差分值可以准确地落在相应的 h 线上。但是在计算 2 阶差分时，由于第 i 条 e 线严重偏离相邻两条 h 线的中心位置，必然会产生较大的误差。因此为了减小计算误差，可以通过以下步骤来确定 h 线的位置。

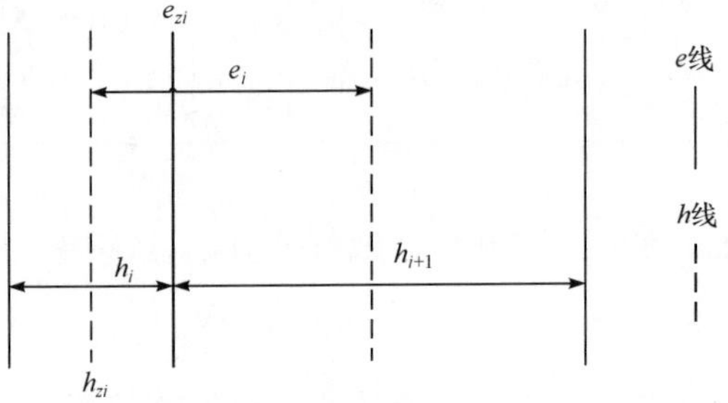

图 3.24　离散线局部示意图

图 3.25 所示的离散线的局部示意图中，l 和 r 指 h 线分别与其左边和右边 e 线之间的距离。该离散方法的基本思路就是参照相邻 e 线间隔的比例关系，调整 h 线的位置，尽量平衡 1 阶和 2 阶差分时产生的误差。

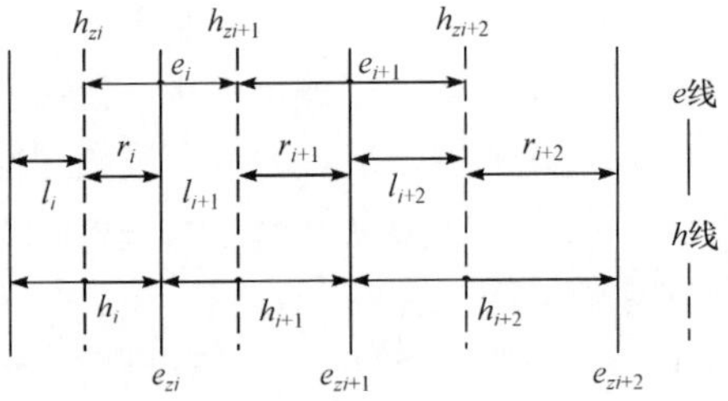

图 3.25　离散线局部示意图

h 线的位置确定步骤如下。

定义如下比例系数：

$$p_e^i = \frac{r_i}{l_i},\quad p_h^i = \frac{l_{i+1}}{r_i} \tag{3.51}$$

按照其前后 e 线间隔的大小进行调整此系数，以确定 h 线的位置。p_e^i 和 p_h^i 可以通过以下两式求得：

$$\frac{h_{i+1}}{h_i}=\frac{r_{i+1}+l_{i+1}}{r_i+l_i}=\frac{\left(p_e^{i+1}+1\right)l_{i+1}}{\left(\frac{1}{p_e^i}+1\right)r_i}=p_e^i\cdot p_h^i\cdot\frac{p_e^{i+1}+1}{p_e^i+1}\approx\left(p_h^i\right)^2 \tag{3.52}$$

$$p_e^i=\frac{p_h^i+p_h^{i+1}}{2} \tag{3.53}$$

由此可根据 e 线之间的间隔计算得到 h 线的位置

$$\begin{aligned} l_i&=\frac{h_i}{1+p_e^i}\\ r_i&=h_i-l_i \end{aligned} \tag{3.54}$$

此外为了得到更好的近似结果，需要将 $\left(p_h^i\right)^2$ 的值控制在 0.5 到 2 之间。

对于有限地微带线的不等间隔离散，根据其结构内的场分布情况，可以将其分为 3 部分，其他离散步骤与上面完全类似，此处不再赘述。

3. 有限地微波平面传输线变换域系统方程

图 3.26 为有限地共面波导横截面分层示意图，从图中可以看出有限地共面波导结构模型可以在 y 方向上分为三层。为了建立其在变换域中的系统方程，首先在每一层都应用方程(3.14)，可得

$$\begin{bmatrix}\overline{\boldsymbol{H}}_{nA}\\ \overline{\boldsymbol{H}}_{nB-}\end{bmatrix}=\begin{bmatrix}\overline{\boldsymbol{y}}_{n1}^{\mathrm{I}} & \overline{\boldsymbol{y}}_{n2}^{\mathrm{I}}\\ \overline{\boldsymbol{y}}_{n2}^{\mathrm{I}} & \overline{\boldsymbol{y}}_{n1}^{\mathrm{I}}\end{bmatrix}\begin{bmatrix}\overline{\boldsymbol{E}}_{nA}\\ -\overline{\boldsymbol{E}}_{nB-}\end{bmatrix} \tag{3.55}$$

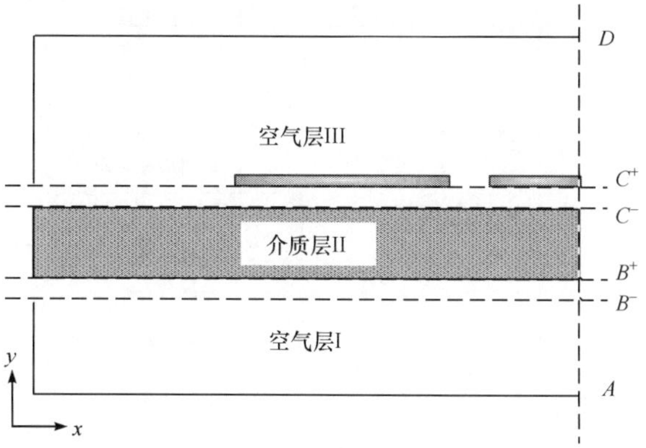

图 3.26　有限地共面波导横截面分层示意图

$$\begin{bmatrix}\overline{\boldsymbol{H}}_{nB+}\\ \overline{\boldsymbol{H}}_{nC-}\end{bmatrix}=\begin{bmatrix}\overline{\boldsymbol{y}}_{n1}^{\mathrm{II}} & \overline{\boldsymbol{y}}_{n2}^{\mathrm{II}}\\ \overline{\boldsymbol{y}}_{n2}^{\mathrm{II}} & \overline{\boldsymbol{y}}_{n1}^{\mathrm{II}}\end{bmatrix}\begin{bmatrix}\overline{\boldsymbol{E}}_{nB+}\\ -\overline{\boldsymbol{E}}_{nC-}\end{bmatrix} \tag{3.56}$$

$$\begin{bmatrix} \overline{\boldsymbol{H}}_{nC+} \\ \overline{\boldsymbol{H}}_{nD} \end{bmatrix} = \begin{bmatrix} \overline{\boldsymbol{y}}_{n1}^{\mathrm{III}} & \overline{\boldsymbol{y}}_{n2}^{\mathrm{III}} \\ \overline{\boldsymbol{y}}_{n2}^{\mathrm{III}} & \overline{\boldsymbol{y}}_{n1}^{\mathrm{III}} \end{bmatrix} \begin{bmatrix} \overline{\boldsymbol{E}}_{nC+} \\ -\overline{\boldsymbol{E}}_{nD} \end{bmatrix} \tag{3.57}$$

对于该结构，其分界面上的切向电场满足如式(3.58)所示的边界条件：

$$\begin{aligned} &\overline{\boldsymbol{E}}_{nA} = \overline{\boldsymbol{E}}_{nD} = 0 \\ &\overline{\boldsymbol{E}}_{nC+} = \overline{\boldsymbol{E}}_{nC-}, \quad \overline{\boldsymbol{E}}_{nB+} = \overline{\boldsymbol{E}}_{nB-} \end{aligned} \tag{3.58}$$

同时在分界面处，切向磁场满足如下边界条件：

$$\begin{aligned} &\overline{\boldsymbol{H}}_{nB-} = \overline{\boldsymbol{H}}_{nB+} = 0 \\ &\overline{\boldsymbol{H}}_{nC+} - \overline{\boldsymbol{H}}_{nC-} = -\overline{\boldsymbol{J}}_{nC} \end{aligned} \tag{3.59}$$

综合式(3.55)～式(3.59)可得有限地共面波导模型在变换域中的系统方程为

$$\overline{\boldsymbol{E}}_{nC} = -\left(\overline{\boldsymbol{y}}_{n1}^{\mathrm{III}} - \left(\overline{\boldsymbol{y}}_{n2}^{\mathrm{II}}\left(\overline{\boldsymbol{y}}_{n1}^{\mathrm{I}} + \overline{\boldsymbol{y}}_{n1}^{\mathrm{II}}\right)^{-1}\overline{\boldsymbol{y}}_{n2}^{\mathrm{II}} - \overline{\boldsymbol{y}}_{n1}^{\mathrm{II}}\right)\right)^{-1}\overline{\boldsymbol{J}}_{nC} \tag{3.60}$$

也可以表示为

$$\begin{bmatrix} \overline{\boldsymbol{E}}_{nCx} \\ -\mathrm{j}\overline{\boldsymbol{E}}_{nCz} \end{bmatrix} = \begin{bmatrix} \overline{\boldsymbol{Z}}_{xx} & \overline{\boldsymbol{Z}}_{xz} \\ \overline{\boldsymbol{Z}}_{zx} & \overline{\boldsymbol{Z}}_{zz} \end{bmatrix} \begin{bmatrix} \mathrm{j}\overline{\boldsymbol{J}}_{nCx} \\ \overline{\boldsymbol{J}}_{nCz} \end{bmatrix} \tag{3.61}$$

图 3.27 所示的有限地微带线结构与有限地共面波导结构类似，都可以将其沿 y 方向分为 3 层，并且在各层中也满足(3.55)、(3.56)、(3.57)三式。但是由于有限地微带线结构在平面 B 和平面 C 上都存在有金属导带，因此其切向磁场满足边界条件为

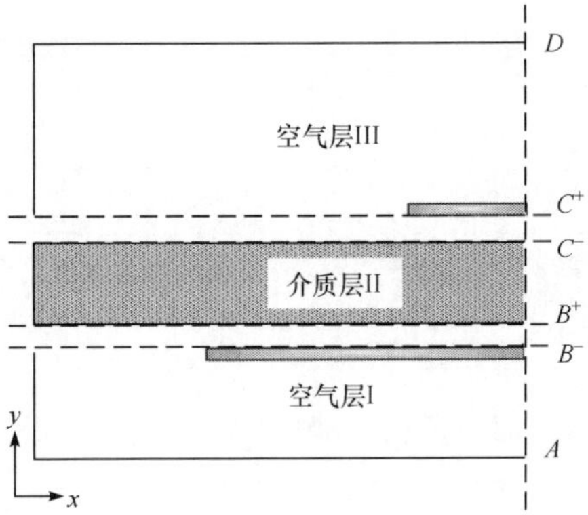

图 3.27　有限地微带线横截面分层示意图

$$\begin{aligned} &\overline{\boldsymbol{H}}_{nB-} = \overline{\boldsymbol{H}}_{nB+} = -\overline{\boldsymbol{J}}_{nB} \\ &\overline{\boldsymbol{H}}_{nC+} - \overline{\boldsymbol{H}}_{nC-} = -\overline{\boldsymbol{J}}_{nC} \end{aligned} \tag{3.62}$$

由式(3.55)～式(3.58)以及式(3.62)可得有限地微带线模型在变换域中的系统

方程为

$$\begin{bmatrix} \overline{\boldsymbol{E}}_{nB} \\ \overline{\boldsymbol{E}}_{nC} \end{bmatrix} = \begin{bmatrix} -\left(\overline{\boldsymbol{y}}_{n1}^{\mathrm{I}} + \overline{\boldsymbol{y}}_{n1}^{\mathrm{II}}\right) & \overline{\boldsymbol{y}}_{n2}^{\mathrm{II}} \\ \overline{\boldsymbol{y}}_{n2}^{\mathrm{II}} & -\left(\overline{\boldsymbol{y}}_{n1}^{\mathrm{II}} + \overline{\boldsymbol{y}}_{n1}^{\mathrm{III}}\right) \end{bmatrix}^{-1} \begin{bmatrix} \overline{\boldsymbol{J}}_{nB} \\ \overline{\boldsymbol{J}}_{nC} \end{bmatrix} \tag{3.63}$$

从式(3.63)可以看出，对于有限地微带线，其变换域中的系统方程与屏蔽微带线以及有限地共面波导的系统方程有所不同，反映了两个面上的电流密度和电场强度之间的关系，在提取空域缩减矩阵时需要注意该点。

4. 有限地微波平面传输线空域系统方程

利用表 3-2 给出的对应关系，可以将式(3.61)给出的有限地共面波导变换域中的系统方程转化为空域中的系统方程：

$$\begin{aligned} \begin{bmatrix} \boldsymbol{E}_{Cx} \\ -\mathrm{j}\boldsymbol{E}_{Cz} \end{bmatrix} &= \begin{bmatrix} \boldsymbol{r}_h \boldsymbol{T}_h & \boldsymbol{0} \\ \boldsymbol{0} & \boldsymbol{r}_e \boldsymbol{T}_e \end{bmatrix} \begin{bmatrix} \overline{\boldsymbol{Z}}_{xx} & \overline{\boldsymbol{Z}}_{xz} \\ \overline{\boldsymbol{Z}}_{zx} & \overline{\boldsymbol{Z}}_{zz} \end{bmatrix} \begin{bmatrix} \boldsymbol{T}_h^t \boldsymbol{r}_h^{-1} & \boldsymbol{0} \\ \boldsymbol{0} & \boldsymbol{T}_e^t \boldsymbol{r}_e^{-1} \end{bmatrix} \begin{bmatrix} \mathrm{j}\boldsymbol{J}_{Cx} \\ \boldsymbol{J}_{Cz} \end{bmatrix} \\ &= \begin{bmatrix} \boldsymbol{Z}_{xx} & \boldsymbol{Z}_{xz} \\ \boldsymbol{Z}_{zx} & \boldsymbol{Z}_{zz} \end{bmatrix} \begin{bmatrix} \mathrm{j}\boldsymbol{J}_{Cx} \\ \boldsymbol{J}_{Cz} \end{bmatrix} \end{aligned} \tag{3.64}$$

从式(3.64)可以看出，这里采用了非均匀离散，因此在变换回空域时，需要对变量去归一化。

下面利用共面波导金属导带分界面上电流和电场强度的互补关系来提取有限地共面波导的空域缩减矩阵。其主要步骤与 3.2.2 节给出的步骤类似，但是对该结构，有以下几点不同之处需注意。

(1) 在如图 3.26 所示的分界面 C 上，电流和电场强度不为零的位置被依次分为了两部分，如式(3.65)所示。在进行缩减矩阵提取时，需注意其对应关系。式(3.65)的下标 $m1$，$m2$ 分别代表处于金属地板和金属导带处的变量，下标 $s1$，$s2$ 分别代表处于地板外侧的槽缝以及地板与中心导带之间的槽缝处的变量。

$$\begin{bmatrix} \boldsymbol{Z}_{xx} & \boldsymbol{Z}_{xz} \\ \boldsymbol{Z}_{zx} & \boldsymbol{Z}_{zz} \end{bmatrix} \begin{bmatrix} \boldsymbol{0} \\ \mathrm{j}\boldsymbol{J}_{Cxm1} \\ \boldsymbol{0} \\ \mathrm{j}\boldsymbol{J}_{Cxm2} \\ \boldsymbol{0} \\ \boldsymbol{J}_{Czm1} \\ \boldsymbol{0} \\ \boldsymbol{J}_{Czm2} \end{bmatrix} = \begin{bmatrix} \boldsymbol{E}_{Cxs1} \\ \boldsymbol{0} \\ \boldsymbol{E}_{Cxs2} \\ \boldsymbol{0} \\ -\mathrm{j}\boldsymbol{E}_{Czs1} \\ \boldsymbol{0} \\ -\mathrm{j}\boldsymbol{E}_{Czs2} \\ \boldsymbol{0} \end{bmatrix} \tag{3.65}$$

(2) 对于有限地共面波导结构，为了降低计算量、减少计算时间，可以通过判断金属导带和槽缝上离散线条数的多少，来确定最终缩减矩阵的提取方式。当处于金属导带和地板上的离散线条数少于槽缝处离散线的条数时，可以仅提取金属导带和地板上的相关参量，得到如式(3.66)所示的齐次方程组。相反如果处于槽缝上的离散线条数更少时，则可以提取处于槽缝处的参量，以减少缩减矩阵维数，此时所得齐次方程组如式(3.67)所示。

$$\left[\boldsymbol{Z}_{red}\right]\begin{bmatrix}\mathrm{j}\boldsymbol{J}_{Cxm1}\\ \mathrm{j}\boldsymbol{J}_{Cxm2}\\ \boldsymbol{J}_{Czm1}\\ \boldsymbol{J}_{Czm2}\end{bmatrix}=\begin{bmatrix}\boldsymbol{0}\\ \boldsymbol{0}\\ \boldsymbol{0}\\ \boldsymbol{0}\end{bmatrix} \tag{3.66}$$

$$\left[\boldsymbol{Y}_{red}\right]\begin{bmatrix}\boldsymbol{E}_{Cxs1}\\ \boldsymbol{E}_{Cxs2}\\ -\mathrm{j}\boldsymbol{E}_{Czs1}\\ -\mathrm{j}\boldsymbol{E}_{Czs2}\end{bmatrix}=\begin{bmatrix}\boldsymbol{0}\\ \boldsymbol{0}\\ \boldsymbol{0}\\ \boldsymbol{0}\end{bmatrix} \tag{3.67}$$

得到式(3.66)或者式(3.67)后，利用齐次方程组的非零解条件，即可求解关于传播常数γ的一元非线性方程。

对于有限地微带传输线空域系统方程的推导，除了同时要在金属导带和下层地板上进行缩减矩阵提取外，其他基本与以上给出的步骤相同，此处不再赘述。

3.3.3　有限接地面积对微波平面传输线电磁特性的影响

1. 不等间隔离散收敛特性分析

由于直线法在分析有限地共面波导时，采用了不等间隔离散的方法，因此有必要分析不等间隔离散时的直线法的收敛特性。其参数模型如图 3.28 所示。

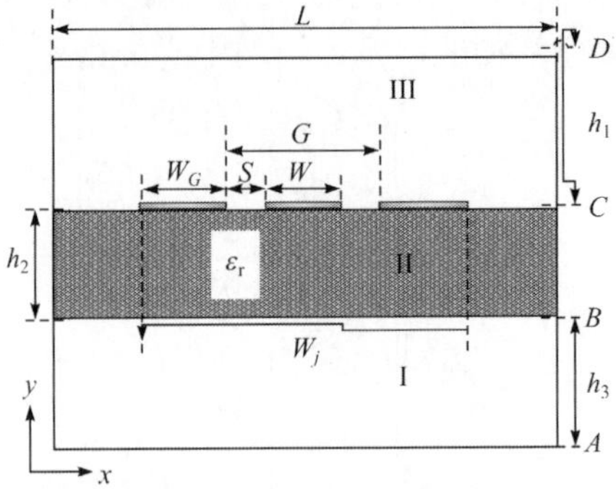

图 3.28　有限地共面波导参数模型

计算模型的物理参数为：

中心导带宽度 W=0.35mm，缝隙宽度 S=0.1mm，W_f=5mm，介质基板厚度 h_2=0.127mm，介质基板相对介电常数 9.8，屏蔽盒宽度 L=20mm，上层空气高度 h_1=4mm，下层空气高度 h_3=4mm。

图 3.29 给出了不等间隔离散时，直线法分析有限地共面波导的收敛特性曲线。图中曲线上的数字代表槽缝上的 e 线条数，从图中可以看出，当槽缝处 e 线条数增加至 5 条时，直线法计算结果的相对误差减小到了 0.1%以下。此时整个截面内的最小离散间隔为 0.197mm，相对应的 e 线总条数为 52 条。如果采用等间隔离散，对于该尺寸的有限地共面波导，要达到此最小间隔，需要的离散线条数约为 507 条。故采用不等间隔离散的方法，可以较大地减少计算量。

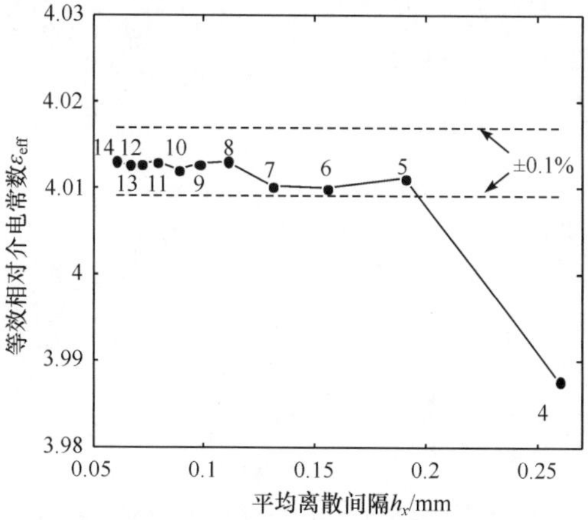

图 3.29　有限地共面波导不等间隔离散收敛特性曲线

图 3.30 给出了有限地共面波导截面内沿 x 方向 e 线离散间隔大小的分布情况。

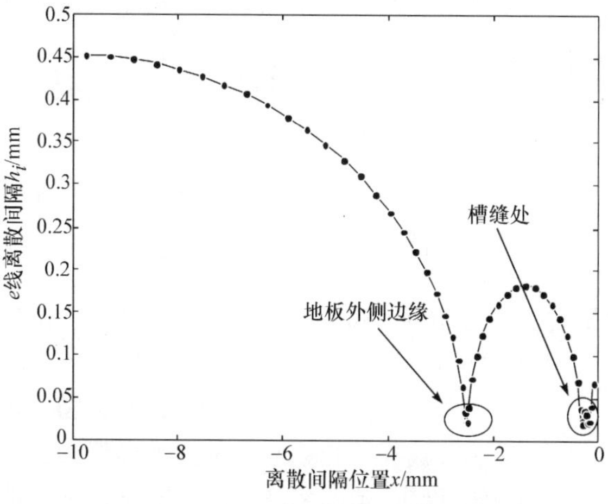

图 3.30　截面内 e 线间隔大小的分布情况

采用不等间隔离散后，在地板边缘、导带边缘以及槽缝边缘处的离散间隔相对于其他位置要小得多。

图 3.31 给出了有限地共面波导导带平面上的电流密度和电场强度的分布。从图中可以看出，在地板边缘、导带边缘以及槽缝边缘处，电流密度和电场的变化十分剧烈，而在其他位置则相对较为平缓，因此采用不等间隔离散对于减小计算量、提高计算速度和精度有着十分重要的作用。

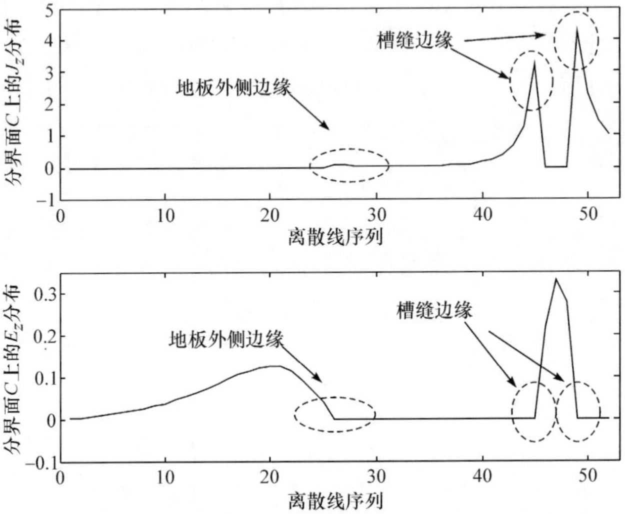

图 3.31　导带面上电流密度与电场分布曲线

2. 地板宽度对共面波导电磁特性的影响规律研究

掌握地板宽度变化对微波平面传输线电磁特性的影响规律，对于指导实际微波电路设计有着十分重要的意义。

下面以图 3.28 所示的有限地共面波导为研究对象，研究地板宽度变化对其电磁特性的影响规律，计算模型的物理参数为：

中心导带宽度 W=0.35mm，缝隙宽度 S=0.1mm，介质基板厚度 h_2=0.127mm，介质基板相对介电常数 9.8，屏蔽盒宽度 L=100mm，上层空气高度 h_1=4mm，下层空气高度 h_3=4mm。

图 3.32 给出了地板宽度 W_G 分别为中心导带及两侧缝隙宽度之和 G 的 0.5 到 2.5 倍时，在 1～100GHz 范围内，有限地共面波导等效相对介电常数随工作频率的变化曲线。图 3.33 给出了共面波导分别工作在 1GHz、20GHz 以及 50GHz 时，地板宽度变化对于共面波导等效相对介电常数的影响曲线。

从图 3.32 和图 3.33 可以得出，地板宽度变化会对共面波导的电磁特性产生如下影响。

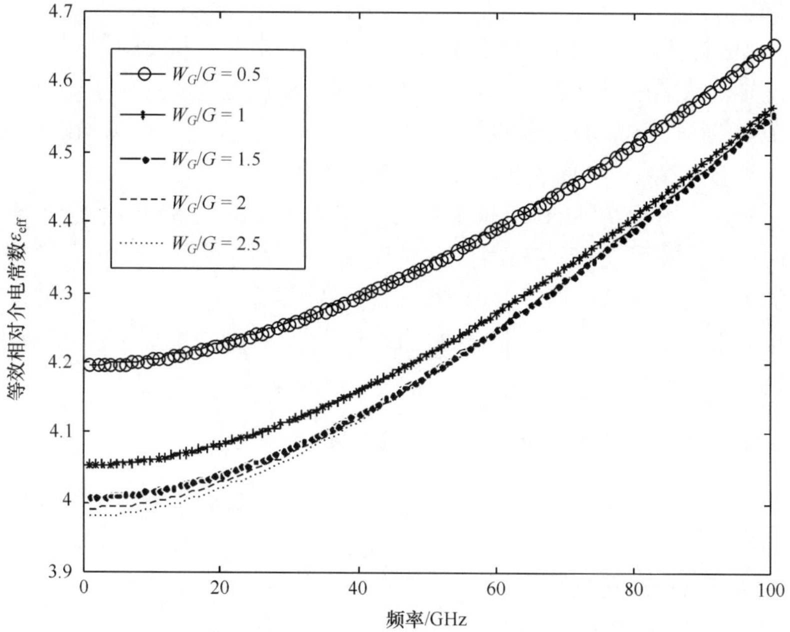

图 3.32　不同地板宽度共面波导等效相对介电常数随频率的变化

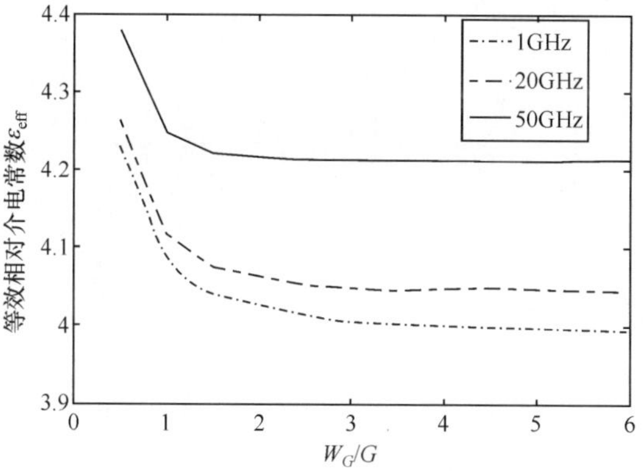

图 3.33　不同频率共面波导等效相对介电常数随地板宽度的变化

(1) 共面波导的有限地板宽度 W_G 会使其等效相对介电常数比理想情况大。

(2) 当地板宽度 W_G 小于 1 倍的中心导带及两侧缝隙宽度之和 G 时，地板宽度变化对共面波导电磁特性的影响非常明显，其等效相对介电常数会随着地板宽度的减小而迅速增大。

(3) 当地板宽度 W_G 大于 3.5 倍的中心导带及两侧缝隙宽度之和 G 时，地板宽度变化对于共面波导的影响基本可以忽略，此时该模型完全可以将地板宽度近似为无限大。

(4) 地板宽度对于共面波导电磁特性的影响随着工作频段的不同，也存在着一定的差异。从图中可以看出，当频率较低时，地板宽度变化对于等效相对介电常数的影响较明显，随着频率的升高，该影响会逐渐减弱。例如，在 50GHz 时，当 W_G/G 大于 1.5 时，就基本上可以认为无影响了。

综上所述，对于实际的微波电路，如果共面波导的地板宽度小于 1 倍的中心导带及两侧缝隙宽度之和，在设计电路时，就一定要精确考虑地板宽度的影响，同时在加工时要尽量减小这一方面的公差。与之相反，当共面波导的地板宽度大于 3.5 倍的中心导带及两侧缝隙宽度之和时，就可以直接使用无限大地板共面波导计算公式简化分析。

3. 地板宽度对微带线电磁特性的影响规律

下面以图 3.34 所示的有限地微带线为例，分析研究微带线地板宽度变化对其电磁特性的影响规律。

研究模型的物理参数为：

导带宽度 W=0.26mm，介质基板厚度 h_2=0.127mm，介质基板相对介电常数 9.8，屏蔽盒宽度 L=4mm，上层空气高度 h_1=2mm，下层空气高度 h_3=2mm。

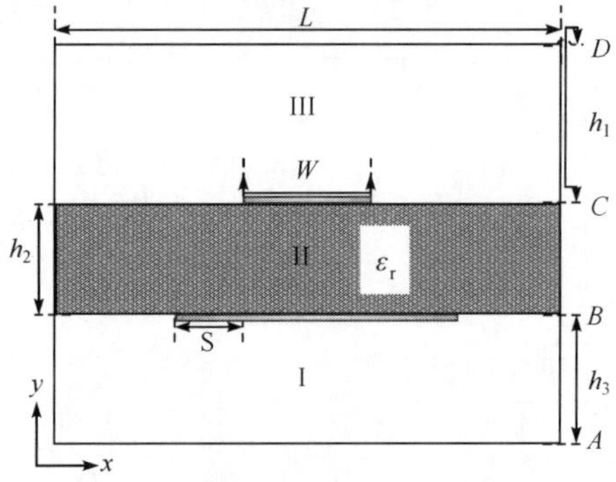

图 3.34　有限地微带线结构参数模型

图 3.35 给出了几种不同地板宽度时，在 1～100GHz 范围内，微带线等效相对介电常数随工作频率的变化曲线。图 3.36 给出了微带线分别工作在 1GHz、20GHz 以及 50GHz 时，地板宽度变化对微带线等效相对介电常数的影响曲线，以及利用文献[67]计算公式所得的静态解。图 3.37 给出了不同 W/h_2 时，地板宽度变化对微带线等效相对介电常数的影响曲线。

从以上几图可以看出，微带线地板宽度变化会对其等效相对介电常数产生如下影响。

(1) 不同于共面波导，当微带线地板宽度不断增大时，其等效相对介电常数并不是完全单调变化的，而是存在一个峰值。且随着 W/h_2 的增加，该峰值出现的位置也在变化。图 3.35 中 S/W=0 代表地板宽度与导带宽度相同的情况。

(2) 当有限地微带传输线的 S/W 大于 3.5 时，可以认为地板宽度变化对微带线的电磁特性基本无影响，此时可以直接使用由无限大地板模型得到的近似公式来计算。

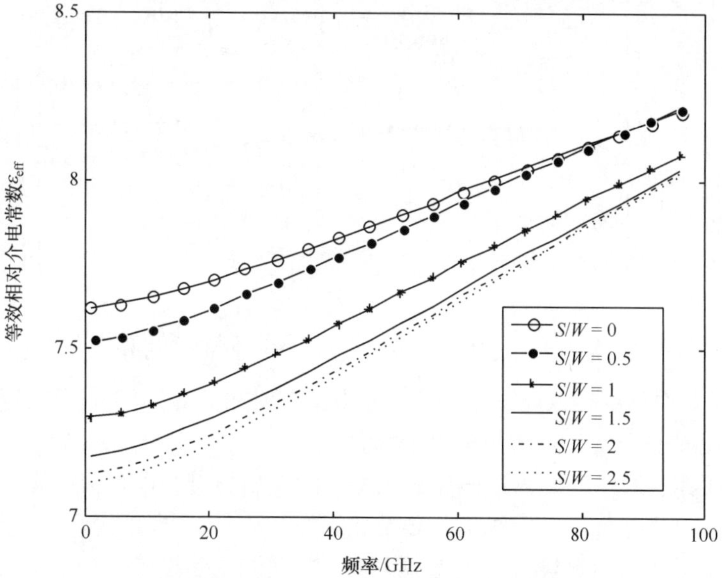

图 3.35　不同地板宽度微带线等效相对介电常数随频率的变化曲线

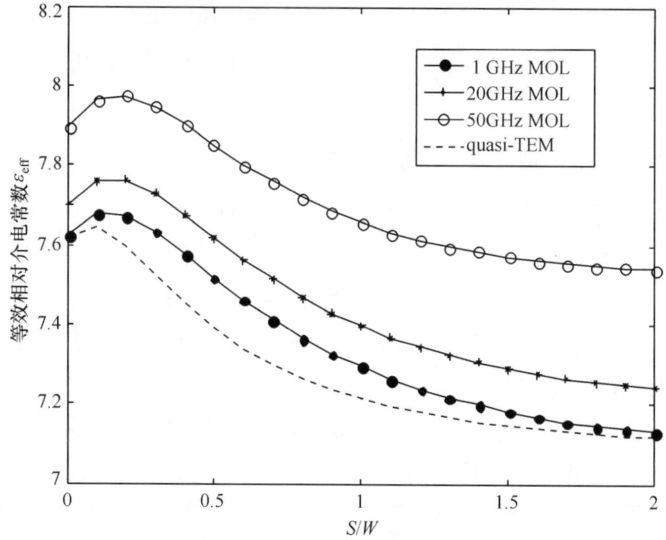

图 3.36　不同频率微带线等效相对介电常数随地板宽度的变化曲线

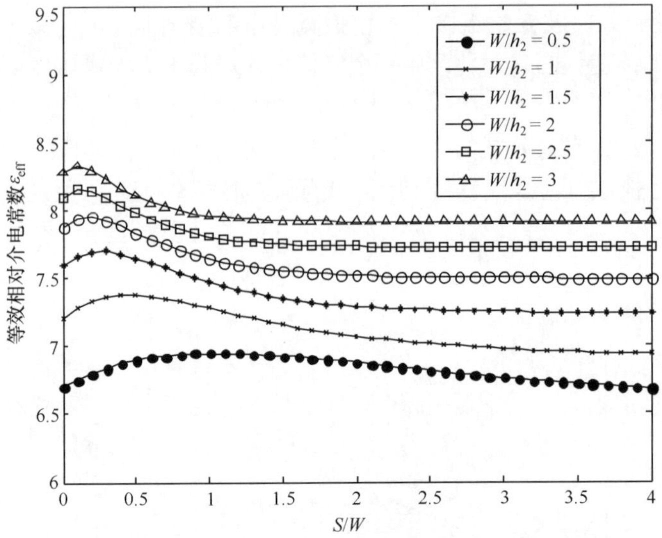

图 3.37　不同 W/h_2 微带线等效相对介电常数随地板宽度的变化曲线

(3) 当工作频率较低时，地板宽度变化对微带线电磁特性的影响较为明显，随着工作频率的升高，该影响会逐渐减弱。

综上所述，对于实际微波电路，当微带线金属导带与电路板边缘之间的距离或者其地板上过孔等不连续结构与导带之间的距离小于3.5倍的金属导带宽度时，微带线的地板就不能再被认为是无穷大了。在微波电路设计时，因尽量避免出现这种情况，否则就必须要综合考虑它们的影响。

3.4　有限导带厚度微波平面传输线

3.4.1　有限导带厚度微波平面传输线概述

实际微波平面电路的金属导带必然存在一定厚度，当电路的工作频率较低且集成度不高时，常作厚度无限薄、电导率无限大近似。随着单片微波集成电路(MMIC)的发展，微波电路的工作频率和集成度有了很大的提升，上述近似会产生较大的误差。在实际微波电路中，以下两种情况需要精确考虑导带厚度对微波平面传输线电磁特性的影响：

(1) 当其上微波平面传输线金属导带的厚度与其相应工作频率的趋肤深度处于相同量级时，在相应的微波平面传输线分析模型中必须考虑金属导带厚度对其电磁特性的影响；

(2) 当微波平面传输线的金属导带厚度和导带宽度接近时，在相应的微波平面传输线分析模型中必须考虑金属导带厚度对其电磁特性的影响。

对于上述情况，本节以微带线为研究对象，给出了如图 3.38 所示的有限导带厚度微带传输线模型，模型中微带传输线的导带厚度有限、金属电导率有限，介质基板有耗，此外模型还包含了金属地板给微带传输线带来的损耗。

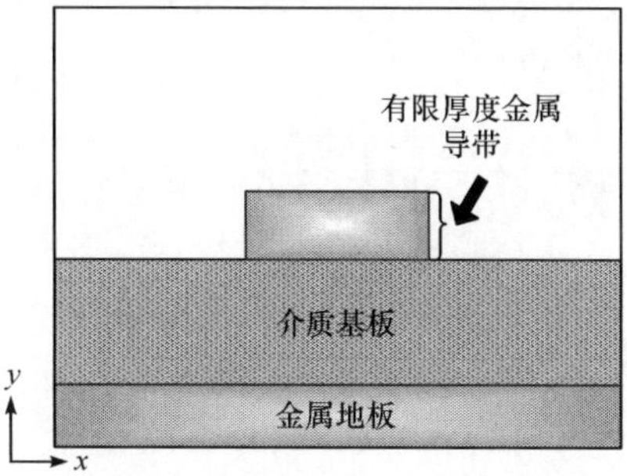

图 3.38　有限导带厚度微带线截面模型

3.4.2　有限导带厚度微波平面传输线分析

对图 3.39 所示的有限导带厚度微带传输线进行分析时，需将其金属导带当成一种高损耗介质，其相对介电常数等效为 $\varepsilon_{\mathrm{rm}} = 1 - \mathrm{j}\sigma / (\varepsilon_0 \omega)$[68]。图 3.38 所示的有限导带厚度微带线模型显示，该模型与前面两节所分析非理想模型的最大区别就在于，除了在 y 方向存在介质分界面外，导带层内在 x 方向还存在介质不连续面，利用直线法分析该模型时，所对应的步骤与前两节也有所不同。直线法分析有限导带厚度微波平面传输线的基本步骤如下。

1. 模型离散化

在图 3.39 所示的非均匀介质层中，由于在 x 方向出现了介质不连续面，场可分解为 LSM 和 LSE 模式，电磁场可以由两个只含有 x 方向分量的矢量势函数 $\mathbf{\Pi}_e$，$\mathbf{\Pi}_h$ 确定：

$$\begin{aligned} \boldsymbol{E} &= \varepsilon_{\mathrm{r}}(x)^{-1} \nabla \times \nabla \times \mathbf{\Pi}_e - \mathrm{j}k_0 \nabla \times \mathbf{\Pi}_h \\ \eta_0 \boldsymbol{H} &= \mathrm{j}k_0 \nabla \times \mathbf{\Pi}_e + \nabla \times \nabla \times \mathbf{\Pi}_h \end{aligned} \tag{3.68}$$

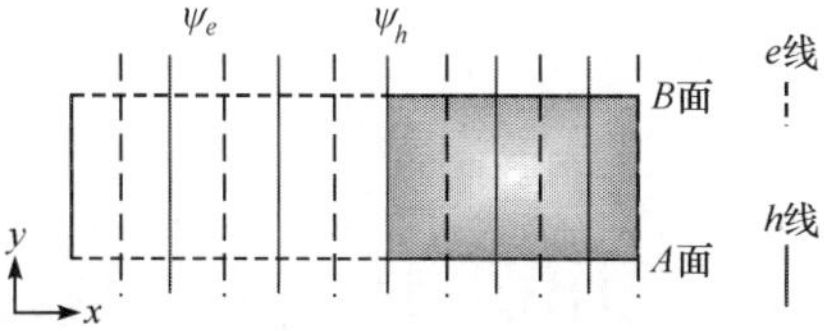

图 3.39　x 方向非均匀介质层离散示意图

对于沿 z 轴正向传播的电磁场，假设势函数 $\mathbf{\Pi}_e$，$\mathbf{\Pi}_h$ 为

$$\begin{aligned}\mathbf{\Pi}_e &= \psi_e \mathrm{e}^{-\gamma z} k_0^{-2} \boldsymbol{a}_x \quad (\text{LSM模}) \\ \mathbf{\Pi}_h &= \psi_h \mathrm{e}^{-\gamma z} k_0^{-2} \boldsymbol{a}_x \quad (\text{LSE模})\end{aligned} \tag{3.69}$$

其中 $\boldsymbol{a}_x$ 代表 x 方向的单位矢量；标量函数 ψ_e 和 ψ_h 分别满足式(3.70)所示的 Sturm-Liouville 方程和 Helmholtz 方程。

$$\begin{aligned}\varepsilon_{\mathrm{r}}(x)\frac{\partial}{\partial x}\left(\frac{1}{\varepsilon_{\mathrm{r}}(x)}\frac{\partial \psi_e}{\partial x}\right)+\frac{\partial^2 \psi_e}{\partial y^2}+\left(\varepsilon_{\mathrm{r}}(x)k_0^2+\gamma^2\right)\psi_e=0 \\ \frac{\partial^2 \psi_h}{\partial x^2}+\frac{\partial^2 \psi_h}{\partial y^2}+\left(\varepsilon_{\mathrm{r}}(x)k_0^2+\gamma^2\right)\psi_h=0\end{aligned} \tag{3.70}$$

并且在电壁及磁壁处满足如下边界条件：

$$\begin{aligned}&\text{电壁：} \quad \psi_h = 0, \quad \frac{\partial \psi_e}{\partial x} = 0 \\ &\text{磁壁：} \quad \psi_e = 0, \quad \frac{\partial \psi_h}{\partial x} = 0\end{aligned} \tag{3.71}$$

对于此处引入的标量势函数，对比式(3.71)和相应电磁场量的边界条件可知，与标量势函数 ψ_e 相关的离散线型为 e 线(虚线)，对应于前两节中的 h 线(虚线)。而与标量势函数 ψ_h 相关的离散线型为 h 线(实线)，对应于前两章中的 e 线(实线)。

对图 3.39 所示的非均匀介质区域进行离散时，其步骤基本和前面类似，但是有以下三点需要注意：

(1) 由于该结构在 x 方向出现了介质不连续面，因此在对其截面进行离散化后，不但要对各场量进行离散化，还要对该层的相对介电常数进行离散化。此时两种离散线系所对应的介电常数可以表示为

$$\begin{aligned}\varepsilon_{\mathrm{r}}(x) &\to \operatorname{diag}\left(\varepsilon_{\mathrm{r}}(x_e)\right) = \boldsymbol{\varepsilon}_e \\ \varepsilon_{\mathrm{r}}(x) &\to \operatorname{diag}\left(\varepsilon_{\mathrm{r}}(x_h)\right) = \boldsymbol{\varepsilon}_h\end{aligned} \tag{3.72}$$

(2) 对于有限导带厚度问题，由于导带不再是理想导体，在其边缘处不存在电流密度的奇异点，故离散线不需满足前面给出的边缘条件，而是直接将一条 h 线设在了导带的边缘。通过这样的划分可以避免在一个间隔内出现两种介质的情况。

(3) 对于 x 方向导带和空气不连续面上的 h 线，既属于空气介质也属于金属介质，其上相对介电常数的值可以取为空气和金属相对介电常数值的平均[69]。

将模型截面沿 x 方向离散化后，以上方程中关于 x 的一阶和二阶偏微分问题，就可以用如下差分矩阵的形式来表示：

$$h\frac{\partial \psi_h}{\partial x} \to \boldsymbol{D\Psi}_h \tag{3.73}$$

$$h\frac{\partial \psi_e}{\partial x} \to -\boldsymbol{D}^t\boldsymbol{\Psi}_e \tag{3.74}$$

$$h^2\frac{\partial^2 \psi_h}{\partial x^2} \to -\boldsymbol{D}^{\mathrm{T}}\boldsymbol{D\Psi}_h = -\boldsymbol{P}_h^{\varepsilon}\boldsymbol{\Psi}_h \tag{3.75}$$

$$h^2\varepsilon_{\mathrm{r}}\frac{\partial}{\partial x}\left(\frac{1}{\varepsilon_{\mathrm{r}}(x)}\frac{\partial \psi_e}{\partial x}\right) \to -\boldsymbol{\varepsilon}_e\boldsymbol{D}\boldsymbol{\varepsilon}_h^{-1}\boldsymbol{D}^t\boldsymbol{\Psi}_e = -\boldsymbol{P}_e^{\varepsilon}\boldsymbol{\Psi}_e \tag{3.76}$$

此处的 $\boldsymbol{D}$ 矩阵及 $\boldsymbol{P}_h^{\varepsilon}$ 矩阵与 3.2 节中对应的差分矩阵完全相同，但由于介质沿 x 方向存在不连续性，因此 $\boldsymbol{P}_e^{\varepsilon}$ 矩阵与 3.2 中给出的有所不同，值得注意的是在式(3.76)中不但有 $\boldsymbol{\varepsilon}_e$ 还出现了 $\boldsymbol{\varepsilon}_h$，这是因为 ψ_e 的一阶差分值正好处于 h 线上。

将式(3.75)和式(3.76)分别代入方程(3.70)中，得到离散化后的差分形式为

$$\begin{aligned}&\left(-h^{-2}\boldsymbol{P}_e^{\varepsilon} + k_0^2\boldsymbol{\varepsilon}_e + \left(\frac{\mathrm{d}^2}{\mathrm{d}y^2} + \gamma^2\right)\boldsymbol{I}\right)\boldsymbol{\Psi}_e = \boldsymbol{0}\\&\left(-h^{-2}\boldsymbol{P}_h^{\varepsilon} + k_0^2\boldsymbol{\varepsilon}_h + \left(\frac{\mathrm{d}^2}{\mathrm{d}y^2} + \gamma^2\right)\boldsymbol{I}\right)\boldsymbol{\Psi}_h = \boldsymbol{0}\end{aligned} \tag{3.77}$$

此时方程(3.77)中的矩阵 $\boldsymbol{P}_e^{\varepsilon}$ 和 $\boldsymbol{P}_h^{\varepsilon}$ 为三对角矩阵，不同离散线对应的分量仍然相互交联，方程无法直接求解，因此仍需对该方程进行正交变换。

2. 正交变换

对于方程(3.77)中的两个标量势函数进行正交变换时，为了保证对电磁场分量的变换矩阵与前两节中给出的一致，此处的变换需要分为以下两步：

(1) 利用分析均匀介质层时引入的变换矩阵 $\boldsymbol{T}_e$ 和 $\boldsymbol{T}_h$ 用于方程(3.77)，可得

$$\begin{aligned}&\frac{1}{k_0^2}\frac{\mathrm{d}^2}{\mathrm{d}y^2}\boldsymbol{T}_e^t\boldsymbol{\Psi}_e - \left(\boldsymbol{Q}_e + \varepsilon_{\mathrm{eff}}\boldsymbol{I}\right)\boldsymbol{T}_e^t\boldsymbol{\Psi}_e = 0\\&\frac{1}{k_0^2}\frac{\mathrm{d}^2}{\mathrm{d}y^2}\boldsymbol{T}_h^t\boldsymbol{\Psi}_h - \left(\boldsymbol{Q}_h + \varepsilon_{\mathrm{eff}}\boldsymbol{I}\right)\boldsymbol{T}_h^t\boldsymbol{\Psi}_h = 0\end{aligned} \tag{3.78}$$

其中 $\varepsilon_{\mathrm{eff}}$ 为微波平面传输线的等效相对介电常数，$\boldsymbol{Q}_e$ 和 $\boldsymbol{Q}_h$ 为

$$\begin{aligned}&\boldsymbol{Q}_e = \bar{\boldsymbol{\varepsilon}}_e\bar{\boldsymbol{\delta}}\,\bar{\boldsymbol{\varepsilon}}_h\bar{\boldsymbol{\delta}}^t - \bar{\boldsymbol{\varepsilon}}_e\\&\boldsymbol{Q}_h = \bar{\boldsymbol{\lambda}}_h^2 - \bar{\boldsymbol{\varepsilon}}_h\end{aligned} \tag{3.79}$$

其中

$$\begin{aligned}&\bar{\varepsilon}_e = \boldsymbol{T}_e^t \boldsymbol{\varepsilon}_e \boldsymbol{T}_e, \quad \bar{\varepsilon}_h = \boldsymbol{T}_h^t \boldsymbol{\varepsilon}_h \boldsymbol{T}_h \\ &\bar{\boldsymbol{\delta}} = \left(k_0 h\right)^{-1} \boldsymbol{\delta}, \quad \boldsymbol{\delta} = \boldsymbol{T}_e^t \boldsymbol{D} \boldsymbol{T}_h \\ &\bar{\boldsymbol{\lambda}}_h^2 = \bar{\boldsymbol{\delta}}^t \bar{\boldsymbol{\delta}}\end{aligned} \tag{3.80}$$

(2) 从方程(3.79)中给出的矩阵 $\boldsymbol{Q}_e$ 和 $\boldsymbol{Q}_h$ 的表达式可知，变换后的矩阵 $\boldsymbol{Q}_h$ 为对角矩阵；由于介质不连续面的存在，矩阵 $\boldsymbol{Q}_e$ 仍然不是对角矩阵，需要引入第二次变换。令

$$\boldsymbol{S}_e^{-1} \boldsymbol{Q}_e \boldsymbol{S}_e = \boldsymbol{\lambda}_e^2, \quad \boldsymbol{S}_h^{-1} \boldsymbol{Q}_h \boldsymbol{S}_h = \boldsymbol{\lambda}_h^2 \tag{3.81}$$

代入方程(3.78)，有

$$\left(\boldsymbol{I} \frac{1}{k_0^2} \frac{\mathrm{d}^2}{\mathrm{d}y^2} - \boldsymbol{k}_{ye,h}^2\right) \boldsymbol{\Psi}_{e,h} = 0 \tag{3.82}$$

其中

$$\begin{aligned}&\boldsymbol{k}_y = \operatorname{diag}\left(k_{yi} / k_0\right) \\ &k_{yi} = \left(\lambda_i^2 + \varepsilon_{\mathrm{re}}\right) k_0^2\end{aligned} \tag{3.83}$$

方程(3.82)即为一组相互独立的、可以沿 y 方向解析求解的一元二次常微分方程。

在对非均匀介质区域进行离散化时，对标量势函数进行了两次变换，并且此处 e 线和 h 线的意义也与两节有所区别，因此在计算过程中，清晰分辨各个场量及位函数与其中间变换矩阵之间的对应关系是十分重要的。表 3-3 给出了电磁场各分量以及位函数与其变换矩阵之间的对应关系。

表 3-3　电磁场各分量以及位函数与其变换矩阵之间的对应关系

空域电磁场量	空域位函数	对应线型	表示形式	变换域电磁场量	变换域位函数
$\boldsymbol{H}_x, \boldsymbol{E}_y, \boldsymbol{E}_z, \boldsymbol{J}_z$	ψ_h	h 线	实线	$\bar{\boldsymbol{F}} = \boldsymbol{T}_h \boldsymbol{F}$	$\boldsymbol{\Psi}_h = \boldsymbol{S}_h^{-1} \boldsymbol{T}_h^t \boldsymbol{\Psi}_h$
$\boldsymbol{E}_x, \boldsymbol{H}_y, \boldsymbol{H}_z, \boldsymbol{J}_x$	ψ_e	e 线	虚线	$\bar{\boldsymbol{F}} = \boldsymbol{T}_e \boldsymbol{F}$	$\boldsymbol{\Psi}_e = \boldsymbol{S}_e^{-1} \boldsymbol{T}_e^t \boldsymbol{\Psi}_e$

注：编程时需特别注意这里的 e 线和 h 线与前两节中恰好相反。

3. 变换域系统方程

对有限导带厚度传输线模型离散化后，可通过沿 y 方向解析求解方程(3.82)得到该结构的变换域中的系统方程。与 3.2.2 节类似，对于图 3.6 所示的厚度为 d 的介质层，其上、下表面的标量位函数与相应导数的关系为

$$\frac{1}{k_0}\begin{bmatrix}\dfrac{\partial \boldsymbol{\Psi}_A}{\partial y} \\ \dfrac{\partial \boldsymbol{\Psi}_B}{\partial y}\end{bmatrix} = \boldsymbol{k}_y^2 \begin{bmatrix}\boldsymbol{\gamma} & \boldsymbol{\alpha} \\ \boldsymbol{\alpha} & \boldsymbol{\gamma}\end{bmatrix}\begin{bmatrix}-\boldsymbol{\Psi}_A \\ \boldsymbol{\Psi}_B\end{bmatrix} \tag{3.84}$$

其中

$$\begin{aligned} \boldsymbol{\alpha} &= \operatorname{diag}\left(\frac{k_{yi}}{k_0}\sinh k_{yi}d\right)^{-1} \\ \boldsymbol{\gamma} &= \operatorname{diag}\left(\frac{k_{yi}}{k_0}\tanh k_{yi}d\right)^{-1} \end{aligned} \tag{3.85}$$

根据位函数与切向场量之间的关系式(3.68)，可以得到变换域中电磁场分量与位函数之间的关系：

$$\begin{aligned} \overline{\boldsymbol{E}}_x &= -\overline{\boldsymbol{\varepsilon}}_e^{-1}\boldsymbol{Q}_e\boldsymbol{S}_e\boldsymbol{\Psi}_e \\ \eta_0\overline{\boldsymbol{H}}_x &= -\boldsymbol{Q}_h\boldsymbol{S}_h\boldsymbol{\Psi}_h \\ \mathrm{j}\overline{\boldsymbol{E}}_z &= -\boldsymbol{S}_h\frac{1}{k_0}\frac{\mathrm{d}\boldsymbol{\Psi}_h}{\mathrm{d}x} - \overline{\boldsymbol{\varepsilon}}_h^{-1}\boldsymbol{\delta}^t\boldsymbol{S}_e\boldsymbol{\Psi}_e \\ \mathrm{j}\eta_0\overline{\boldsymbol{H}}_z &= \boldsymbol{S}_e\frac{1}{k_0}\frac{\mathrm{d}\boldsymbol{\Psi}_e}{\mathrm{d}x} + \boldsymbol{\delta}\boldsymbol{S}_h\boldsymbol{\Psi}_h \\ \boldsymbol{\delta} &= \sqrt{\varepsilon_{\mathrm{re}}}\,\overline{\boldsymbol{\delta}} \end{aligned} \tag{3.86}$$

在图 3.39 所示介质层的上、下两个面上分别应用方程(3.86)，并将方程(3.84)代入可得

$$\begin{bmatrix} \overline{\boldsymbol{E}}_{xA} \\ \overline{\boldsymbol{E}}_{xB} \end{bmatrix} = -\overline{\boldsymbol{\varepsilon}}_e^{-1}\boldsymbol{Q}_e\boldsymbol{S}_e\begin{bmatrix} \boldsymbol{\Psi}_{eA} \\ \boldsymbol{\Psi}_{eB} \end{bmatrix} = -\left(\overline{\boldsymbol{\delta}}\overline{\boldsymbol{\varepsilon}}_h^{-1}\overline{\boldsymbol{\delta}}^t - \boldsymbol{I}_e\right)\boldsymbol{S}_e\begin{bmatrix} \boldsymbol{\Psi}_{eA} \\ \boldsymbol{\Psi}_{eB} \end{bmatrix} \tag{3.87}$$

$$\eta_0\begin{bmatrix} \overline{\boldsymbol{H}}_{xA} \\ \overline{\boldsymbol{H}}_{xB} \end{bmatrix} = -\boldsymbol{Q}_h\boldsymbol{S}_h\begin{bmatrix} \boldsymbol{\Psi}_{hA} \\ \boldsymbol{\Psi}_{hB} \end{bmatrix} = -\left(\overline{\boldsymbol{\lambda}}_h^2 - \overline{\boldsymbol{\varepsilon}}_h\right)\boldsymbol{S}_h\begin{bmatrix} \boldsymbol{\Psi}_{hA} \\ \boldsymbol{\Psi}_{hB} \end{bmatrix} \tag{3.88}$$

$$\begin{bmatrix} \mathrm{j}\overline{\boldsymbol{E}}_{zA} \\ \mathrm{j}\overline{\boldsymbol{E}}_{zB} \end{bmatrix} = -\boldsymbol{S}_h\boldsymbol{k}_{yh}^2\begin{bmatrix} -\boldsymbol{\gamma}_h & \boldsymbol{\alpha}_h \\ -\boldsymbol{\alpha}_h & \boldsymbol{\gamma}_h \end{bmatrix}\begin{bmatrix} \boldsymbol{\Psi}_{hA} \\ \boldsymbol{\Psi}_{hB} \end{bmatrix} - \overline{\boldsymbol{\varepsilon}}_h^{-1}\boldsymbol{\delta}^t\boldsymbol{S}_e\begin{bmatrix} \boldsymbol{\Psi}_{eA} \\ \boldsymbol{\Psi}_{eB} \end{bmatrix} \tag{3.89}$$

$$\eta_0\begin{bmatrix} \mathrm{j}\overline{\boldsymbol{H}}_{zA} \\ \mathrm{j}\overline{\boldsymbol{H}}_{zB} \end{bmatrix} = \boldsymbol{S}_e\boldsymbol{k}_{ye}^2\begin{bmatrix} -\boldsymbol{\gamma}_e & \boldsymbol{\alpha}_e \\ -\boldsymbol{\alpha}_e & \boldsymbol{\gamma}_e \end{bmatrix}\begin{bmatrix} \boldsymbol{\Psi}_{eA} \\ \boldsymbol{\Psi}_{eB} \end{bmatrix} + \boldsymbol{\delta}\boldsymbol{S}_h\begin{bmatrix} \boldsymbol{\Psi}_{hA} \\ \boldsymbol{\Psi}_{hB} \end{bmatrix} \tag{3.90}$$

将式(3.87)～式(3.90)中的位函数消去后，整理可得 A，B 两个面上切向场量之间的关系为

$$\begin{aligned} \eta_0\begin{bmatrix} \overline{\boldsymbol{H}}_{xA} \\ \overline{\boldsymbol{H}}_{xB} \end{bmatrix} &= \boldsymbol{S}_h\boldsymbol{\lambda}_h^2\begin{bmatrix} \boldsymbol{\gamma}_h & \boldsymbol{\alpha}_h \\ \boldsymbol{\alpha}_h & \boldsymbol{\gamma}_h \end{bmatrix}\boldsymbol{S}_h^{-1}\begin{bmatrix} -\mathrm{j}\overline{\boldsymbol{E}}_{zA} \\ \mathrm{j}\overline{\boldsymbol{E}}_{zB} \end{bmatrix} \\ &\quad + \boldsymbol{S}_h\begin{bmatrix} \boldsymbol{\gamma}_h & \boldsymbol{\alpha}_h \\ \boldsymbol{\alpha}_h & \boldsymbol{\gamma}_h \end{bmatrix}\boldsymbol{\lambda}_h^2\boldsymbol{S}_h^{-1}\overline{\boldsymbol{\varepsilon}}_h^{-1}\boldsymbol{\delta}^t\boldsymbol{Q}_e^{-1}\overline{\boldsymbol{\varepsilon}}_e\begin{bmatrix} \overline{\boldsymbol{E}}_{xA} \\ -\overline{\boldsymbol{E}}_{xB} \end{bmatrix} \end{aligned} \tag{3.91}$$

$$\eta_0\begin{bmatrix}-\mathrm{j}\overline{\boldsymbol{H}}_{zA}\\-\mathrm{j}\overline{\boldsymbol{H}}_{zB}\end{bmatrix}=\delta\boldsymbol{S}_h\begin{bmatrix}\boldsymbol{\gamma}_h&\boldsymbol{\alpha}_h\\\boldsymbol{\alpha}_h&\boldsymbol{\gamma}_h\end{bmatrix}\boldsymbol{S}_h^{-1}\begin{bmatrix}-\mathrm{j}\overline{\boldsymbol{E}}_{zA}\\\mathrm{j}\overline{\boldsymbol{E}}_{zB}\end{bmatrix}-\left(\boldsymbol{S}_e\boldsymbol{k}_{ye}^2\begin{bmatrix}\boldsymbol{\gamma}_e&\boldsymbol{\alpha}_e\\\boldsymbol{\alpha}_e&\boldsymbol{\gamma}_e\end{bmatrix}\boldsymbol{\lambda}_e^{-2}\boldsymbol{S}_e^{-1}\overline{\boldsymbol{\varepsilon}}_e\right.$$
$$\left.-\delta\boldsymbol{S}_h\begin{bmatrix}\boldsymbol{\gamma}_h&\boldsymbol{\alpha}_h\\\boldsymbol{\alpha}_h&\boldsymbol{\gamma}_h\end{bmatrix}\boldsymbol{S}_h^{-1}\overline{\boldsymbol{\varepsilon}}_h^{-1}\boldsymbol{\delta}^t\boldsymbol{Q}_e^{-1}\overline{\boldsymbol{\varepsilon}}_e\right)\begin{bmatrix}\overline{\boldsymbol{E}}_{xA}\\-\overline{\boldsymbol{E}}_{xB}\end{bmatrix}\tag{3.92}$$

方程(3.91)和(3.92)也可以进一步写为

$$\begin{bmatrix}\overline{\boldsymbol{H}}_A\\\overline{\boldsymbol{H}}_B\end{bmatrix}=\begin{bmatrix}\overline{\boldsymbol{y}}_1&\overline{\boldsymbol{y}}_2\\\overline{\boldsymbol{y}}_2&\overline{\boldsymbol{y}}_1\end{bmatrix}\begin{bmatrix}\overline{\boldsymbol{E}}_A\\-\overline{\boldsymbol{E}}_B\end{bmatrix}\tag{3.93}$$

其中

$$\begin{gathered}\overline{\boldsymbol{y}}_1=\begin{bmatrix}\boldsymbol{\gamma}_H\boldsymbol{\rho}_e&\overline{\delta}\boldsymbol{\gamma}_h\\\boldsymbol{\gamma}_h\boldsymbol{\rho}&\boldsymbol{\gamma}_E\end{bmatrix},\quad\overline{\boldsymbol{y}}_2=\begin{bmatrix}\boldsymbol{\alpha}_H\boldsymbol{\rho}_e&\overline{\delta}\boldsymbol{\alpha}_h\\\boldsymbol{\alpha}_h\boldsymbol{\rho}&\boldsymbol{\alpha}_E\end{bmatrix}\\
\boldsymbol{\gamma}_h=\boldsymbol{S}_h\boldsymbol{\gamma}_h\boldsymbol{S}_h^{-1},\qquad\boldsymbol{\alpha}_h=\boldsymbol{S}_h\boldsymbol{\alpha}_h\boldsymbol{S}_h^{-1}\\
\boldsymbol{\gamma}_E=\boldsymbol{S}_h\boldsymbol{\lambda}_h^2\boldsymbol{\gamma}_h\boldsymbol{S}_h^{-1},\qquad\boldsymbol{\alpha}_E=\boldsymbol{S}_h\boldsymbol{\lambda}_h^2\boldsymbol{\alpha}_h\boldsymbol{S}_h^{-1}\\
\boldsymbol{\gamma}_e=\boldsymbol{S}_e\boldsymbol{k}_{ye}^2\boldsymbol{\gamma}_e\boldsymbol{S}_e^{-1},\qquad\boldsymbol{\alpha}_e=\boldsymbol{S}_e\boldsymbol{k}_{ye}^2\boldsymbol{\alpha}_e\boldsymbol{S}_e^{-1}\\
\boldsymbol{\gamma}_H=-\boldsymbol{\gamma}_e+\boldsymbol{\delta}\boldsymbol{\gamma}_h\overline{\boldsymbol{\varepsilon}}_h^{-1}\boldsymbol{\delta}^t,\qquad\boldsymbol{\alpha}_H=-\boldsymbol{\alpha}_e+\boldsymbol{\delta}\boldsymbol{\alpha}_h\overline{\boldsymbol{\varepsilon}}_h^{-1}\boldsymbol{\delta}^t\\
\boldsymbol{\rho}_e=\boldsymbol{Q}_e^{-1}\overline{\boldsymbol{\varepsilon}}_e=(\overline{\boldsymbol{\delta}}\overline{\boldsymbol{\varepsilon}}_h^{-1}\overline{\boldsymbol{\delta}}^t-\boldsymbol{I}_e)^{-1},\quad\boldsymbol{\rho}_h=\boldsymbol{Q}_h\overline{\boldsymbol{\varepsilon}}_h^{-1}=\overline{\boldsymbol{\lambda}}_h^{2}\overline{\boldsymbol{\varepsilon}}_h^{-1}-\boldsymbol{I}_h\\
\boldsymbol{\rho}=\boldsymbol{\rho}_h\boldsymbol{\delta}^t\boldsymbol{\rho}_e\end{gathered}\tag{3.94}$$

式(3.93)是非均匀介质层上下面切向电磁场量之间的关系式(均匀介质层可以看成是非均匀介质层的一种特例)，只需将上式的变量进行如下替换即可：

$$\begin{gathered}\overline{\boldsymbol{\varepsilon}}_e=\varepsilon_r\boldsymbol{I}_e,\quad\overline{\boldsymbol{\varepsilon}}_h=\varepsilon_r\boldsymbol{I}_h,\quad\overline{\boldsymbol{\delta}}\,\overline{\boldsymbol{\delta}}^t=\overline{\boldsymbol{\lambda}}_e^2\\
\boldsymbol{S}_h=\boldsymbol{I}_h,\quad\boldsymbol{S}_e=\boldsymbol{I}_e\\
\boldsymbol{\lambda}_e^2=\overline{\boldsymbol{\lambda}}_e^2-\varepsilon_r\boldsymbol{I}_e,\quad\boldsymbol{\lambda}_h^2=\overline{\boldsymbol{\lambda}}_h^2-\varepsilon_r\boldsymbol{I}_h\end{gathered}\tag{3.95}$$

替换结果与 3.2.2 节给出的方程相同。

图 3.40 为有限导带厚度微带线截面模型的分层示意图，从图中可以看出该模型沿 y 方向可以分为 4 层，分别为地板层、介质基板层、金属导带层和空气层。在每一层中均使用方程(3.39)，并且结合相应边界条件可得

$$\overline{\boldsymbol{H}}_B=-\overline{\boldsymbol{y}}_1^{\mathrm{I}}\overline{\boldsymbol{E}}_B\tag{3.96}$$

$$\begin{bmatrix}\overline{\boldsymbol{H}}_B\\\overline{\boldsymbol{H}}_C\end{bmatrix}=\begin{bmatrix}\overline{\boldsymbol{y}}_1^{\mathrm{II}}&\overline{\boldsymbol{y}}_2^{\mathrm{II}}\\\overline{\boldsymbol{y}}_2^{\mathrm{II}}&\overline{\boldsymbol{y}}_1^{\mathrm{II}}\end{bmatrix}\begin{bmatrix}\overline{\boldsymbol{E}}_B\\-\overline{\boldsymbol{E}}_C\end{bmatrix}\tag{3.97}$$

$$\begin{bmatrix}\overline{\boldsymbol{H}}_C\\\overline{\boldsymbol{H}}_D\end{bmatrix}=\begin{bmatrix}\overline{\boldsymbol{y}}_1^{\mathrm{III}}&\overline{\boldsymbol{y}}_2^{\mathrm{III}}\\\overline{\boldsymbol{y}}_2^{\mathrm{III}}&\overline{\boldsymbol{y}}_1^{\mathrm{III}}\end{bmatrix}\begin{bmatrix}\overline{\boldsymbol{E}}_C\\-\overline{\boldsymbol{E}}_D\end{bmatrix}\tag{3.98}$$

$$\overline{\boldsymbol{H}}_D = \overline{\boldsymbol{y}}_1^{\mathrm{IV}} \overline{\boldsymbol{E}}_D \tag{3.99}$$

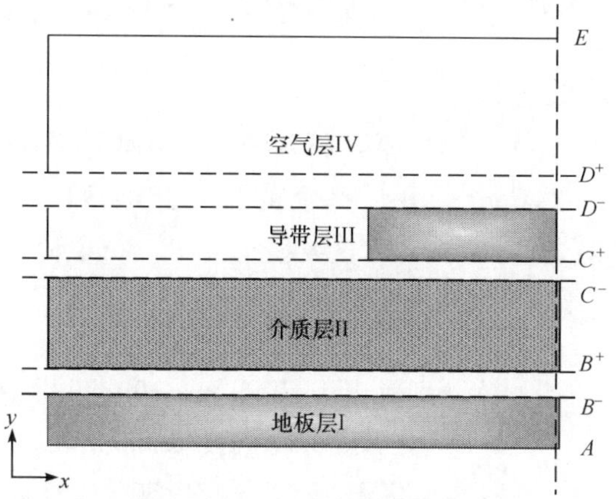

图 3.40　有限导带厚度微带线截面模型分层示意图

综合式(3.96)～式(3.99)，可得如下有限导带厚度微带传输线变换域中的系统方程。

$$\begin{bmatrix} \overline{\boldsymbol{y}}_2^{\mathrm{II}}\left(\overline{\boldsymbol{y}}_1^{\mathrm{I}} + \overline{\boldsymbol{y}}_1^{\mathrm{II}}\right)^{-1}\overline{\boldsymbol{y}}_2^{\mathrm{II}} - \overline{\boldsymbol{y}}_1^{\mathrm{II}} - \overline{\boldsymbol{y}}_1^{\mathrm{III}} & \overline{\boldsymbol{y}}_2^{\mathrm{III}} \\ \overline{\boldsymbol{y}}_1^{\mathrm{III}} & -\overline{\boldsymbol{y}}_1^{\mathrm{III}} - \overline{\boldsymbol{y}}_1^{\mathrm{IV}} \end{bmatrix} \begin{bmatrix} \overline{\boldsymbol{E}}_C \\ -\overline{\boldsymbol{E}}_D \end{bmatrix} = \boldsymbol{0} \tag{3.100}$$

不同于导带厚度为无限薄的情况，有限导带厚度微带传输线变换域中的系统方程(3.100)是一个线性齐次方程组，线性齐次方程组非零解的前提是相应系数行列式的值为零，由此可得如下仅含有传播常数 γ 的一元非线性方程：

$$\begin{vmatrix} \overline{\boldsymbol{y}}_2^{\mathrm{II}}\left(\overline{\boldsymbol{y}}_1^{\mathrm{I}} + \overline{\boldsymbol{y}}_1^{\mathrm{II}}\right)^{-1}\overline{\boldsymbol{y}}_2^{\mathrm{II}} - \overline{\boldsymbol{y}}_1^{\mathrm{II}} - \overline{\boldsymbol{y}}_1^{\mathrm{III}} & \overline{\boldsymbol{y}}_2^{\mathrm{III}} \\ \overline{\boldsymbol{y}}_1^{\mathrm{III}} & -\overline{\boldsymbol{y}}_1^{\mathrm{III}} - \overline{\boldsymbol{y}}_1^{\mathrm{IV}} \end{vmatrix} = 0 \tag{3.101}$$

对于有限导带厚度微波平面传输线问题，不需要反变换回空域即可求得相应的电磁特性参数。

3.4.3　导带厚度对微波平面传输线的影响

掌握导带厚度变化对微波平面传输线电磁特性的影响规律，对于指导实际微波电路设计有着十分重要的意义。下面以图 3.41 所示的有限导带厚度微带传输线为例，研究导带厚度变化对微带线等效相对介电常数以及衰减常数的影响规律。主要包括以下几点：

(1) 导带厚度变化对微带线等效相对介电常数以及衰减常数的基本影响趋势；

(2) 导带厚度相对于金属趋肤深度的倍数与微带线等效相对介电常数以及衰

减常数之间的关系；

(3) 通过分析计算所得导带内部的电场分布情况，讨论导带厚度变化影响衰减常数的主要原因。

计算模型的物理参数为：

导带宽度 $W=0.26\text{mm}$，地板厚度 $h_g=20\mu\text{m}$，金属电导率 $\sigma=4.1\times10^7\text{S/m}$，介质基板厚度 $h=0.254\text{mm}$，介质基板的相对介电常数 $\varepsilon_\text{r}=9.8$，损耗正切 $\tan\delta=1\times10^{-4}$，屏蔽盒宽 $L=5.2\text{mm}$，屏蔽盒高 $H=4\text{mm}$。

1. 导带厚度对微带线等效相对介电常数的影响

图 3.41 给出了导带厚度分别取 2.5μm、5μm、10μm 时，在 1～100GHz 的频率范围内，微带线等效相对介电常数随频率的变化曲线。图 3.42 给出了微带线分别工作在 5GHz、50GHz 以及 100GHz 时，导带厚度变化对于微带线等效相对介电常数的影响曲线。

从图 3.41、图 3.42 可以看出，微带线金属导带厚度变化会对其等效相对介电常数产生如下影响：

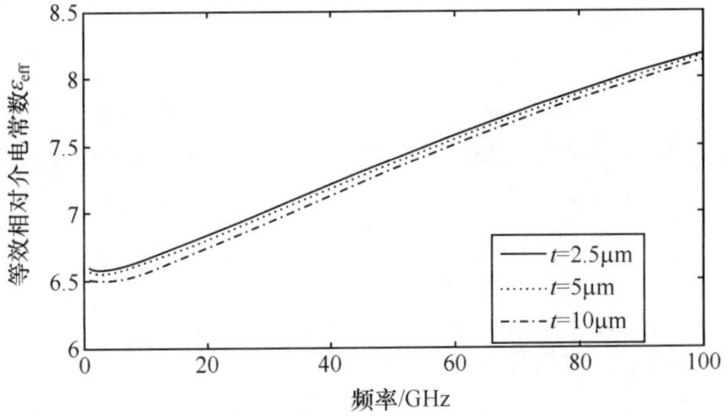

图 3.41　不同导带厚度等效相对介电常数随频率的变化曲线

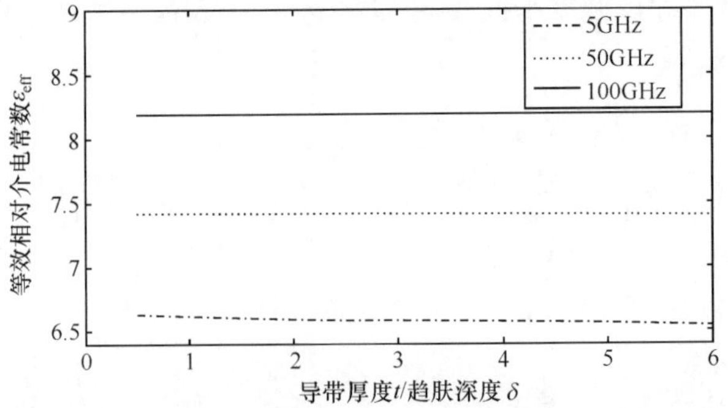

图 3.42　不同频率等效相对介电常数随导带厚度的变化曲线

(1) 有限导带厚度微带线的等效相对介电常数总体上会随着频率的升高而升高。在频率较低时会出现一个极小值，不考虑导带厚度和电导率时，无此现象。

(2) 随着金属导带厚度的增加，微带线等效相对介电常数会逐渐降低。

(3) 导带厚度变化对微带线等效相对介电常数的影响较小，并且在高频段和低频段该影响导致的等效相对介电常数的变化量也基本相同。

2. 导带厚度对微带线衰减常数的影响

图 3.43 给出了导带厚度分别取 2.5μm、5μm、10μm 时，在 1～100GHz 范围内，微带线衰减常数随工作频率的变化曲线。图 3.44 给出了微带线分别工作在 5GHz、50GHz 以及 100GHz 时，导带厚度变化对于微带线衰减常数的影响曲线。图中用两条虚线将图划分为了三个区域，可以看出微带线衰减常数随导带厚度变化曲线的斜率，在这三个区域中有着较为明显的差别。

综合图 3.43 和图 3.44，可以得出微带线金属导带厚度变化会对其衰减常数产生如下影响：

(1) 微带线的衰减常数会随着工作频率的升高而不断升高；

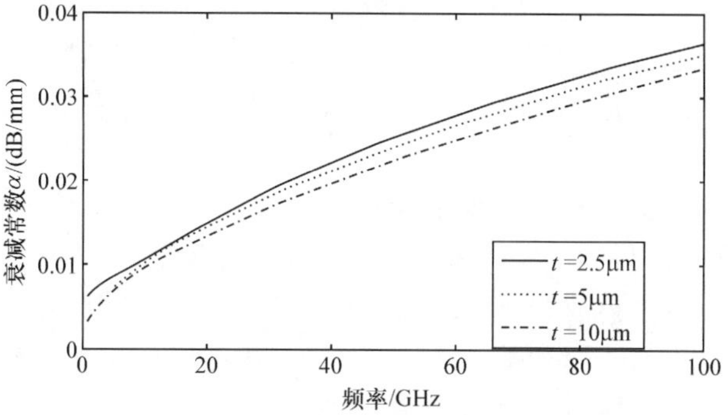

图 3.43　几种不同导带厚度衰减数随频率的变化曲线

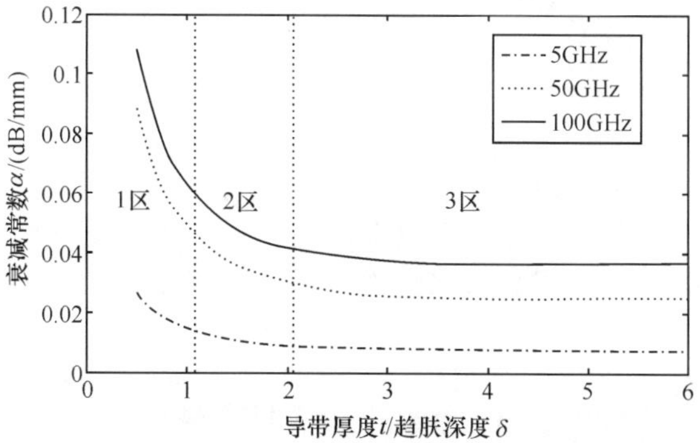

图 3.44　不同频率衰减常数随导带厚度的变化曲线

(2) 当导带厚度 t 小于 1 倍趋肤深度 δ 时，衰减常数的值随着导带厚度的增加急剧下降；

(3) 当导带厚度 t 处于 1 倍和 2 倍趋肤深度 δ 之间时，衰减常数随着导带厚度的增加，下降速度仍然较快，但已经有了变缓的趋势；

(4) 当导带厚度 t 大于 2 倍趋肤深度 δ 后，导带厚度变化对衰减常数的影响大为减弱，总体趋于平稳，但仍然在缓慢下降。

下面通过分析微带线金属导带内部的场分布，来研究导带厚度对微带传输线衰减常数产生上述影响的原因。由于直线法其特点为沿 x 方向离散，沿 y 方向解析，因此尽管微带线金属导带的厚度相对于其他尺寸来说很小，但是利用直线法仍然可以用很小的计算量，准确地得出其内部的电磁场分布情况。对于其他很多数值分析方法而言，由于金属导带内部场变化十分剧烈，因此要获得导带内部的精确场分布，需要将此处网格划分的非常密集，导致计算量庞大，甚至出现计算结果不回归等问题。

由电磁场的基本理论可知，金属导体的电阻 R 可由式(3.102)得到：

$$R = \frac{L}{S\sigma} \tag{3.102}$$

其中 L 为导体长度；S 为导体截面面积；σ 为金属电导率。

随着金属导体厚度的增加，导体的截面面积也会随之增加，相应的其电阻则会减小。当这一公式用于描述微波电路时，导体截面面积 S 应该变为导体等效截面面积 S_e。S_e 的值不但与导体的物理截面面积 S 相关，并且还与导带截面内电磁场的相对大小相关。例如，在导体内部，由于趋肤深度的影响，某些区域其电磁场的值为零，这些区域面积对导体等效截面面积 S_e 就没有任何贡献。

图 3.45 为微带线金属导带的截面示意图，电磁场会从四个面进入金属导带，如图所示，分别为导带的上、下面(A 和 B 面)，导带的两个侧面(C 和 D 面)。下面通过分析三种情况下金属导带内的场分布研究导带厚度变化对微带线衰减常数产生上面所述影响的原因。

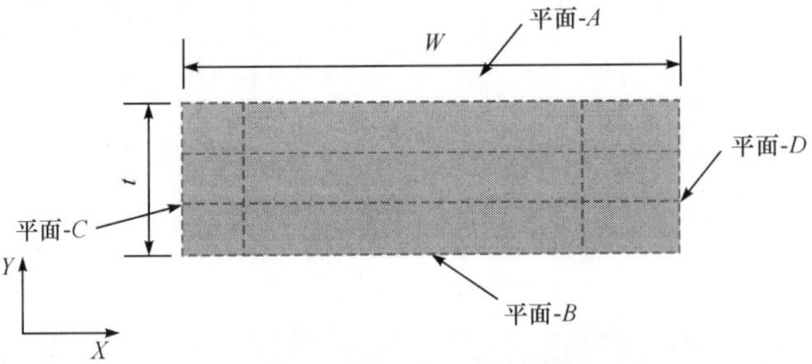

图 3.45　微带线金属导带截面示意图

(1) 当导带厚度 t 小于 1 倍趋肤深度 δ 时，从平面 A 和平面 B 进入金属导带的电磁场完全穿透导带，导带内部的电磁场分布沿 y 方向基本上是均匀的，如图 3.47(a)所示。随着导带厚度的增加，导带等效截面面积 S_e 增速基本上与实际导带截面面积 S 的增速相同，此时金属导带的分布电阻 R 几乎和导带厚度成反比变化，从图 3.44 区域 1 中可以看出这一趋势。

(2) 当导带厚度 t 处于 1 倍和 2 倍趋肤深度 δ 之间时，从平面 A 和平面 B 进入金属导带的电磁场已经无法完全穿透导带。这时导带内部的电磁场沿 y 方向不再均匀分布，导带截面中心处的场会明显小于其他位置，如图 3.46(b)所示。这就会导致导带等效截面面积 S_e 的增速小于导带实际截面面积 S 的增速。此时，微带线衰减常数随导带厚度增加而减小的速度就会逐渐变缓，如图 3.44 区域 2 所示。

(3) 当导带厚度 t 大于 2 倍趋肤深度 δ 后，从平面 A 和平面 B 进入金属导带的电磁场已无法到达导带的中心处。此时，导带截面中心处的场分布近似于零，其对导带等效截面面积基本无贡献。随着导带厚度的增加，影响导带等效截面面积的仅是由平面 C 和平面 D 进入导带的电磁场，其影响相对很小。此这种情况下，导带厚度增加对微带线衰减常数的影响十分微弱，总体趋于平稳，但仍然在缓慢下降。

(a) 导带截面上电场E_z的分布图(t=0.5δ)
(b) 导带截面上电场E_z的分布图(t=1.5δ)
(c) 导带截面上电场E_z的分布图(t=2.5δ)

图 3.46　直线法计算所得，导带截面上纵向电场的分布图

3.5　有限介质基板宽度微波平面传输线

3.5.1　有限介质基板宽度微波平面传输线概述

在传统微波电路中，介质基板较宽，基本不会对微波平面传输线的电磁特性产生影响，为了分析简便，常将其宽度设为无限大。随着微波电路的不断发展，尤其是高集成度 MMIC 电路的发展，有限介质基板宽度会对微波平面电路的电磁特性产生较大的影响。在实际微波电路中，以下两种常见的非理想情况，可以将其归结为有限介质基板宽度问题。

(1) 当导带接近微波电路板边缘时，介质基板的宽度不能被看成是无限大，导带与电路板边缘之间的距离就会对微波平面传输线的电磁特性产生较大影响。

(2) 当微波平面传输线导带附近存在有因过孔等结构造成的介质基板不连续时，介质基板不能再等效为无限大。

针对以上几种情况，本节以微带传输线为例，给出了图 3.47 所示的有限介质基板宽度微带线模型。该模型中假设金属导带厚度为零、电导率为无穷大。综合利用前面所给出的分析步骤，可以较为容易地分析图 3.47 所示的模型，故该模型的具体分析步骤不再赘述。

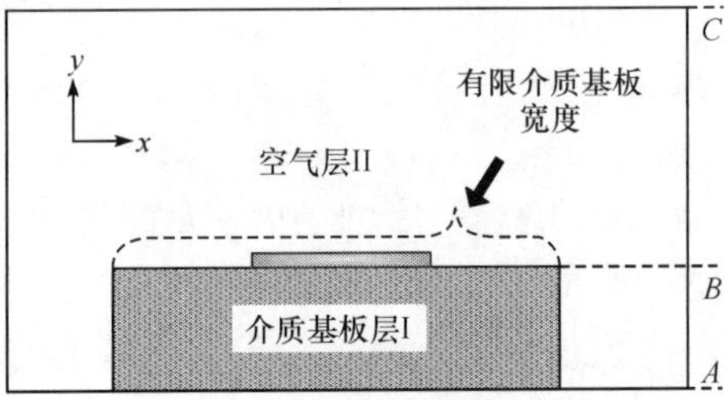

图 3.47　有限介质基板宽度微带线截面模型

3.5.2　介质基板宽度对微波平面传输线电磁特性的影响

计算模型的物理参数为：

导带宽度 $W = 0.2\text{mm}$，介质基板厚度 $h = 0.2\text{mm}$，介质基板的相对介电常数 $\varepsilon_{\text{r}} = 12.9$，屏蔽盒宽 $L = 4\text{mm}$，屏蔽盒高 $H = 4\text{mm}$，如图 3.48 所示。

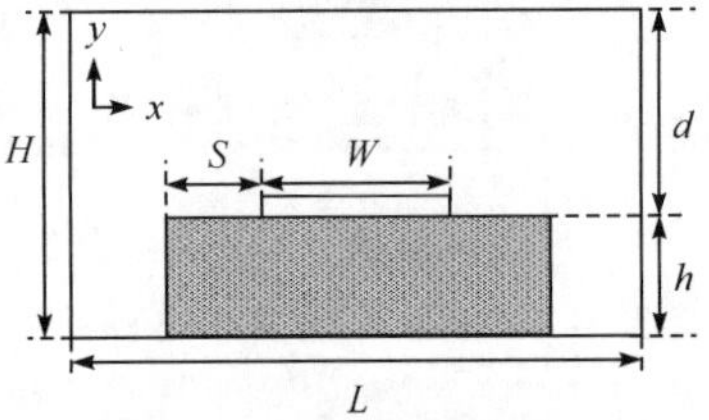

图 3.48　有限介质基板宽度微带线参数模型

图 3.49 给出了介质基板边缘和导带边缘之间的距离 S 分别为导带宽度 W 的 0.5 倍、1 倍、2 倍时，在 1～70GHz 范围内，微带线等效相对介电常数随工作频率的变化曲线。图 3.50 给出了微带线分别工作在 1GHz、20GHz 以及 50GHz 时，介质基板宽度变化对于微带线等效相对介电常数的影响曲线。从以上两图可以看出，微带线介质基板宽度变化会对其等效相对介电常数产生如下影响：

(1) 当微带线的介质基板宽度有限时，由于当微带线介质基板变窄时，会有更多的电磁场进入空气当中，从而导致了其等效相对介电常数的减小。

(2) 当有限介质基板宽度微带线的介质基板边缘与导带边缘之间的距离 S 小于 1 倍导带宽度时，介质基板宽度变化对微带线电磁特性的影响十分剧烈。当这一距离增大至 3 倍以上的导带宽度时，其影响基本可以忽略，可将其直接近似为无限大介质基板微带线。

(3) 在所考虑频带范围内，微带线介质基板宽度变化所引起的等效相对介电常数的变化量基本不变，即介质基板宽度变化导致的等效相对介电常数变化不随工作频率的改变而改变。

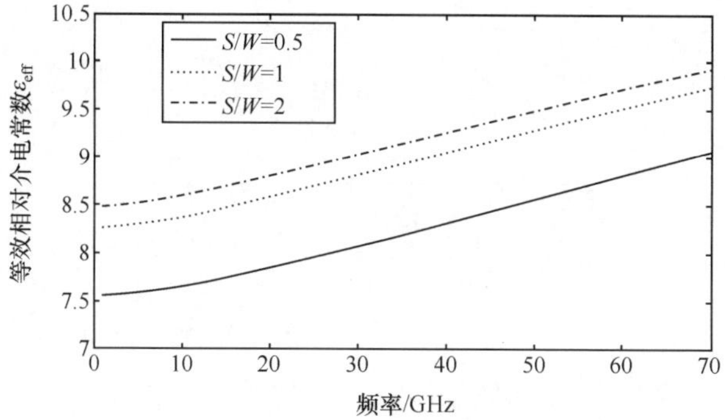

图 3.49　不同介质基板宽度等效相对介电常数随频率的变化

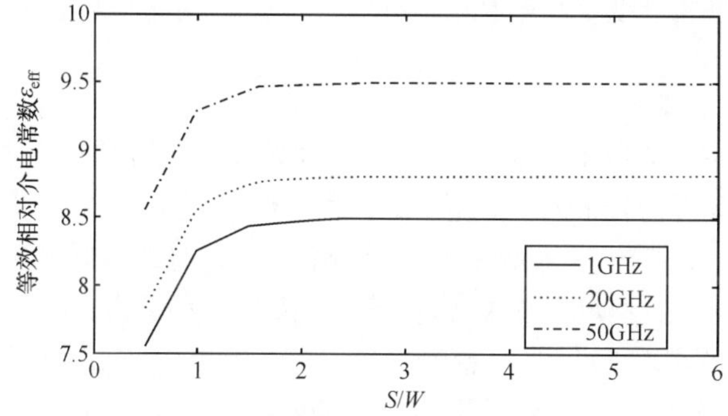

图 3.50　不同频率介质基板宽度变化对等效相对介电常数的影响

综上所述，对于一个实际的微波电路，当介质基板边缘与导带边缘之间的距离 S 小于 3 倍的导带宽度时，微带线的介质基板宽度就不能再被认为是无穷大了。因此在微波电路设计时，应尽量避免出现这种情况，否则就必须要综合考虑它们的影响。

3.6　多层介质、多层金属微波平面传输线

3.6.1　多层介质、多层金属微波平面传输线概述

前面所分析的各种情况下的非理想微波平面传输线，其介质基板和金属导带均只有一层，然而在实际微波电路中，由于加工工艺的需要，微波平面传输线的介质基板及金属导带往往都是由两层甚至更多层复合而成的。这些复合层相对于

主要的介质和导带层来说，其厚度通常都非常薄，基本上不影响微波平面传输线的电磁特性。但当工作频率提高时，这些复合层尤其是金属导带上的复合层，开始逐渐影响微波平面传输线的电磁特性参数。多层介质、多层金属微带传输线模型如图 3.51 所示。

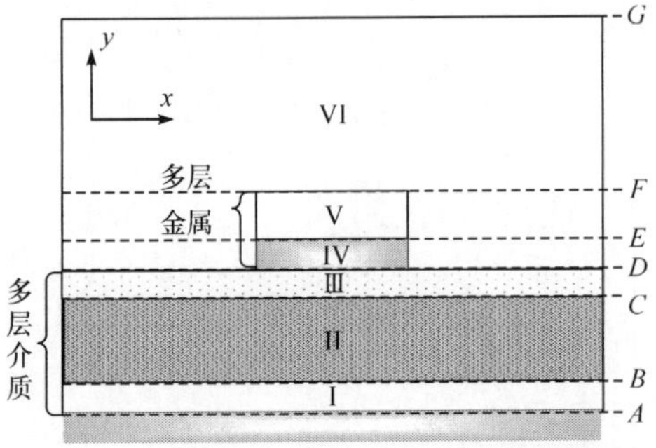

图 3.51　多层介质、多层金属微带传输线模型

本节中，将首先利用笔者提出的多层介质等效法[60]和直线法相结合，研究多层介质对于微波平面传输线电磁特性参数的影响。然后研究了多层金属中的金属过渡层对微波传输线衰减常数的影响趋势，并对产生该影响的原因进行了一定的分析。

3.6.2　多层介质对微波平面传输线电磁特性的影响

在自由空间中，电磁波以均匀平面波的方式传输。当遇到非均匀介质时，会出现反射和折射。均匀场的分布也会由此改变。经过多次反射和折射，最后形成稳态场。我们一般通过麦克斯韦方程组求解一定边界条件下的部分积分方程来获得场分布。这是一种数学求解方法，而没有考虑物理过程。当然，目前这也是最准确的方法。

通过上面的分析，我们可以看到，当边界上的反射和折射保持不变时，无论场区外的结构怎么变化，场区内的场结构都保持不变。在图 3.52 中，如果图(a)、

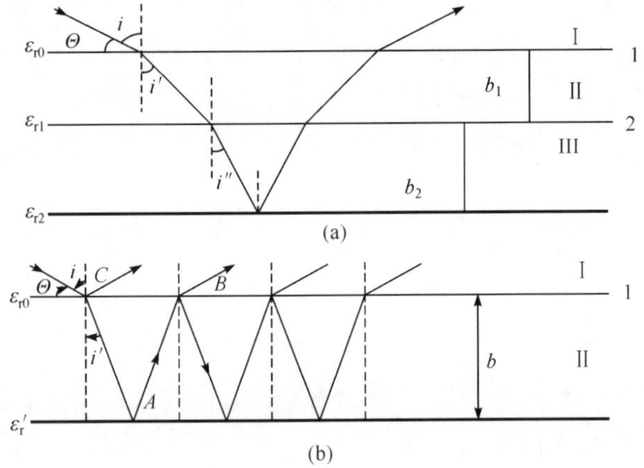

图 3.52　双层介质与单层介质的截面结构

图(b)中界面 1 的反射和折射相同，那么图(a)、图(b)中 I 区的场相同。图(a)、图(b)的色散方程也相同。这时图(a)、图(b)为等效结构。

1. 等效介电常数

在分析过程中，如何求取等效结构的介电常数是关键。

1) 单层介质与金属平面结构间的反射

通过反射折射原理，可以得到在边界 1 上的反射系数：

$$R=\frac{r_{01}+r_1\mathrm{e}^{-\mathrm{j}\Delta s}}{1+r_{01}r_1\mathrm{e}^{-\mathrm{j}\Delta s}} \tag{3.103}$$

其中 r_{01} 为 I 区到 II 区的反射系数；r_1 为金属平面的反射系数(微带线的接地面)；

$$\Delta s=\left[\left(OA+AB\right)\sqrt{\varepsilon_\mathrm{r}'}-OC\right]\times k=2b'\sqrt{\varepsilon_\mathrm{r}'}k\cos i'$$

$k=\dfrac{2\pi}{\lambda}$ 为自由空间中的波数。

当电场垂直于入射面时：

$$r_{01}=\frac{\sqrt{\varepsilon_{\mathrm{r}0}}\cos i-\sqrt{\varepsilon_\mathrm{r}'}\cos i'}{\sqrt{\varepsilon_{\mathrm{r}0}}\cos i+\sqrt{\varepsilon_\mathrm{r}'}\cos i'},\quad r_1=\mathrm{e}^{-\mathrm{j}\pi}$$

代入式(3.103)可得公式(3.104)：

$$R=\frac{\sqrt{\varepsilon_{\mathrm{r}0}}\cos i-\sqrt{\varepsilon_\mathrm{r}'}\cos i'\dfrac{1+\mathrm{e}^{-\mathrm{j}\Delta s}}{1-\mathrm{e}^{-\mathrm{j}\Delta s}}}{\sqrt{\varepsilon_{\mathrm{r}0}}\cos i+\sqrt{\varepsilon_\mathrm{r}'}\cos i'\dfrac{1+\mathrm{e}^{-\mathrm{j}\Delta s}}{1-\mathrm{e}^{-\mathrm{j}\Delta s}}} \tag{3.104}$$

2) 双层介质与金属平面间的反射

图 3.52(a)中边界 2 上的反射系数为

$$R=\frac{r_{12}+r_1\mathrm{e}^{-\mathrm{j}\Delta s_1}}{1+r_{12}r_1\mathrm{e}^{-\mathrm{j}\Delta s_1}} \tag{3.105}$$

边界 1 上的反射系数为

$$R=\frac{r_{01}+R_{12}\mathrm{e}^{-\mathrm{j}\Delta s_2}}{1+r_{01}R_{12}\mathrm{e}^{-\mathrm{j}\Delta s_2}} \tag{3.106}$$

其中

$$\Delta s_1=2b_2k\sqrt{\varepsilon_{\mathrm{r}2}-\cos^2\theta}$$

$$\Delta s_2=2b_1k\sqrt{\varepsilon_{\mathrm{r}1}-\cos^2\theta}$$

最后，我们可以得到图(a)所示结构的反射系数为

$$R=\frac{\sqrt{\varepsilon_{r0}}\cos i-A}{\sqrt{\varepsilon_{r0}}\cos i+A} \tag{3.107}$$

其中

$$A=\sqrt{\varepsilon_{r2}-\cos^2\theta}\frac{2-j\left(\Delta s_1+\Delta s_2\right)}{j\left(\Delta s_1+\Delta s_2\sqrt{\dfrac{\varepsilon_{r2}-\cos^2\theta}{\varepsilon_{r1}-\cos^2\theta}}\right)}$$

如果图(a)、图(b)在边界 1 上的反射相同，那么他们在 I 区有相同的场分布，也即有相同的色散。在图 3.52 中的图(b)就是我们期望得到的图(a)的等效结构。

对比式(3.104)和式(3.107)，可以得到

$$\sqrt{\varepsilon_r'}\cos i'\frac{1+e^{-j\Delta s}}{1-e^{-j\Delta s}}=A \tag{3.108}$$

对于低阶模，等效介电常数和厚度分别为

$$\begin{cases}\varepsilon_r'=\left(\dfrac{b_2\sqrt{\varepsilon_{r2}-1}+b_1\sqrt{\varepsilon_{r1}-1}}{b_1+b_2}\right)^2+1\\ b'=b_1+b_2\end{cases} \tag{3.109}$$

3) 多层介质与金属平面间的反射

如图 3.53 所示，边界 3 上的反射系数为

$$R_{23}=\frac{r_{23}+r_1e^{-j\Delta s_1}}{1+r_{23}r_1e^{-j\Delta s_1}} \tag{3.110}$$

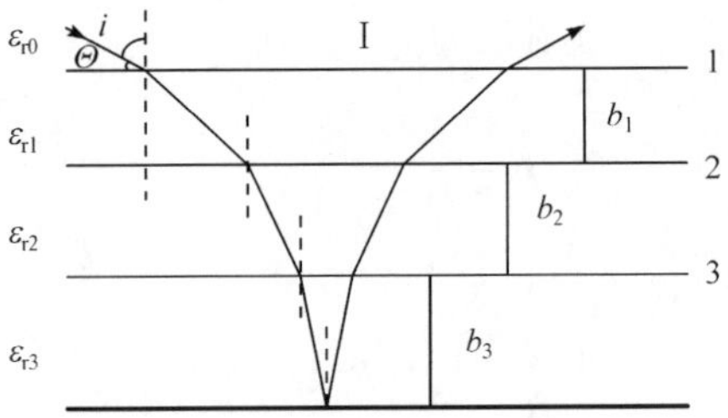

图 3.53　三层介质和金属

边界 2 上的反射系数为

$$R_{12}=\frac{r_{12}+R_{23}e^{-j\Delta s_2}}{1+r_{12}R_{23}e^{-j\Delta s_2}} \tag{3.111}$$

因此结构总的反射系数为

$$R = \frac{r_{01} + R_{12}e^{-j\Delta s_1}}{1 + r_{01}R_{12}e^{-j\Delta s_1}} \tag{3.112}$$

将 R_{23}， R_{12} 代入上式，与式(3.104)比较可得图 3.53 的等效参数为

$$\begin{cases} \varepsilon_r' = \left(\dfrac{b_1\sqrt{\varepsilon_{r1} - 1} + b_2\sqrt{\varepsilon_{r2} - 1} + b_3\sqrt{\varepsilon_{r3} - 1}}{b_1 + b_2 + b_3} \right)^2 + 1 \\ b' = b_1 + b_2 + b_3 \end{cases} \tag{3.113}$$

同上，可以得到多层介质材料的等效介电常数为

$$\varepsilon_r' = \left(\frac{\sum_{i=1}^{n} b_i\sqrt{\varepsilon_{ri} - 1}}{\sum_{i=1}^{n} b_i} \right)^2 + 1, \quad b' = \sum_{i=1}^{n} b_i \tag{3.114}$$

其中 n 为材料种数；ε_{n} 为第 i 层介质的介电常数；b_i 为第 i 层介质的厚度。

2. 多层介质中微带线的色散

在获得等效介电常数后，我们可以通过下面的常用微带线等效介电常数的公式得到多层介质中微带线的等效介电常数：

$$\varepsilon_{eff}(f) = \varepsilon_r' - \frac{\varepsilon_r' - \varepsilon_{eff}}{1 + G\left(f / f_p\right)^2} \tag{3.115}$$

其中

$$G = \left(\frac{Z_0 - 5}{60} \right)^{\frac{1}{2}} + 0.004Z_0, \quad f_p = 15.66Z_0 / b$$

$$\varepsilon_{eff} = \frac{\varepsilon_r + 1}{2} + \frac{\varepsilon_r - 1}{2}\left(1 + 10 \times \frac{b}{W} \right)^{\frac{-1}{2}}$$

$$Z_0 = \begin{cases} \dfrac{376.7}{\sqrt{\varepsilon_{eff}}}\left(\dfrac{W}{b} + 1.393 + 0.667 \right), & \dfrac{W}{b} \geqslant 1 \\ \dfrac{60}{\sqrt{\varepsilon_{eff}}}\ln\left(\dfrac{8b}{W} + 0.25\dfrac{W}{b} \right), & \dfrac{W}{b} \leqslant 1 \end{cases}$$

其中 f 为传输波的工作频率；W 为微带线的宽度。

3.6.3 多层介质、多层金属对微波平面传输线电磁特性的影响

掌握过渡金属层对微波平面传输线电磁特性的影响规律，对于指导实际微波

电路的加工、设计有着十分重要的意义。本节以图 3.54 所示的多层介质、多层金属微带传输线为例，研究了 Ti 过渡金属层厚度变化对微带线电磁特性的影响规律。主要包括以下几点：

(1) 比较研究了 Ti 层厚度变化和 Au 层厚度变化对微带传输线衰减常数的基本影响趋势；

(2) 通过分析 Ti 层的作用和金属导带结合面处的电场分布情况，讨论了 Ti 金属层厚度变化影响衰减常数的主要原因。

计算模型的物理参数为：

导带宽度 $W=70\mu m$，SiN 层厚度 $d_1=0.2\mu m$，相对介电常数 $\varepsilon_r=6.5$，GaAs 层厚度 $d_2=100\mu m$，相对介电常数 $\varepsilon_r=12.9$，损耗正切 $\tan\delta=1\times10^{-4}$，Au 层导带厚度为 t_{Au}，金属电导率 $\sigma=4.1\times10^7 S/m$，Ti 层导带厚度为 t_{Ti}，金属电导率为 $\sigma=2.1\times10^6 S/m$，屏蔽盒宽 $L=700\mu m$。

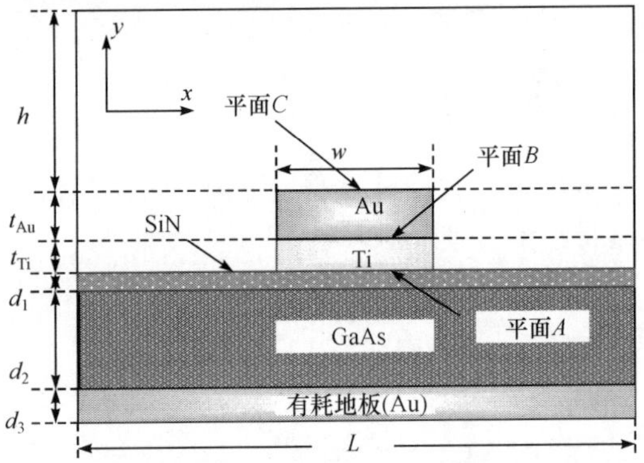

图 3.54　多层介质、多层金属微带传输线参数模型

图 3.55 给出了微带线分别工作在 5GHz、15GHz 以及 50GHz 时，Au 层导带厚度不变(t_{Au}=3μm)，仅改变 Ti 层金属厚度时，微带线衰减常数随 Ti 层厚度的变化曲线。图 3.56 给出了微带线分别工作在 5GHz、15GHz 以及 50GHz 时，Ti 层导带厚度不变(t_{Ti}=0.04μm)，仅改变 Au 层金属厚度时，微带线衰减常数随 Au 层厚度的变化曲线。

比较以上两图可以看出，微带线 Au 层和 Ti 层厚度变化会对其衰减常数产生如下影响：

(1) 微带线的衰减常数会随着 Ti 层导带厚度的增加而增加，并且当工作频率较低时，其变化对微带线衰减常数的影响十分微弱，随着频率的升高 Ti 层导带厚度变化对微带线衰减常数的影响会变得越来越明显；

(2) 微带线的衰减常数会随着 Au 层导带厚度的增加而减小，这恰好与 Ti 层导带厚度对微带线衰减常数的影响规律相反。

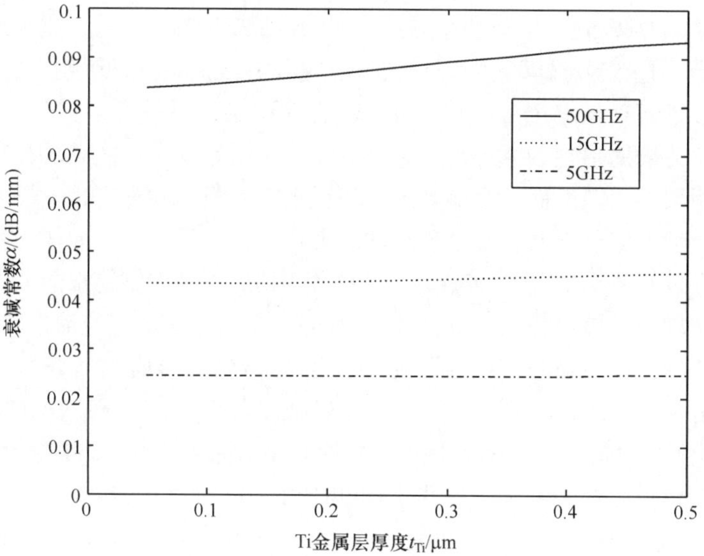

图 3.55　Ti 层厚度对多层金属微带线衰减常数的影响曲线

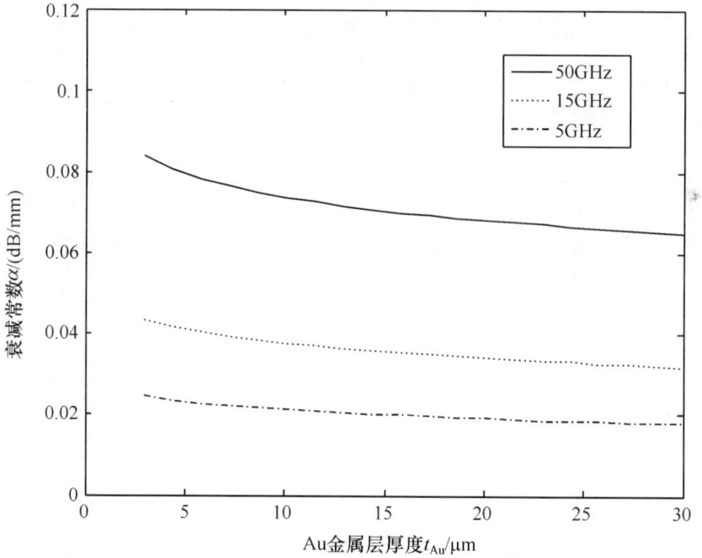

图 3.56　Au 层厚度对多层金属微带线衰减常数的影响曲线

下面从 Ti 层的作用出发,并结合计算所得金属导带分界面上电磁场强度的相对变化，来解释以上给出的几个规律。

(1) Au 层作为微带线中信号的主要传导层，它的厚度变化对微带线衰减常数的影响在 3.4 节中已经进行了较为详细的研究。从式(3.102)可知，增加 Au 层的厚度会增加导体的截面积 S，这将会导致金属导带的电阻减小，相应的，衰减常数也会跟着减小。但是当导体厚度远大于金属的趋附深度后，这种影响会显著降低。

(2) 要解释 Ti 层厚度的影响，首先就要提到 Ti 层在微带电路制作时的作用。为了减少微带线的损耗，微带线的导带应该使用电导率尽可能高的材料，如金。但是金的附着性很差，而钛金属则正好相反，它的附着性良好，电导率很差。因此在实际微波电路制造时，钛金属经常被夹在金和介质基板之间作为中间层，起附着作用。为了避免 Ti 层增加微带线的损耗，其层厚必需做得很薄以保证电磁场能量几乎全部穿透该层。当 Ti 层厚度增加时，会有更多的电流流过 Ti 层。因为钛的电导率很差，所以微带线的衰减常数会随着它厚度的增加而增加。

(3) 图 3.57 和图 3.58 分别给出了微带线工作在 1GHz 和 50GHz 时，金属导带面上径向电场的分布情况。图中 3 种线型分别代表图 3.54 中导带平面 A，B，C 上的径向电场。从图 3.57 可以看出在 1GHz 时，导带平面 A，B，C 上的 E_z 的幅度曲线几乎完全重合。但在图 3.58 中，当其工作频率为 50GHz 时，从平面 A 到平面 B，E_z 的幅度从 1 变化到了 0.76，并且导带的边缘效应也变得更加明显。因此，从这一点可以看出，随着频率的升高，金属的趋肤深度减小，相应的，Ti 层对电磁场的衰减也就会增大。这就是 Ti 层的影响在高频时更加明显的主要原因。因此当微波电路工作频率较高时，就需要考虑过渡层金属对微带线衰减常数的影响。

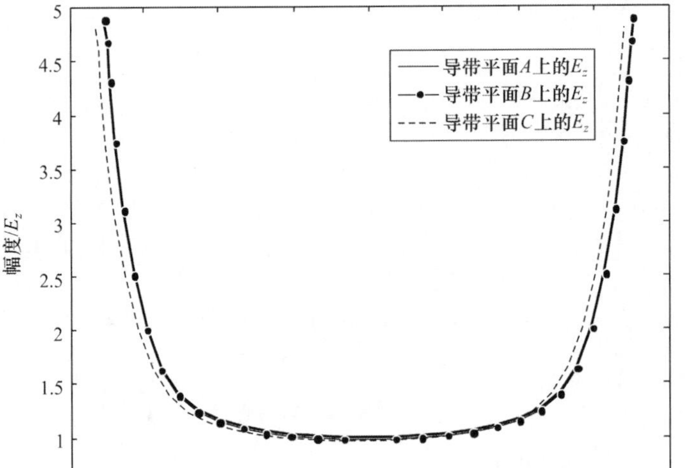

图 3.57　导带平面 A、B、C 上径向电场 E_z 的分布(频率 1GHz)

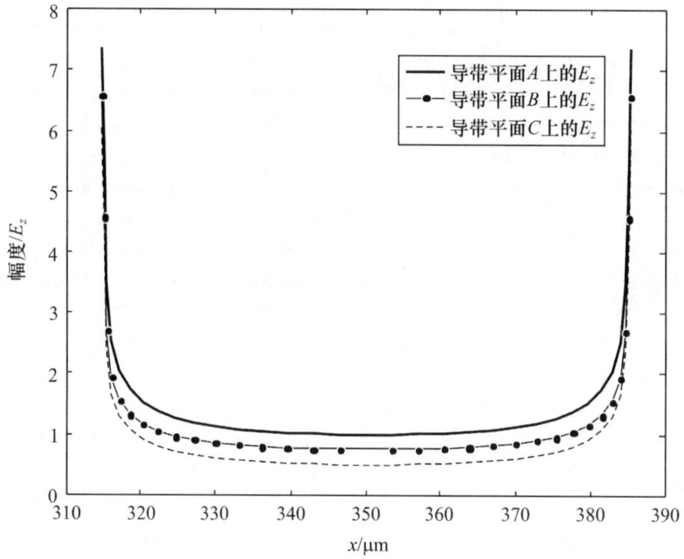

图 3.58　导带平面 A，B，C 上径向电场 E_z 的分布(频率 50GHz)

参考文献

[1] 清华大学《微带电路》编写组. 微带电路 [M]. 北京: 人民邮电出版社, 1976.

[2] Avgust I V, Syvozalizov M A, Khoroshun V V. Calculation algorithm for shielded microstrip-, slot-, and micro-coplanar strip lines with finite strip thickness [C]. Proceedings of the 4th International Conference on Antenna Theory and Techniques, 2003: 9-12.

[3] Gnilenko A B. Entire-domain method of moments analysis of shielded microstrip transmission line [C]. The Sixth International Kharkov Symposium on Physics and Engineering of Microwaves, Millimeter and Submillimeter Waves and Workshop on Terahertz Technologies, Kharkov, 2007: 295-297.

[4] Gomez Tornero J L, Alvarez Melcon A. Non-orthogonality relations between complex-hybrid-modes: An application for the leaky-wave analysis of a laterally-shielded top-open suspended microstrip line [C]. Proceedings of the IEEE MTT-S International Microwave Symposium Digest, Philadelphia, 2003: 681-684.

[5] Maistrenko V K, Radionov A A, Svetlov S N. Calculation of shielded microstrip line with various configuration of resistance films in substrate [C]. Proceedings of the 14th International Crimean Conference on Microwave and Telecommunication Technology, 2004: 449-450.

[6] Maistrenko V K, Radionov A A, Svetlov S N, et al. Experimental investigation of shielded microstriplines with resistive films in substrate [C]. Proceedings of the 15th International Crimean Conference Microwave & Telecommunication Technology, Sevastopol 2005: 554-555.

[7] Musa S M, Sadiku M N O. Modeling of shielded, suspended and inverted, microstrip lines [C]. Proceedings of the IEEE Southeastcon, Huntsville, 2008: 309-313.

[8] Parlar S. On the accuracy of finite difference analysis for a shielded microstrip line in a quasi-static aprroach [C]. 7th International Symposium on Antennas, Propagation & EM Theory, Guilin, 2006: 1-4.

[9] Svacina J. A new method for analysis of shielded microstrips [C]. Proceedings of Electrical Performance of Electronic Packaging, Monterey, 1993: 111-114.
[10] Sytchev A N. A model of the shielded multiconductor microstrip lines on double-layer substrate - a novel approach [C]. Microwave Electronics: Measurements, Identification, Application Conference, Novosibirsk, 2001: 77-81.
[11] Wheeler H A. Transmission-line properties of parallel strips separated by a dielectric sheet [J]. IEEE Transactions on Microwave Theory and Techniques, 1965, 13(2): 172-185.
[12] Yun Kwon N, Dong Chul P. Analysis of shielded membrane microstrip line using the finite-difference time-domain method [J]. IEEE Microwave and Wireless Components Letters, 2003, 13(2): 63-65.
[13] 刘建斌, 姚佶, 周希朗. 圆柱形屏蔽耦合共面波导的解析分析 [J]. 上海交通大学学报, 2003, 37(6): 850-853.
[14] Gao B, Tong L. Comparison between theoretical and measured shielded microstrip dispersion properties in a wide-frequency range [J]. COMPEL: The International Journal for Computation and Mathematics in Electrical and Electronic Engineering, 2010, 29(2): 536-544.
[15] Alatan L, Civi O A, Ogucu G. Analysis of printed structures on truncated dielectric slab and finite ground plane [C]. IEEE Antennas and Propagation Society International Symposium, 2002:190-193.
[16] Cai-Cheng L, Chun Y. Analysis of microstrip structures of finite ground plane using the hybrid volume-surface integral equation approach [C]. IEEE Antennas and Propagation Society International Symposium, 2002: 162-165.
[17] Duyar M, Akan V, Yazgan E, et al. Analyses of elliptical coplanar coupled waveguides and coplanar coupled waveguides with finite ground width [J]. IEEE Transactions on Microwave Theory and Techniques, 2006, 54(4): 1388-1395.
[18] Gorur A, Karpuz C. Effect of finite ground-plane widths on quasistatic parameters of asymmetrical coplanar waveguides [J]. IEE Proceedings-Microwaves, Antennas and Propagation, 2000, 147(5): 343-347.
[19] Heinrich W, Schnieder F, Tischler T. Dispersion and radiation characteristics of conductor-backed CPW with finite ground width [C]. IEEE MTT-S International Microwave Symposium Digest, Boston, 2000: 1663-1666.
[20] Lei Z, Ke W. Characterization of finite-ground CPW reactive series-connected elements for innovative design of uniplanar M(H)MICs [J]. IEEE Transactions on Microwave Theory and Techniques, 2002, 50(2): 549-557.
[21] Ponchak G E, Dalton E, Bacon A, et al. Measured Propagation Characteristics of Finite Ground Coplanar Waveguide on Silicon with a Thick Polyimide Interface Layer [C]. European Microwave Conference, Milan, 2002: 1-4.
[22] Ponchak G E, Dalton E, Tentzeris E M, et al. Coupling between microstrip lines with finite width ground plane embedded in polyimide layers for 3D-MMICs on Si [C]. IEEE MTT-S International Microwave Symposium Digest, Seattle, 2002:2221-2224.
[23] Ponchak G E, Dalton E, Tentzeris M M, et al. Coupling between microstrip lines with finite width ground plane embedded in thin-film circuits [J]. IEEE Transactions on Advanced Packaging, 2005, 28(2): 320-327.
[24] Ponchak G E, Itotia I K, Drayton R F. Propagation characteristics of finite ground coplanar waveguide on Si substrates with porous si and polyimide interface layers [C]. 33rd European Microwave Conference, 2003: 45-48.

[25] Ponchak G E, Margomenos A, Katehi P B. Low loss finite width ground plane, thin film microstrip lines on Si wafers [C]. Topical Meeting on Silicon Monolithic Integrated Circuits in RF Systems, Garmisch, 2000: 43-47.

[26] Ponchak G E, Papapolymerou J, Tentzeris M M. Excitation of coupled slotline mode in finite-ground CPW with unequal ground-plane widths [J]. IEEE Transactions on Microwave Theory and Techniques, 2005, 53(2): 713-7.

[27] Ponchak G E, Tentzeris E. Development of finite ground coplanar (FGC) waveguide 90 degree crossover junctions with low coupling [C]. IEEE MTT-S International Microwave Symposium Digest, Boston,2000: 1891-1894.

[28] Schnieder F. Modeling dispersion and radiation characteristics of conductor-backed CPW with finite ground width [J]. IEEE Transactions on Microwave Theory and Techniques, 2003, 51(1):137-143

[29] Wen-yan Y, Dong X T, Junfa M. Finite-ground thin-film microstrip interconnects (TFMIs) and their power handling capabilities over ultra-wide frequency ranges [C]. Asia-Pacific Microwave Conference Proceedings, 2005: 4-5.

[30] Wen-yan Y, Xiaoting D, Teow Beng G. Wide-band impedance characteristics of finite-ground uniform and stepped coplanar waveguides [J]. IEEE Transactions on Magnetics, 2004, 40(5): 3394-3401.

[31] Xiaofeng Y, Shunan Z, Xin L, et al. Finite element analysis of micromachined finite ground CPW[C]. 3rd International Conference on Microwave and Millimeter Wave Technology, 2002: 709-712.

[32] Gao B, Tong L, Gong X. Frequency dependent transmission characteristics of microstrip line on the finite width ground [C]. Proceedings of the Microwave and Millimeter Wave Technology (ICMMT), 2010 International Conference on, Chengdu, 2010: 1067-1069.

[33] Wang M, Gao B, Tian Y, et al. Analysis of characteristics of coplanar waveguide with finite ground-planes by the method of lines [J]. Piers Online, 2010, 6(1): 46-50.

[34] El-hennawy A E, El-minyawi N M, Al-saeed T A. Characteristics of shielded microstrip with finite conductivity and finite strip thickness [C]. Seventeenth National Radio Science Conference, Minufiya, 2000, B2/1-14.

[35] Farina M, Rozzi T. Spectral domain approach to 2D-modelling of open planar structures with thick lossy conductors [J]. IEE Proceedings - Microwaves, Antennas and Propagation, 2000, 147(5): 321-324.

[36] Thiel W. A surface impedance approach for modeling transmission line losses in FDTD [J]. IEEE Microwave and Guided Wave Letters, 2000, 10(3): 89-91.

[37] Kouzaev G A, Deen M J, Nikolova N K. A parallel-plate waveguide model of lossy microstrip lines [J]. IEEE Microwave and Wireless Components Letters, 2005, 15(1): 27-29.

[38] Morsey J D, Okhmatovski V I, Cangellaris a c. finite-thickness conductor models for full-wave analysis of interconnects with a fast integral equation method [J]. IEEE Transactions on Advanced Packaging, 2004, 27(1): 24-33.

[39] Rastogi A K, Hardikar S. Characteristics of cpw with thick metal coating [C]. Proceedings of the twenty seventh international conference on infrared and millimeter waves, San Diego, 2002: 345-346.

[40] 薛泉，徐军，薛良金. 有限金属厚度微带线的近似分析[J]. 电子科技大学学报，1995, 24(1): 110-111.

[41] 冯宁宁，方大纲. 一种分析有限金属厚度和有限电导率的共面波导结构的有效方法 [J]. 微波学报, 1999, 15(2): 99-104.

[42] Yanmin W, Bo G, Yan C, et al. Analysis of microstrip lines with finite conductor strip thickness by spectral-domain approach [C]. Proceedings of the millimeter waves, Nanjing, 2008: 271-274.
[43] Gong X, Gao B, Tian Y, et al. An analysis of characteristics of coplanar transmission lines with finite conductivity and finite strip thickness by the method of lines [J]. Journal of Infrared, Millimeter, and Terahertz Waves, 2009, 30(8): 792-801.
[44] Gao B, Tong L, Gong X. The effects of finite metallisation thickness and conductivity in microstrip lines [J]. COMPEL: The International Journal for Computation and Mathematics in Electrical and Electronic Engineering, 2013, 32(2): 495-503.
[45] Smith C.E, Chang R-S. Microstrip transmission line with finite-width dielectric [J]. IEEE Transactions on Microwave Theory and Techniques, 1980, MTT-28(2): 90-94.
[46] Smith C.E, Chang R-S. Microstrip transmission lines with finite-width dielectric and ground plane [J]. IEEE Transactions on Microwave Theory and Techniques, 1985, MTT-33(9): 835-839.
[47] Pucel R A. Design consideration for monolithic microwave circuits [J]. IEEE Transactions on Microwave Theory and Techniques, 1981, MTT-29: 513-534.
[48] Pucel R A. MMIC's modeling and CAD-Where do we go from here? [C]. Proc 16th European Microwave Conference, Dublin, 1986: 61-70.
[49] Crain B R, Peterson A F. Finite element analysis of dispersion characteristics of microstrip lines lying near substrate and ground plane edges [C]. IEEE International Symposium on Electromagnetic Compatibility, Santa Clara, 1996: 448-452.
[50] Rong A. Frequency dependent transmission characteristics of microstrip lines on the finite width substrate or near a substrate edge [J]. Electronics Letters, 1990, 26(12): 782-783.
[51] Svacina J. Analysis of microstrip with finite-width dielectric and/or conductor strips [C]. European Microwave Conference, Madrid, 1993: 681-683.
[52] Yamashita E, Ohashi H, Atsuki K. Simple CAD formulas of edge-compensated microstrip lines [C]. IEEE MTT-S International Microwave Symposium Digest 1, Long Beach, 1989: 339-342.
[53] Gao B, Gong X, Tong L. Analysis of the microstrip lines with a finite substrate [C]. Proceedings of the testing and diagnosis, 2009 ICTD 2009 IEEE Circuits and Systems International Conference on, Chengdu, 2009: 1-4.
[54] Gao B, Tong L, Gong X. The method of lines for the analysis of microstrip lines on the finite width substrate [J]. Journal of Infrared, Millimeter, and Terahertz Waves, 2009, 30(6): 566-572.
[55] Sobol H, Caulton M. Technology of microwave integrated circuits [M]. New York: Academic Press, 1974.
[56] Itoh T. Spectral domain immittance approach for dispersion characteristics of shielded microstrips with tuning septums [C]. Conference Proceedings - European Microwave Conference, Brighton, 1979, 435-439.
[57] Lin Y, Shafai L. Moment-method solution of the near-field distribution and far-field patterns of microstrip antennas [J]. IEE Proceedings H: Microwaves Optics and Antennas, 1985, 132(6): 369-374.
[58] Wang W-K, Tzuang C-K C. Full-wave analyses of composite-metal multidielectric lossy microstrips [J]. IEEE Microwave and Guided Wave Letters, 1991, 1(5): 97-99.
[59] 陶玉民, 方大纲. 平面分层介质结构全波分析综述 [J]. 电子学报, 1995, 23(10): 175-178.
[60] Ling T. The analysis of the microstrip dispersion with multi-layers dielectric [J]. International journal of infrared and millimeter waves, 1999, 20(6): 1137-1142.
[61] Gao B, Tong L, Gong X. The method of lines for the analysis of composite-metal lossy microstrip lines [J]. International Journal of Numerical Modelling: Electronic Networks, Devices and Fields, 2011, 24(5): 457-464.

[62] Pregla R. The method of lines [M]. New York: Wiley, 1989, 1-13.
[63] Schulz U. On the edge condition with the method of lines in planar waveguides [J]. Archiv Elektronik und Uebertragungstechnik, 1980, 34(1): 76-78.
[64] 傅君眉, 冯恩信. 高等电磁理论 [M]. 西安: 西安交通大学出版社, 2000.
[65] Diestel H, Worm S B. Analysis of hybrid field problems by the method of lines with nonequidistant discretization [J]. Microwave Theory and Techniques, IEEE Transactions on, 1984, 32(6): 633-638.
[66] Diestel H. Analysis of planar multiconductor transmission line systems with the method of lines [J]. AEU Archiv für Elektronik und Übertragungstechnik, 1987, 41(3): 169-175.
[67] Svacina J. Analytical models of width-limited microstrip lines [J]. Microwave and Optical Technology Letters, 2003, 36(6): 3-5.
[68] Schmuckle F, Pregla R. The method of lines for the analysis of lossy planar waveuides [J]. IEEE Transactions on Microwave Theory and Techniques, 1990, 38(10): 1473-1479.
[69] Diestel H. A method for calculating the guided modes of strip-loaded optical waveguides with arbitrary index profile [J]. IEEE Journal of Quantum Electrom, 1984, 20(12): 88-93.

第 4 章　平面电路层间互连

集成电路或多层电路板都不可避免地会大量使用垂直互连过孔提供层间的信号、电源或者接地通路。与低频电路不同，在射频、微波以至毫米波频段，过孔引入的不连续性会引起传输波的反射和散射，信号会在过孔间产生不同程度的耦合，严重影响微波毫米波电路的性能，在极端条件下会导致电路或系统功能失效。过孔结构的特性已成为影响微波电路和系统性能的关键因素。

4.1　平面电路层间信号传输

微波毫米波多层电路板垂直互连过孔特性分析和测试是极具理论价值及工程指导意义的研究。开展针对过孔特性的理论研究、分析，设计真实反映过孔特性的实验测试方法，总结电路设计当中的过孔设计的规律，是微波毫米波电路设计领域极为重要而关键的研究工作。

在微波毫米波多层电路中，过孔提供了电路层间的电气连接通路，既可以用于传输信号，也可用于电源或者接地连接。在较低频段，过孔结构所引起的寄生效应对电路性能的影响很小，一般可以忽略不计。当工作频率上升到微波毫米波段时，过孔所引入的不连续性会导致传输信号产生反射和散射，影响微波电路或系统的性能。此外，在高速数字电路中，随着时钟频率的上升，过孔会影响信号完整性[1]，导致非理想时延、串扰、地弹等[2]。现代高速数字电路工作带宽已逐渐扩至微波毫米波段，因此研究垂直互连过孔的特性不但对微波毫米波多层电路的仿真和设计具有重要意义，而且对高速数字电路中信号完整性的分析也有指导意义，如图 4.1 所示。

在多层微波毫米波电路中，用于传输信号的过孔一般有三种基本形式：通孔、盲孔和埋孔[3]，如图 4.2 所示。通孔贯穿整个电路板，主要用于多层电路板顶层和底层之间传输线互连；盲孔用于顶层或底层传输线与内层传输线之间的连接；埋孔则用于多层板内部不同电路层之间传输线的互连。

由于通孔结构具有加工工艺简单的特点，应用更为广泛。一般通孔所连接的上下平面传输线多为微带线结构，与埋孔所连接的带状线相比，电磁特性更为复杂。从模型分解的角度分析，盲孔可被看着是半通孔与半埋孔叠加，故研究通孔结构更具有普适性，其研究方法和结论可推广至埋孔和盲孔的形式。本章后续内容以通孔结构为研究对象。

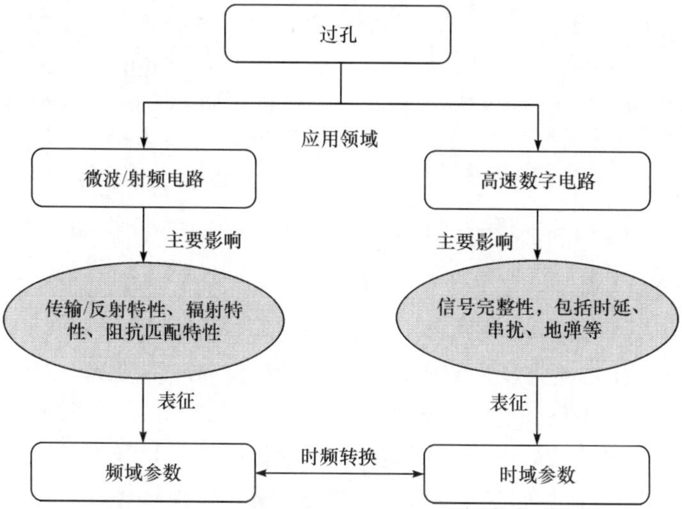

图 4.1 微波电路与高速数字电路中过孔的研究关系示意图

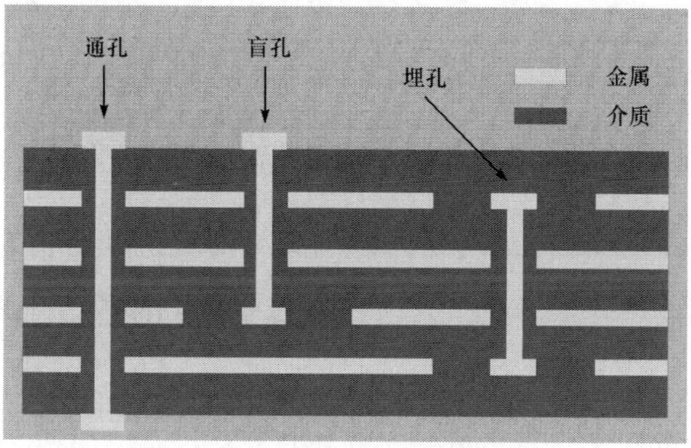

图 4.2 通孔、盲孔和埋孔剖面示意图

以一个四层电路板上通孔结构为例，其剖面示意如图 4.3 所示。通孔结构主要包含四部分: ①微带传输线; ②微带线—焊盘(Pad)—垂直孔的过渡结构(上下两部分); ③垂直孔穿越内部介质层和参考地层部分; ④为了隔绝垂直孔和参考地层间的电连接，加入的阻焊盘(Anti-pad)。

从传输线不连续(或者传输线特征阻抗不连续)的角度考虑，图 4.3 中的通孔结构中的微带线—焊盘—垂直孔的过渡结构是最主要的阻抗不连续点。该结构不但改变了传输线的类型，而且改变了传输信号的行进方向。其次是垂直孔穿越电路板内部介质层和参考地层部分，其信号传播会受到介质、外部边界条件和阻焊盘所处的参考地层的共同影响。

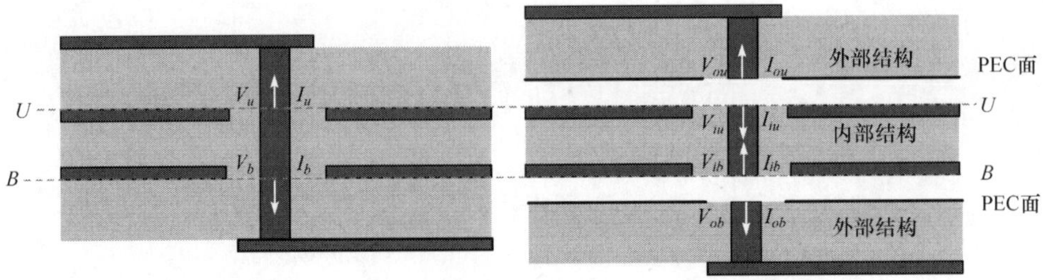

图 4.3　四层电路板通孔外部结构及内部结构建立过程

从上述简单实例可以看出，过孔特性理论分析和实验测试难度较大，归纳其原因大致如下：

(1) 完整过孔是较为复杂的三维不连续结构，导波系统从平面传输线通过焊盘被过渡至柱状垂直孔，在垂直孔中传输信号会受介质层、参考地层、阻焊盘的综合影响，常用方法难以准确分析其复杂的电磁特性。且当频段较高时，此问题尤为突出。同时由于复杂的三维结构，利用电磁场数值计算方法进行分析时，物理模型建立也较为困难。

(2) 过孔特性受较多物理尺度参数的影响，如焊盘半径、垂直孔半径、阻焊盘半径、介质厚度、平面传输线的宽度等。实际平面电路传输线的标准阻抗设计为 50Ω，当介质类型、介质厚度以及平面传输线的金属类型确定以后，平面传输线的宽度和厚度即被确定，因此很难通过给定的结构参数实现电磁信号传输最优的目的。

(3) 除了自身物理尺度参数的影响外，外部边界条件也会影响过孔特性。例如，当电路板尺寸较大，相对较小的过孔结构可近似看做位于无限大电路板中，边界条件可视为完全匹配层(perfectly matched layer，PML)，可使用常用分析方法(大多默认边界条件为 PML)；当电路板尺寸较小时，边界条件只能被认为是开放边界条件(即等效看做理想磁边界(perfect magnetic conductor，PMC))，此边界条件下过孔特性会受到其他外部因素的影响；当过孔四周有密集的接地孔时，边界条件可近似认为是理想电边界(perfect electric conductor，PEC)。上述三种归类为比较理想的极端状态，实际电路过孔边界条件更为复杂。

(4) 当电路板中过孔尺寸较小时，直接使用数值计算方法对过孔结构进行离散处理，难以平衡计算精度和网格尺寸的关系。

(5) 随着电路小型化和集成化程度增加，过孔使用数量越来越大，过孔与过孔的间距减小，相互影响难以避免，分析较为困难。

依据物理结构的特点，一般将过孔分解为两种类型的子结构。“外部结构”：平面传输线—焊盘—垂直孔转换部分；“内部结构”：垂直孔穿越中间参考地层和介质层部分。

为了阐述对完整过孔结构的分解过程，以图4.2所示的通孔为实例进行论述。图 4.3 为四层电路板上一个通孔的侧视图，该通孔的完整结构可以描述为：一定长度的水平微带线一端由焊盘将其与垂直金属孔相连，垂直金属孔依次穿越了介质层、参考地层、介质层、参考地层、介质层，然后由焊盘将该垂直金属孔与另一段水平微带线相连。该结构按照物理功能可划分为以下几部分：电路板最顶层的微带线部分、顶层微带线与垂直孔的过渡部分、垂直孔部分、垂直孔与底层微带线的过渡部分以及底层微带线部分。其中微带线部分的特性在经典微波工程及传输线理论中已有详细的论述和推导，顶层微带线与垂直孔的过渡部分和垂直孔与底层微带线的过渡部分实质上为同一结构，是对信号传输造成影响的最主要部分。水平传输线由该结构过渡到垂直金属孔，传输线的类型和信号传输的方向都发生了改变。另外，垂直孔穿越的介质层和参考地层也会对传输信号造成影响。从阻抗匹配的角度分析，在介质层和参考地层的分界处，垂直孔所代表的传输线的特征阻抗将发生改变。

图 4.3 中设水平微带线和参考地层均为有限厚度，“U”和“B”为参考地层的外表面与介质层的分界面，该分界面处垂直孔与参考地层之间的电压分别为 V_u 和 V_b，电流分别为 I_u 和 I_b，电流方向为箭头所示的方向。如果沿“U”和“B”面将该实例所示的通孔结构剖分为三部分，则上、下两部分称为“外部结构”，中间部分称为“内部结构”。“内部结构”包含了完整厚度的参考地层，“外部结构”包含零厚度的理想参考地层，可视为 PEC 边界，分解过程如图 4.3 右图所示。在“外部结构”和“内部结构”之间如此分配参考地层的主要原因是 PEC 边界是应用镜像原理的最佳条件，“外部结构”特性求解可通过镜像原理建立简化模型，降低分析难度。求解“内部结构”时，等效电路参数中等效同轴电容的求解恰恰需要有厚度的参考地层，故该物理模型同时满足了两种分析需求。由于上、下两个外部结构相似，只须分析研究“外部结构”即可同时获得上、下两个外部结构的特性。

剖分后的“内部结构”和“外部结构”在参考地层分界面处满足如下电压电流连续性条件：

$$\begin{aligned} V_{ou} &= V_{iu}, \quad I_{ou} = -I_i \\ V_{ib} &= V_{ob}, \quad I_{ob} = -I_i \end{aligned} \tag{4.1}$$

分别求外部结构和内部结构特性后，联立求解式(4.1)～式(4.4)即可获得完整过孔结构散射参数。

图 4.4 是通孔外部结构示意图，从此图可知外部结构是比较典型的不连续和不对称结构，主要包括微带线、焊盘，垂直金属孔以及阻焊盘。

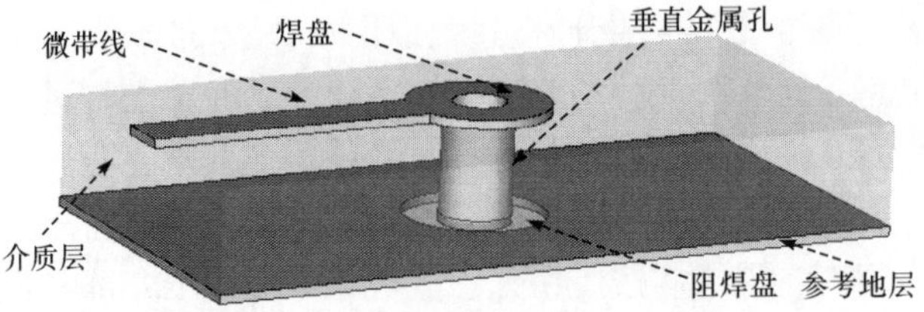

图 4.4　通孔外部结构特点示意图

微带线的参数包括导带线带宽度、金属电导率、金属损耗、金属厚度、介质介电常数以及厚度。实际微波电路中微带线的特征阻抗一般设计为 50Ω，当介质类型和介质厚度确定以后，微带线的宽度和厚度基本确定。对于部分微波介质，如 RO4350B，由于材料自身硬度较高和受加工工艺所限，因此厚度一般为特定值的整倍数。而对于常见的电路板介质如 FR4，其厚度加工工艺可控制得较为精确。

焊盘形状一般为圆环形，主要参数为焊盘半径。尽管为了达到阻抗匹配的要求，目前出现了泪滴形等一些新的焊盘形式，但是由于加工工艺等因素限制并未得到广泛应用。由于沿微带线水平传输的电流经过焊盘改变了方向，因此焊盘位置处的不连续结构是造成整个外部结构不连续性的主要因素之一。

实际电路中垂直金属孔是空心圆柱体，主要参数为金属孔的内径和外径。由于实际电流基本分布在垂直金属孔的外表面，故一般将空心圆柱看做实心圆柱，即只考虑垂直金属孔的外径，或者将垂直金属孔看做金属厚度为无限薄的空心圆柱。

阻焊盘也是造成外部结构不连续性的主要因素之一，其参数为阻焊盘外径(文中统称为阻焊盘半径)，阻焊盘内径为垂直金属孔的外径。阻焊盘的作用是防止垂直金属孔与参考地层接触，但由于垂直金属孔和参考地层之间必然存在电势差，故该处也为一个不连续面。

从上述分析可知，过孔外部结构属于不规则的三维结构，影响特性的物理参数较多，分析较为困难。从计算的准确性考虑，应直接应用三维建模的分析方法，但会带来计算效率低的缺点，如果做降维处理，则部分物理参数的影响将会被忽略。

图 4.5 是通孔内部结构示意图，相比于较为复杂的外部结构，内部结构涉及物理参数较少，主要包括垂直金属孔的半径、介质类型、介质厚度以及阻焊盘半径，此外内部结构的分析还须考虑参考地层的厚度。

内部结构电流传播方向没有发生改变，且物理结构没有出现大的结构突变，因此具有较好的连续性和对称性。此外由于多过孔的分析一般主要针对过孔的内部结构，因此在选择分析方法时还必须考虑到方法的扩展性。

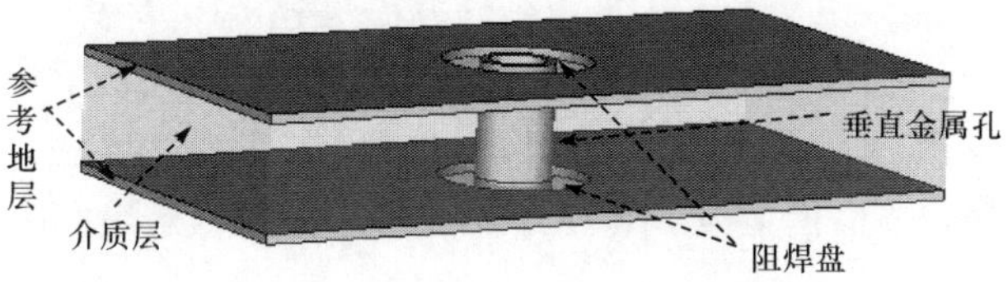

图 4.5　通孔内部结构特点示意图

4.2　垂直互连结构分析方法

从理论上讲，宏观世界的任何一个电磁学问题都可以通过求解麦克斯韦方程组解决。但对于大多数实际问题，由于物理结构的复杂性，麦克斯韦方程组的求解通常需要借助相关的物理定理和数值计算方法，需要综合考虑分析方法的适用频段、计算效率、结果准确性以及方法可扩展性。

4.2.1　过孔外部结构研究方法

1) 准静态法

Wang 和 Harrington 等[4]最早于 1987 年提出使用准静态方法对过孔进行建模和分析。其分析的对象是通过过孔相连的两个半无限长微带线结构，并且过孔只穿越了一层参考地[5]，可等效视为三层板结构。尽管在实际电路中三层电路板非常少见，但是由于该结构省去了过孔的内部结构，为单独研究过孔外部结构提供了便利。准静态法的基本思想是将过孔结构中不连续部分对电路的作用等效为两个过量电容和一个过量电感组成的π模型电路，并采用准静态条件结合电磁场数值计算方法——矩量法[6]求解过量电容、过量电感，以计算特征阻抗(导纳)、传输系数、反射系数、插入损耗等参数。从信号传输的不连续成因分析，过量电容表征的是信号传输过程中金属微带线、金属过孔与参考地之间的寄生容性效应，而过量电感表征的是金属过孔的寄生感性效应。

准静态法在工作频率较低时具有较高的分析计算精度。由于电路模型较为简单，易于和电路中其他部分联合分析仿真。准静态法不足之处是没有考虑到过孔结构所在实际电磁环境，适用频段和电路结构受到较大限制，但所建立的电路模型为过孔结构的电磁特性分析奠定了坚实基础。Wang 等[7]于 1990 年进一步研究了在参考地层之上考虑介质基板效应的过量电容的计算方法。随后 Kok 等又分别研究了考虑参考地层金属厚度[8]和考虑平面传输线过渡结构的过量电容计算方法[9]，以及通过建立标量静磁位方程计算过量电感的方法[10]。为了进一步提高准静态模型的计算精度和适用频段，Oh 等使用闭式格林函数求解过孔电路模型的等效电容[11]。Mathis 等用积分方程法分析计算考虑金属厚度的圆锥形过孔的电容[12]。Laermans 等通过建立级联π模型电路分析了更为复杂的差分过孔[13] 和有接地孔情况下完整过孔的散射参数[14]，但是为了在分析中获得更高的计算精度，仍需要借助二维或者三维仿真数值计算求解电路模型中的电容和电感。

2) 时域有限差分法

时域有限差分法(finite difference time domain method，FDTD 方法)是求解电磁场问题的一种重要数值计算方法。Yee 于 1966 年提出了后来被称为 Yee 氏网格的空间离散方式，并用于电磁脉冲传播和散射问题的研究[15]。时域有限差分法的离散方式特点是电场和磁场分量在空间的取值点被交叉放置，从而确保直角坐标系下每个坐标平面上电场分量被四周的磁场分量环绕，对应的磁场分量四周由电场分量环绕。在宽频带分析时，如选择宽带时域脉冲作为激励源，对获得的系统时域脉冲响应进行傅里叶变换，即可得到脉冲源频带内的电路频域特性。同常规的逐点频域分析法相比，在求解宽频带系统的频域特性时将大大节省计算时间[16-19]。

1991 年 Maeda 等[20]首次将 FDTD 方法应用于过孔电磁特性研究，结论表明除了通常关注的焊盘半径和垂直孔半径对传输特性有影响之外，过孔所连接的平面传输线之间的相对角度对传输特性也会产生影响。该相对角度在 90° 时影响最大，尤其当工作频率超过 15GHz 时，传输性能大大降低而辐射效应大大增强。Becker 等[21]使用 FDTD 方法分析了屏蔽盒中的四层板过孔结构，借用过孔结构的准静态等效电路模型，通过 FDTD 方法求解散射参数，获得端口处的电压、电流，最后得到等效电路中的电容、电感值。其特点在于利用 FDTD 方法提取电容、电感，提高了准静态模型的适用频段。Cherry 等[22]使用相似的思路通过引入互阻抗的方法分析了过孔与过孔间的相互影响。Li 等[23]将复杂结构分解为子结构级联的形式，在子结构求解过程中使用 FDTD 方法提取 S 参数，再结合其他电路模型进行仿真。

需要注意的是，由于过孔的垂直孔部分是空心圆柱体或椎体[12]、焊盘和阻焊盘为圆盘形，如果运用基本 Yee 氏立方体网格进行结构剖分则必须使用阶梯近似逼近曲面，这有可能引入较大的数值计算误差[17]。Becker 等[21]通过使用方形过孔取代圆柱过孔的方法回避了该问题，获得了较高的计算精度。此外也可应用亚网格技术[24]或者共形网格技术[25]处理该问题。FDTD 分析方法中边界条件的处理是其难点之一[26,27]。

3) 矩阵束矩量法

矩阵束矩量法是一种分析垂直互连过孔传播特性的全波方法，其发展经历了两个阶段。

Hsu 等[28,29]最早使用该方法分析求解了过孔外部结构的电磁特性。其基本思想是在细线近似的条件下[30]，将水平传输线等效为半径与水平传输线宽度成一定比例的细线，利用矩量法求解出垂直孔和等效细线上的电流分布，再使用矩阵束方法[31-33]提取极点并求解得到复振幅，最后利用等效原理和叠加原理获得外部结构的散射参数。由于使用了细线近似条件将平面传输线近似为细线，并且在矩量法求解电流分布的过程中场点和源点分别被取在细线的轴线和表面上，因此三维结构被等效为二维结构，以降低求解的难度。但是该方法的局限性也比较明显：第一，无法分析过孔外部结构中焊盘的影响；第二，为了满足细线近似的条件，对求解的过孔物理尺度参数有较多限制。

2008 年 Ong 等[34]通过引入 RWG 基函数[35]改进了矩阵束矩量法。在矩量法求解电流分布的过程中，不再使用细线近似准则等效平面传输线，而是使用 RWG 基函数直接对外部结构进行离散。这种做法既没有忽略焊盘，同时对于过孔其他物理尺度参数也没有过多限制，其适用性和准确性大大提高。不过其计算量，尤其是矩量法求解互阻抗矩阵的计算量，也成倍增加。

4) 模式匹配法

模式匹配法分析不连续结构不仅可获得较为准确的电磁特性，并且具有较高的计算效率。对于一些常见的简单不连续结构(如阶梯状平面传输线)，可直接应用模式匹配法分析；对于较为复杂的结构，应用模式匹配法则需要将结构分解为大量由传输线连接的不连续结构，再结合微波网络理论进行分析。尤其在一些波导模式已知的情况下(例如，波导的横截面结构对亥姆霍兹方程有解析解)，该方法效率较高。但是对于更复杂的非均匀导波结构(如过孔结构)，由于解析解难以获得，因此需要借助数值计算方法，计算效率会大大降低。为了解决该问题，Sorrentino 等[36]使用三维模式匹配法[37,38]对过孔外部结构进行了分析，其特点是用六面体对结构进行剖分，确保每个六面体自身是均匀结构，在六面体之间的公共面上设置求解区域，求解该区域的模式获得表征每个六面体的等效网络参数。由于在求解过程中使用了外加激励源技术，因此同横向谐振法相比容易实现数值计算。

4.2.2　过孔内部结构分析方法

内部结构主体是垂直金属孔穿越中间多层介质和接地层，与外部结构相比较，内部结构没有改变信号传输的方向并且物理结构具有较好的对称性，因此可将三维问题降为二维问题分析，并且内部结构可进一步分解为由相邻两层参考地(电源)的层间子结构级联的形式，其分析相对比较容易。过孔内部结构研究方法大体可分为解析法、电磁场数值计算法、半解析半数值法三类。内部结构研究具有以下几个特点。

(1) 使用纯粹的电磁场数值计算方法的文献非常少见，主要原因在于商用电磁场仿真软件已经非常成熟，具有三维物理建模、边界条件设置、激励源设置、近远场计算等功能，可以方便地对给定尺寸的过孔结构进行分析计算。在电磁场数值计算方面目前主要的研究目标是如何在保证求解精度的前提下尽可能提高求解的收敛性、稳定性和准确性，如基于矩量法的快速多极子算法，并行 FDTD 算法等，这些研究都可以普适性地提高基本数值计算方法的效率，也适用于过孔结构。

(2) 半解析半数值解法则是此方向研究主流[39]。半解析半数值法包含两种类型：第一种是对一个涉及多个参数的复杂问题，部分参数采用解析法求解而其余参数采用数值法求解。例如，在“含平行板效应的等效电路法”中对等效电容的计算使用了解析法分析。第二种是在分析研究中尽可能使用解析法得到相应的方程或等式，然后借用数值计算方法对方程或等式求解。例如，低维“矩阵束矩量法”求解外部结构时，首先利用了等效原理、镜像原理，甚至细线近似准则等进行分析，然后使用了矩量法求解电流分布，其优势在于在计算量、计算效率、计算精度以及物理本质等方面取得相对平衡。

(3) 微波多层电路中过孔特性和高速数字电路中过孔导致信号完整性问题的研究方法是互通的，二者的关键参数是相关联且可相互转换的，二者的测试手段和仪器相互可以替代[40](TDR 和 VNA)。

过孔结构的外部结构和内部结构参数及结构特点各有不同，需要针对其各自的特点选择不同的分析方法，同时还需考虑外部结构和内部结构分析结果整合的便利性。采用混合分析方法对过孔特性展开研究，即使用基于“场理论”的矩阵束矩量法分析外部结构，使用基于“含平行板效应的等效电路法”分析内部结构。

矩阵束矩量法与更纯粹的电磁场数值计算方法相比，分析过程更接近于半解析半数值方法，其中低维矩阵束矩量法在分析过程中通过使用镜像原理、等效原理、细线近似原理等电磁场基本原理对外部结构的物理模型进行处理以降低分析难度。将复杂三维结构降维为二维甚至一维结构，在不降低计算准确性的前提下提高了后期矩量法求解电流分布过程的计算效率，但是低维矩阵束矩量法对分析模型的物理尺寸有较严格的限制；三维矩阵束矩量法可以分析任意尺寸参数的外部结构，使用三角形面元离散分析模型，应用 RWG 基函数求解电流分布，但是相对于低维矩阵束矩量法而言增加了计算量。

含平行板效应的等效电路法从计算效率上讲更为高效，物理概念也更简单，其最大的优势在于导出等效电路的参数后，可利用电路理论推广至多过孔分析，应用前景更为广泛。该方法的重点是等效电路参数的推导求解，例如，平行板阻抗在不同边界条件下的计算表达式、不同性质等效电容在不同边界条件下的计算，一旦确定等效参数以后，计算非常高效。

混合分析方法通过结合这两种方法，分析完整过孔结构的准确性和高效性上取得较好的平衡。

4.2.3 矩阵束法

矩阵束法又称为总最小平方矩阵束法。此方法最早用于提取含噪信号的特征参量[41,32]，核心思想是为了提取出时域或空域离散信号的极点信息，将离散信号以复指数级数和的形式表征。复指数级数和能反应信号本身的极点、相位、幅度等特征参数，因此也可用于电磁学问题中含噪采样信号的提取。

设信号 $\boldsymbol{x}_i$ 为

$$\boldsymbol{x}_i = \left[x_i, x_{i+1}, \cdots, x_{N-L+T-1}\right]^{\mathrm{T}} \tag{4.2}$$

在信号 $\boldsymbol{x}_i$ 基础上定义信号矩阵 $\boldsymbol{X}_1$， $\boldsymbol{X}_2$，以及束参数 L，满足

$$\boldsymbol{X}_1 = \left[x_{L-1}, x_{L-2}, \cdots, x_0\right]_{(N-L)\times L} \tag{4.3}$$

$$\boldsymbol{X}_2 = \left[x_L, x_{L-1}, \cdots, x_1\right]_{(N-L)\times L} \tag{4.4}$$

矩阵 $\boldsymbol{X}_0$ 和 $\boldsymbol{X}_1$ 满足如下关系式：

$$\boldsymbol{X}_1 = \boldsymbol{Z}_1 \boldsymbol{B} \boldsymbol{Z}_2 \tag{4.5}$$

$$\boldsymbol{X}_2 = \boldsymbol{Z}_1 \boldsymbol{B} \boldsymbol{Z}_0 \boldsymbol{Z}_2 \tag{4.6}$$

式(4.5)和式(4.6)中的矩阵 $\boldsymbol{Z}_1, \boldsymbol{Z}_2$ 的表达式如式(4.7)和式(4.8)所示，矩阵 $\boldsymbol{B},\boldsymbol{Z}_0$ 如式(4.9)和式(4.10)所示，其中 $\mathrm{diag}[\ ]_{M\times M}$ 表示一个 $(M\times M)$ 的对角阵。

$$\boldsymbol{Z}_1 = \begin{bmatrix} 1 & 1 & \cdots & 1 \\ z_1 & z_2 & \cdots & z_M \\ \vdots & \vdots & & \vdots \\ z_1^{N-L-1} & z_2^{N-L-1} & \cdots & z_M^{N-L-1} \end{bmatrix}_{(N-L)\times M} \tag{4.7}$$

$$\boldsymbol{Z}_2 = \begin{bmatrix} z_1^{L-1} & z_1^{L-2} & \cdots & 1 \\ z_2^{L-1} & z_2^{L-2} & \cdots & 1 \\ \vdots & \vdots & & \vdots \\ z_M^{L-1} & z_M^{L-2} & \cdots & 1 \end{bmatrix}_{M\times L} \tag{4.8}$$

$$\boldsymbol{B} = \mathrm{diag}\left[b_1, b_2, \cdots, b_M\right]_{M\times M} \tag{4.9}$$

$$\boldsymbol{Z}_0 = \mathrm{diag}\left[z_1, z_2, \cdots, z_M\right]_{M\times M} \tag{4.10}$$

如果束参数满足条件 $M \leqslant L \leqslant N - M$，那么极值 $\{z_i \mid i = 1, \cdots, M\}$ 是矩阵束 $\boldsymbol{X}_2 - z\boldsymbol{X}_1$ 的广义特征值，也即当 $M \leqslant L \leqslant N - M$ 时，$z = z_i$ 是 $\boldsymbol{X}_2 - z\boldsymbol{X}_1$ 的秩减少数。

例如，一个系统对空间电磁信号的散射响应可以描述为如下方程形式：

$$y(t) = x(t) + n(t) \approx \sum_{i=1}^{M} R_i \mathrm{e}^{s_i t} + n(t), \quad 0 \leqslant t < T \tag{4.11}$$

$y(t)$ 是已经达到稳态的时域响应；$n(t)$ 是系统内的噪声；$x(t)$ 是无任何噪声的空间电磁信号；R_i 是复振幅，$s_i = -\alpha_i + \mathrm{j}\omega_i$。假定取样周期为 Δt，k 次取样后等式(4.11)形式变为

$$y(k\Delta t) = x(k\Delta t) + n(k\Delta t) \approx \sum_{i=1}^{M} R_i z_i^{\,k} + n(k\Delta t), \quad k = 1, 2, \cdots, N-1 \tag{4.12}$$

$$z_i = \mathrm{e}^{s_i \Delta t} = \mathrm{e}^{(-\alpha_i + \mathrm{j}\omega_i)\Delta t}, \quad i = 1, 2, \cdots, M \tag{4.13}$$

式(4.13)中 z_i 称作 Z 坐标平面上的极点，M 为主极点模数。矩阵束方法的最终目的是实现从含噪的瞬态响应信号 $y(k\Delta t)$ 中提取主极点 M。

假定含噪声的时域信号可表示为 $(N-L)\times(L+1)$ 的矩阵形式 $\boldsymbol{Y}$：

$$\boldsymbol{Y} = \begin{bmatrix} y(0) & y(1) & \cdots & y(L) \\ y(1) & y(2) & \cdots & y(L+1) \\ \vdots & \vdots & & \vdots \\ y(N-L-1) & y(N-L) & \cdots & y(N-1) \end{bmatrix}_{(N-L)\times(L+1)} \tag{4.14}$$

如式(4.3)和式(4.4)的过程可在矩阵 $\boldsymbol{Y}$ 中分出两个 $(N-L)\times L$ 的子矩阵：

$$\boldsymbol{Y}_1 = \begin{bmatrix} y(0) & y(2) & \cdots & y(L-1) \\ y(1) & y(3) & \cdots & y(L) \\ \vdots & \vdots & & \vdots \\ y(N-L-1) & y(N-L+1) & \cdots & y(N-2) \end{bmatrix}_{(N-L)\times L} \tag{4.15}$$

$$\boldsymbol{Y}_2 = \begin{bmatrix} y(1) & y(2) & \cdots & y(L) \\ y(2) & y(3) & \cdots & y(L+1) \\ \vdots & \vdots & & \vdots \\ y(N-L) & y(N-L+1) & \cdots & y(N-1) \end{bmatrix}_{(N-L)\times L} \tag{4.16}$$

如果矩阵维数中的束参数 L 取 $\dfrac{N}{3}$ 和 $\dfrac{N}{2}$ 之间的数，参数 z_i 的计算因噪声而造

成的影响可以降至最低。$\boldsymbol{Y}_1$ 和 $\boldsymbol{Y}_2$ 又可以进一步分解为

$$\boldsymbol{Y}_1 = \boldsymbol{Z}_1\boldsymbol{B}\boldsymbol{Z}_2 \tag{4.17}$$

$$\boldsymbol{Y}_2 = \boldsymbol{Z}_1\boldsymbol{B}\boldsymbol{Z}_0\boldsymbol{Z}_2 \tag{4.18}$$

利用奇异值分解法(SVD)可将 $\boldsymbol{Y}_1$ 分解为

$$\boldsymbol{Y}_1 = \boldsymbol{U}\boldsymbol{S}\boldsymbol{V}^{\mathrm{H}} \tag{4.19}$$

其中上标 H 表示为共轭转置矩阵。$\boldsymbol{S}$ 为与 $\boldsymbol{Y}_1$ 同维度的对角矩阵，元素为 $\boldsymbol{Y}_1$ 的奇异值即 $\boldsymbol{Y}^{\mathrm{H}}\boldsymbol{Y}$ 的特征值的平方根，并且以降序的形式排列。$\boldsymbol{U}$ ，$\boldsymbol{V}$ 为酉矩阵，其行向量分别为 $\boldsymbol{Y}\boldsymbol{Y}^{\mathrm{H}}$ 和 $\boldsymbol{Y}^{\mathrm{H}}\boldsymbol{Y}$ 的特征向量。

如果假定 $\boldsymbol{Y}_1$ 无噪声，那么使用奇异值分解处理之后第 $M+1$ 个奇异值为零，如果含有噪声信号，那么需要自行选取合适的 M 值，并将选取的 M 值之后的非主要奇异值作为噪声消除，即只保留前 M 个最大的矩阵元素

$$\boldsymbol{U}_m = \left[u_1, u_2, \cdots, u_M\right] \tag{4.20}$$

$$\boldsymbol{S}_m = \left[S\right]_{M\times M} \tag{4.21}$$

$$\boldsymbol{V}_m = \left[v_1, v_2, \cdots, v_M\right] \tag{4.22}$$

M 的选择方法为

$$\frac{\sigma_c}{\sigma_{\max}} \approx 10^{-q} \tag{4.23}$$

其中 σ_c 为临界奇异值即第 M 个奇异值；$\sigma_{\max}$ 为最大奇异值；q 可为整数也可为小数。

当 $M \leqslant L \leqslant N-M$ 时，存在向量 $\left\{\left[\boldsymbol{q}_i\right]; i=1,2,3,\cdots,M\right\}$ 使得

$$\boldsymbol{Y}_1^{+}\boldsymbol{Y}_2\boldsymbol{q}_i = z_i\boldsymbol{Y}_1^{+}\boldsymbol{Y}_2\boldsymbol{q}_i = z_i\boldsymbol{q}_i \tag{4.24}$$

其中 $\boldsymbol{Y}_1^{+}$ 是广义逆矩阵，满足

$$\begin{aligned}\boldsymbol{Y}_1^{+} &= \left\{\boldsymbol{Y}_1^{\mathrm{H}}\boldsymbol{Y}_1\right\}^{-1}\boldsymbol{Y}_1^{\mathrm{H}} \\ &= \boldsymbol{V}\boldsymbol{S}^{-1}\boldsymbol{U}^{\mathrm{H}}\end{aligned} \tag{4.25}$$

其中上标−1 表示为逆矩阵，将式(4.25)代入式(4.24)，并在等式两端同乘以矩阵 $\boldsymbol{V}^{\mathrm{H}}$ 可得

$$\left(\boldsymbol{Z} - z_i\boldsymbol{I}\right)z_i = \boldsymbol{0} \tag{4.26}$$

$$\boldsymbol{Z} = \boldsymbol{S}^{-1}\boldsymbol{U}^{\mathrm{H}}\boldsymbol{Y}_2\boldsymbol{V} \tag{4.27}$$

z_i可借助于求$\boldsymbol{Z}$的M个特征值来求得。求出z_i后再利用式(4.13)求极点p_i，r_i可利用最小平方法来求解[42]：

$$\begin{bmatrix} y(0) \\ y(1) \\ \vdots \\ y(N-1) \end{bmatrix} = \begin{bmatrix} 1 & 1 & \cdots & 1 \\ z_1 & z_2 & \cdots & z_M \\ \vdots & \vdots & & \vdots \\ z_1^{N-1} & z_2^{N-1} & \cdots & z_M^{N-1} \end{bmatrix} \begin{bmatrix} r_1 \\ r_2 \\ \vdots \\ r_M \end{bmatrix} \tag{4.28}$$

4.3　垂直互连结构电磁特性

4.3.1　过孔外部结构分析

垂直互连电路的外部结构示意如图 4.6 所示，为了方便模型等效过程，图中隐藏介质层，只显示了平面传输线和参考地层。对过孔外部结构分解时，做参考地层为零厚度的近似处理。

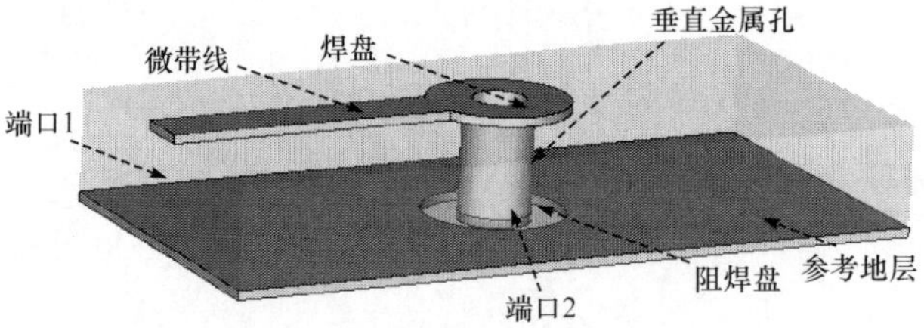

图 4.6　外部结构示意图

入射波从端口 1 进入外部结构，从端口 2 离开外部结构，在垂直金属孔和参考地平面之间(即阻焊盘位置)将会产生感应电压V_0。当阻焊盘半径足够小时，端口 2 金属孔和参考地层之间的电场$\bar{\boldsymbol{E}}_t$可近似表达式为

$$\bar{\boldsymbol{E}}_t = \hat{\boldsymbol{\rho}} \frac{V_0}{\rho \ln(b/a)} \tag{4.29}$$

式(4.29)中a表示垂直金属孔半径；b表示阻焊盘半径；ρ表示场点位置，满足$a \leqslant \rho \leqslant b$；$\hat{\boldsymbol{\rho}}$表示参考地层的轴向方向。

根据等效原理[43]，假定存在一个与垂直金属孔同心的磁流环$\boldsymbol{M}$位于零厚度的参考地层处，其大小和方向满足式(4.30)，则原来阻焊盘的介质填充可被金属填充取代，其过程如图 4.7(a)、(b)所示。

$$\boldsymbol{M} = -\hat{\boldsymbol{n}} \times \boldsymbol{E}_t = -\hat{\boldsymbol{\phi}} \frac{V_0}{\rho \ln(b/a)} \tag{4.30}$$

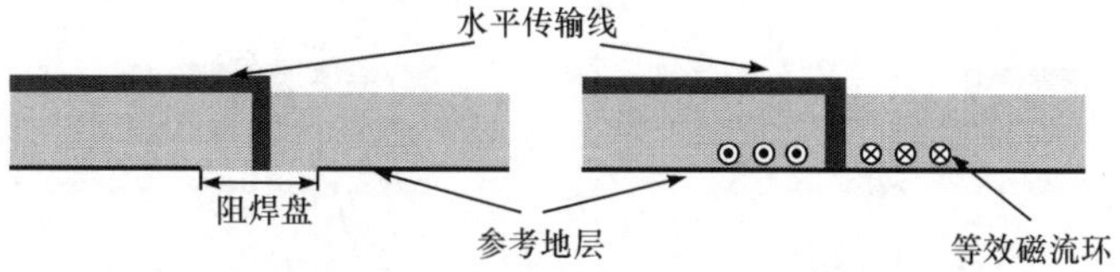

(a) 外部结构　(b) 磁流环等效

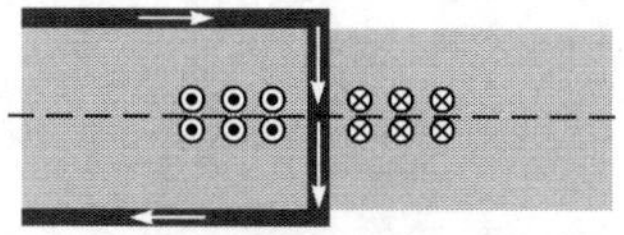

(c) 应用镜像原理等效下的外部结构

图 4.7　外部结构等效过程

如果参考地层的物理尺寸远大于阻焊盘半径时，依据镜像原理[43]可将参考地层以镜像垂直金属孔、镜像介质层和镜像磁流环以及镜像水平传输线取代。此时，水平方向上镜像电流与原电流大小相等、方向相反，垂直方向上镜像电流与原电流大小相等、方向相同，如图 4.7(c)中白色箭头所示。同时根据对偶原理[43]，在水平方向上镜像磁流与原磁流大小相等、方向相同，并且由于参考地层为理想零厚度，因此可认为应用镜像原理之后的磁流为原磁流的 2 倍。

设水平微带传输线长度为 L，阻焊盘半径为 b，垂直金属孔半径为 a，介质厚度为 h。假定在水平圆柱传输线端口 1 处入射波幅度为 A，反射波幅度为 B，端口 2 处垂直孔与参考地层之间的电压为 V_0，电流为 I_1 且方向如白色箭头所示。根据叠加定理，可认为该结构有两个独立的激励源，分别为端口 1 处幅度为 A 的入射波和端口 2 处的电压源 V_0，即可将外部结构看做是天线问题和短路问题的叠加。外部结构等效示意图如图 4.8 所示。

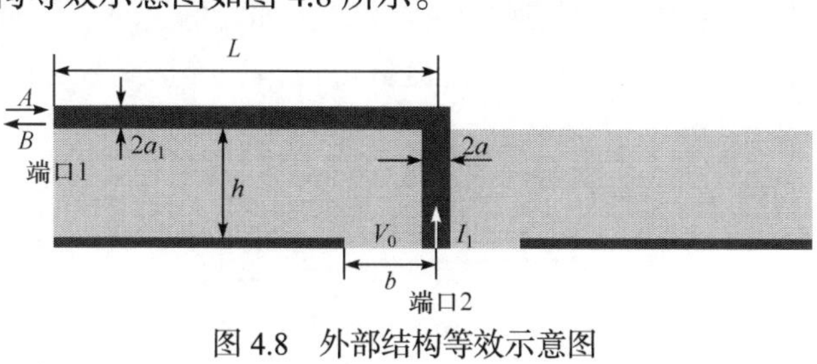

图 4.8　外部结构等效示意图

由外部结构等效而成的天线问题模型和短路问题模型分别如图 4.9 和图 4.10 所示。天线问题模型可视为在理想参考地层上由等效磁流激励的横“L”形天线，短路问题模型视为由幅度为 A 的入射波激励的横“L”形传输线。两者结构相同，所不同的仅仅在于激励源的性质和激励源的位置。

在天线问题模型中，激励源为阻焊盘处的电压 V_0 或由此等效而成的磁流 $\boldsymbol{M}$，假设 V_0 大小为单位电压时，天线输入端口处的导纳为 Y_{ANT}，在天线另一

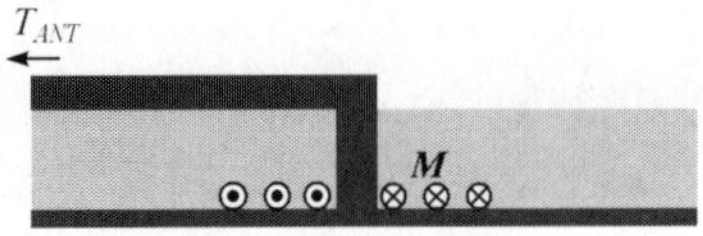

图 4.9　天线问题

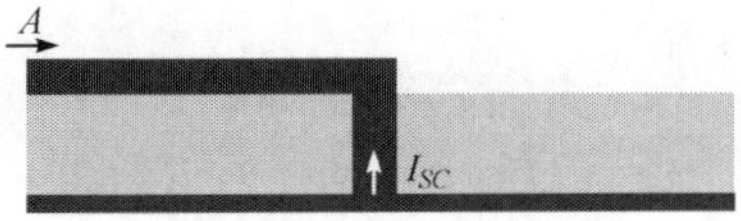

图 4.10　短路问题

端口激起的波幅值为T_{ANT}。在短路问题模型中，假设入射波幅度$A=1$时，入射端口处的反射系数为Γ_{SC}，另一端口处的电流大小为I_{SC}。此时各参数满足如下的矩阵方程：

$$\begin{bmatrix} B \\ I_1 \end{bmatrix} = \begin{bmatrix} \Gamma_{SC} & T_{ANT} \\ I_{SC} & Y_{ANT} \end{bmatrix} \begin{bmatrix} A \\ V_0 \end{bmatrix} \tag{4.31}$$

由式(4.31)可知图 4.9 中的I_1和V_0满足

$$I_1 = I_{SC} \cdot A + Y_{ANT} \cdot V_0 \tag{4.32}$$

由于电压和电流连续性条件约束，I_1和V_0是联系外部结构与内部结构的关键参数。

由于天线问题模型和短路问题模型是同一个物理结构在不同位置获得不同激励所等效而成，因此在矩量法求解电流分布过程中天线问题和短路问题的求解具有相似性。

4.3.2　RWG 基函数分析方法

1. RWG 基函数

RWG基函数[35]定义在具有公共边的相邻三角形面元上，最早由Rao、Wilton、Glisson 三人提出。RWG 基函数通过调整三角形面元的大小、分布、密度等可对三维结构经行精确模拟，因此 RWG 基函数可视作三维基函数，如图 4.11 所示。

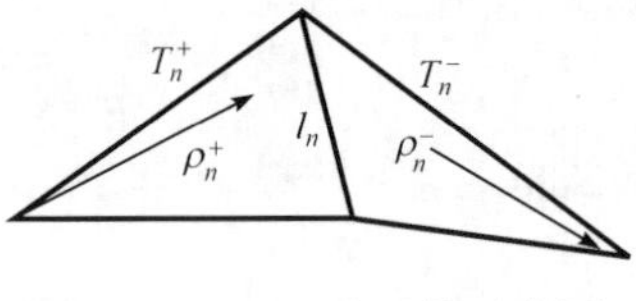

图 4.11　RWG 基函数示意图

RWG 基函数表达式如下：

$$f_n(r) = \begin{cases} \dfrac{l_n}{2A_n^+}\rho_n^+(r), & r \in T_n^+ \\ \dfrac{l_n}{2A_n^-}\rho_n^-(r), & r \in T_n^- \\ 0, & \text{其他} \end{cases} \tag{4.33}$$

式(4.33)中T_n^+，T_n^-为第 n 个 RWG 基函数对应的具有公共边的相邻三角形面元；l_n表示该公共边的长度；A_n^+与A_n^-分别为T_n^+，T_n^-的面积；$\rho_n^+(r)$为三角形T_n^+内的一个矢量，其方向为背向T_n^+和T_n^-的公共边、指向与公共边不相交的另一三角形顶点v^+，如式(4.34)所示；$\rho_n^-(r)$为三角形T_n^-内的一个矢量，其方向为背离T_n^-的顶点v^-而指向公共边，如式(4.35)所示。

$$\rho_n^+(r) = v^+ - r, \quad r \in T_n^+ \tag{4.34}$$

$$\rho_n^-(r) = r - v^-, \quad r \in T_n^- \tag{4.35}$$

对 RWG 基函数的定义式(4.33)求散度，得式(4.36)：

$$\nabla \cdot f_n(r) = \begin{cases} \dfrac{l_n}{A_n^+}, & r \in T_n^+ \\ -\dfrac{l_n}{A_n^-}, & r \in T_n^- \\ 0, & \text{其他} \end{cases} \tag{4.36}$$

由该式知在三角形面元T_n^+，T_n^-上电荷密度是均匀分布的，且面元总电荷为零，没有电荷累积的现象，确保了相邻三角形面元上电流的连续性。三维矩阵束矩量法需要结合 RWG 基函数的定义和性质对外部结构采用三角形面元离散，在离散之前，需要对考虑金属厚度的微带线和焊盘做等效处理。

2. 外部结构 RWG 基函数分析模型

由外部结构等效方法可知，外部结构中参考地层设为零厚度，微带线和焊盘仍为有厚度的金属层。如果直接使用三角形面元进行离散会增加三角形面元划分的难度和后期的计算量，因此需引入近似公式，将金属厚度的影响等效为其他物理参数。

图 4.12 所示为微带线截面示意图，其中W为微带宽度，h为介质厚度，t为微带线金属厚度。由于实际微带线导带厚度t远小于宽度W，因此可将厚度t的作用等效为一附加宽度W_e，导带厚度视为零，满足关系式(4.37)[44]：

$$\frac{w_e}{h} = \begin{cases} \dfrac{W}{h} + \dfrac{t}{\pi h}\left(1 + \ln\dfrac{2h}{t}\right), & \dfrac{W}{h} \geqslant \dfrac{1}{2\pi} \\ \dfrac{W}{h} + \dfrac{t}{\pi h}\left(1 + \ln\dfrac{4\pi W}{t}\right), & \dfrac{W}{h} < \dfrac{1}{2\pi} \end{cases} \tag{4.37}$$

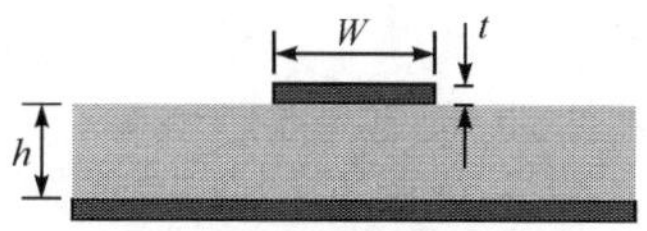

图 4.12　微带线截面示意图

设焊盘的金属厚度为t_p(通常情况下$t_p=t$)，焊盘半径为R_p，同样可将其厚度作用等效为焊盘半径增加为R_{pe}，满足关系式(4.38)：

$$\frac{R_{pe}}{h}=\begin{cases}\dfrac{R_p}{h}+\dfrac{t}{2\pi h}\left(1+\ln\dfrac{2h}{t}\right), & \dfrac{\pi R_p}{h}\geqslant\dfrac{1}{\pi}\\[2ex] \dfrac{R_p}{h}+\dfrac{t}{2\pi h}\left(1+\ln\dfrac{8\pi R_p}{t}\right), & \dfrac{\pi R_p}{h}<\dfrac{1}{\pi}\end{cases} \tag{4.38}$$

通过式(4.37)和式(4.38)的等效，微带线和焊盘都可视为零厚度的金属层。等效降低了三角形面元的个数，提高了计算效率。

三角形面元的剖分由三个部分构成：微带线导带剖分、焊盘剖分、垂直金属孔剖分。

(1) 水平方向微带线导带长度取为1.5倍波长,先将其均分为30个矩形单元，每段长度为0.05倍波长，其再将每个矩形单元均分为两个相邻三角形面元。

(2) 由于焊盘原形状为圆环形，如果使用三角形面元逼近圆环形，会增加划分三角形面元的密度降低计算效率。故在保证一定计算准确性的条件下，使用内接八边形取代原来的圆环结构,再进行三角形面元的剖分,其效果如图4.13所示。

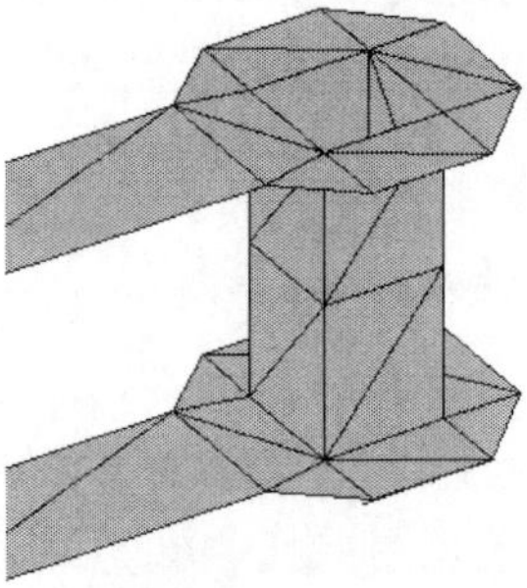

图4.13　三角形面元剖分之后的外部结构

(3) 垂直金属孔的处理过程与焊盘相似，以内接立方体近似圆柱体，再采用自适应分段策略对垂直段进行划分，分段细则详见表4-1。

表4-1　垂直金属孔分段

垂直段的高度	划分段数	分段长度
小于 $\lambda_g/15$	1	小于 $\lambda_g/15$
大于 $\lambda_g/15$ 且小于 $2\lambda_g/15$	2	大于 $\lambda_g/30$ 且小于 $\lambda_g/15$
大于 $2\lambda_g/15$ 且小于 $3\lambda_g/10$	3	大于 $2\lambda_g/45$ 且小于 $\lambda_g/10$
大于 $3\lambda_g/10$	3，并提示较大误差	大于 $\lambda_g/10$

按照上述三角形面元的划分方法，采用镜像原理后的过孔外部结构三角形面元剖分示意如图 4.13 所示。

相对于低维矩阵束矩量法的分段形式，三维矩阵束矩量法的三角形面元的剖分更为复杂。在后期使用 RWG 基函数离散积分方程时，需要对三角形面元进行相应的数学描述，即分别对剖分后的三角形面元的节点和三角形面元自身进行数学表征[45]。

假定整个结构中共有节点数 P，每个节点对应的坐标矩阵为 $p(3,P)$，第 i 个节点坐标为 (x,y,z)，矩阵 $p(3,P)$ 中各元素对应关系如表 4-2 所示。

表 4-2　节点矩阵 p

节点编号	1	…	i	…	P
x 坐标	x_1	…	x_i	…	x_P
y 坐标	y_1	…	y_i	…	y_P
z 坐标	z_1	…	z_i	…	z_P

三角形面元对应节点编号的矩阵定义为 $t(4,N)$，假定三角形面元的总个数为 N，第 k 个三角形面元的三个顶点对应的节点编号为 $t(1:3,k)$，矩阵元素 $t(4,k)$ 表示第 k 个三角形面元的位置。矩阵 t 中各元素对应关系如表 4-3 所示。

表 4-3　三角形面元矩阵 t

面元编号	1	…	k	…	N
节点 1 编号	$p_{1.1}$	…	$p_{1.k}$	…	$p_{1.N}$
节点 2 编号	$p_{2.1}$	…	$p_{2.k}$	…	$p_{2.N}$
节点 3 编号	$p_{3.1}$	…	$p_{3.k}$	…	$p_{3.N}$
面元位置	s_1	…	s_k	…	s_N

通过表 4-2 和表 4-3，可将过孔外部结构的物理模型用节点矩阵 p 和三角形面元矩阵描述。

在矩量法求解过程中，首先需要建立场、源之间的积分方程，由基函数进行离散。感应电流产生的散射电场 E^s 满足式(4.39)[46]：

$$\boldsymbol{E}^s(r) = -\mathrm{j}\omega A(r) - \nabla \Phi(r) \tag{4.39}$$

$$A(r) = \frac{\mu}{4\pi}\int_s \boldsymbol{J}(r')\frac{\mathrm{e}^{-\mathrm{j}kR}}{R}\mathrm{d}s' \tag{4.40}$$

$$\Phi(r) = \frac{1}{4\pi\varepsilon}\int_s \boldsymbol{\sigma}(r')\frac{\mathrm{e}^{-\mathrm{j}kR}}{R}\mathrm{d}s' \tag{4.41}$$

其中 $A(r)$ 为磁矢量位，与电流密度表达式的关系满足式(4.40)；$\Phi(r)$ 为标量位，$R=|r-r'|$，r' 为三角形面元 S 上的点，r 为场点。

由电流连续性方程(4.42)可知 $\sigma(r')$ 满足式(4.43)：

$$\nabla'_s \cdot \boldsymbol{J}(r') = -\mathrm{j}\omega\boldsymbol{\sigma}(r') \tag{4.42}$$

$$\boldsymbol{\sigma}(r') = \frac{-1}{\mathrm{j}\omega}\nabla'_s \cdot \boldsymbol{J}(r') \tag{4.43}$$

故

$$\Phi(r) = \frac{-1}{4\pi\mathrm{j}\omega\varepsilon}\int_s \nabla'_s \cdot \boldsymbol{J}(r')\frac{\mathrm{e}^{-\mathrm{j}kR}}{R}\,\mathrm{d}s' \tag{4.44}$$

将式(4.40)、式(4.44)代入式(4.39)，可得散射电场与电流密度的关系为

$$\boldsymbol{E}^s(r) = -\frac{\mathrm{j}\omega\mu}{4\pi}\int_s \boldsymbol{J}(r')\frac{\mathrm{e}^{-\mathrm{j}kR}}{R}\,\mathrm{d}s' + \frac{1}{4\mathrm{j}\pi\omega\varepsilon}\nabla\left(\int_s \left(\nabla'_s \cdot \boldsymbol{J}(r')\right)\frac{\mathrm{e}^{-\mathrm{j}kR}}{R}\,\mathrm{d}s'\right) \tag{4.45}$$

由于金属表面的入射场和散射场切向分量相等[45]，所以在切向方向满足

$$\boldsymbol{E}_i = (\mathrm{j}\omega\boldsymbol{A} + \nabla\Phi) \tag{4.46}$$

使用 RWG 基函数对上述积分方程进行离散，则外部结构表面上的电流密度为

$$\boldsymbol{J}(r) \approx \sum_{n=1}^{N} I_n f_n(r) \tag{4.47}$$

此处检验函数选择 RWG 基函数 $f_m(r)$，与式(4.46)两端做内积可得

$$\left\langle \boldsymbol{E}^i, \boldsymbol{f}_m(r)\right\rangle = \mathrm{j}\omega\left\langle \boldsymbol{A}, \boldsymbol{f}_m(r)\right\rangle + \left\langle \nabla\Phi, \boldsymbol{f}_m(r)\right\rangle \tag{4.48}$$

式(4.48)中各内积元素分别为

$$\begin{aligned}\left\langle \boldsymbol{E}^i, \boldsymbol{f}_m(r)\right\rangle &= l_m\left(\frac{1}{2A_m^+}\int_{T_m^+}\boldsymbol{E}^i \cdot \rho_m^+\mathrm{d}s + \frac{1}{2A_m^-}\int_{T_m^-}\boldsymbol{E}^i \cdot \rho_m^-\mathrm{d}s\right)\\ &\approx \frac{l_m}{2}\left[\boldsymbol{E}^i(r_m^{c+})\cdot\rho_m^{c+} + \boldsymbol{E}^i(r_m^{c-})\cdot\rho_m^{c-}\right]\end{aligned} \tag{4.49}$$

$$\begin{aligned}\left\langle \boldsymbol{A}, \boldsymbol{f}_m(r)\right\rangle &= l_m\left(\frac{1}{2A_m^+}\int_{T_m^+}\boldsymbol{A} \cdot \boldsymbol{\rho}_m^+\mathrm{d}s + \frac{1}{2A_m^-}\int_{T_m^-}\boldsymbol{A} \cdot \boldsymbol{\rho}_m^-\mathrm{d}s\right)\\ &\approx \frac{l_m}{2}\left[\boldsymbol{A}(r_m^{c+})\cdot\boldsymbol{\rho}_m^{c+} + \boldsymbol{A}(r_m^{c-})\cdot\boldsymbol{\rho}_m^{c-}\right]\end{aligned} \tag{4.50}$$

$$\begin{aligned}\left\langle \nabla\Phi, \boldsymbol{f}_m(r)\right\rangle &= -l_m\left(\frac{1}{A_m^+}\int_{T_m^+}\Phi\mathrm{d}s - \frac{1}{A_m^-}\int_{T_m^-}\Phi\mathrm{d}s\right)\\ &\approx -l_m\left[\Phi(r_m^{c+}) - \Phi(r_m^{c-})\right]\end{aligned} \tag{4.51}$$

式(4.46)与 $\boldsymbol{f}_m(r)$ 内积后的结果为

$$
\begin{aligned}
&\frac{l_m}{2}\left[\boldsymbol{E}^i(r_m^{c+})\cdot\boldsymbol{\rho}_m^{c+}+\boldsymbol{E}^i(r_m^{c-})\cdot\boldsymbol{\rho}_m^{c-}\right]\\
&=\frac{\mathrm{j}\omega l_m}{2}\left[\left(\frac{\mu}{4\pi}\int_s\boldsymbol{J}(r')\frac{\mathrm{e}^{-\mathrm{j}kR_m^{c+}}}{R_m^{c+}}\mathrm{d}s'\right)\cdot\boldsymbol{\rho}_m^{c+}+\left(\frac{\mu}{4\pi}\int_s\boldsymbol{J}(r')\frac{\mathrm{e}^{-\mathrm{j}kR_m^{c-}}}{R_m^{c-}}\mathrm{d}s'\right)\cdot\boldsymbol{\rho}_m^{c-}\right]\\
&\quad+l_m\left[\left(\frac{-1}{4\pi\mathrm{j}\omega\varepsilon}\int_s\nabla_s'\cdot\boldsymbol{J}(r')\frac{\mathrm{e}^{-\mathrm{j}kR_m^{c-}}}{R_m^{c-}}\mathrm{d}s'\right)-\left(\frac{-1}{4\pi\mathrm{j}\omega\varepsilon}\int_s\nabla_s'\cdot\boldsymbol{J}(r')\frac{\mathrm{e}^{-\mathrm{j}kR_m^{c+}}}{R_m^{c+}}\mathrm{d}s'\right)\right]
\end{aligned}
\tag{4.52}
$$

其中 $R_m^{c+}=\left|r_m^{c+}-r'\right|$; $R_m^{c-}=\left|r_m^{c-}-r'\right|$。

将式(4.47)代入式(4.52)，有离散后方程为

$$
\begin{aligned}
&\frac{l_m}{2}\left[\boldsymbol{E}^i(r_m^{c+})\cdot\boldsymbol{\rho}_m^{c+}+\boldsymbol{E}^i(r_m^{c-})\cdot\boldsymbol{\rho}_m^{c-}\right]\\
&=\frac{\mathrm{j}\omega l_m}{2}\sum_{n=1}^{N}I_n\left\{\boldsymbol{A}_{mn}^{+}\cdot\boldsymbol{\rho}_m^{c+}+\boldsymbol{A}_{mn}^{-}\cdot\boldsymbol{\rho}_m^{c-}\right\}+l_m\sum_{n=1}^{N}I_n\left\{\boldsymbol{\varPhi}_{mn}^{-}-\boldsymbol{\varPhi}_{mn}^{-}\right\}
\end{aligned}
\tag{4.53}
$$

其中

$$\boldsymbol{A}_{mn}^{+}=\frac{\mu}{4\pi}\int_{T_n}\boldsymbol{f}_n(r')\frac{\mathrm{e}^{-\mathrm{j}kR_m^{c+}}}{R_m^{c+}}\mathrm{d}s' \tag{4.54}$$

$$\boldsymbol{A}_{mn}^{-}=\frac{\mu}{4\pi}\int_{T_n}\boldsymbol{f}_n(r')\frac{\mathrm{e}^{-\mathrm{j}kR_m^{c-}}}{R_m^{c-}}\mathrm{d}s' \tag{4.55}$$

$$\boldsymbol{\varPhi}_{mn}^{-}=\frac{-1}{4\pi\mathrm{j}\omega\varepsilon}\int_{T_n}\nabla_s'\cdot\boldsymbol{f}_n(r')\frac{\mathrm{e}^{-\mathrm{j}kR_m^{c-}}}{R_m^{c-}}\mathrm{d}s' \tag{4.56}$$

$$\boldsymbol{\varPhi}_{mn}^{+}=\frac{-1}{4\pi\mathrm{j}\omega\varepsilon}\int_{T_n}\nabla_s'\cdot\boldsymbol{f}_n(r')\frac{\mathrm{e}^{-\mathrm{j}kR_m^{c+}}}{R_m^{c+}}\mathrm{d}s' \tag{4.57}$$

令 $Z_{m,n}$，V_m 分别为

$$Z_{m,n}=\frac{\mathrm{j}\omega l_m}{2}\left\{\boldsymbol{A}_{mn}^{+}\cdot\boldsymbol{\rho}_m^{c+}+\boldsymbol{A}_{mn}^{-}\cdot\boldsymbol{\rho}_m^{c-}\right\}+l_m\left\{\boldsymbol{\varPhi}_{mn}^{-}-\boldsymbol{\varPhi}_{mn}^{-}\right\} \tag{4.58}$$

$$V_m=\frac{l_m}{2}\left[\boldsymbol{E}^i(r_m^{c+})\cdot\boldsymbol{\rho}_m^{c+}+\boldsymbol{E}^i(r_m^{c-})\cdot\boldsymbol{\rho}_m^{c-}\right] \tag{4.59}$$

此时积分方程(4.46)可以写成线性方程组的形式

$$V_m=Z_{m,n}I_n \tag{4.60}$$

如果利用 RWG 基函数自身的特性，则式(4.54)～式(4.57)的具体表达式可化简为

$$\boldsymbol{A}_{mn}^{+}=\frac{\mu}{4\pi}\left(\frac{l_n}{2A_n^{+}}\int_{T_n^{+}}\boldsymbol{\rho}_n^{+}\frac{\mathrm{e}^{-\mathrm{j}kR_m^{c+}}}{R_m^{c+}}\mathrm{d}s'+\frac{l_n}{2A_n^{-}}\int_{T_n^{-}}\boldsymbol{\rho}_n^{-}\frac{\mathrm{e}^{-\mathrm{j}kR_m^{c+}}}{R_m^{c+}}\mathrm{d}s'\right) \tag{4.61}$$

$$\boldsymbol{A}_{mn}^{-}=\frac{\mu}{4\pi}\left(\frac{l_n}{2A_n^{+}}\int_{T_n^{+}}\boldsymbol{\rho}_n^{+}\frac{\mathrm{e}^{-\mathrm{j}kR_m^{c-}}}{R_m^{c-}}\mathrm{d}s'+\frac{l_n}{2A_n^{-}}\int_{T_n^{-}}\boldsymbol{\rho}_n^{-}\frac{\mathrm{e}^{-\mathrm{j}kR_m^{c-}}}{R_m^{c-}}\mathrm{d}s'\right) \tag{4.62}$$

$$\varPhi_{mn}^{-}=\frac{-1}{4\pi\mathrm{j}\omega\varepsilon}\left(\frac{l_n}{A_n^{+}}\int_{T_n^{+}}\frac{\mathrm{e}^{-\mathrm{j}kR_m^{c-}}}{R_m^{c-}}\mathrm{d}s'-\frac{l_n}{A_n^{-}}\int_{T_n^{-}}\frac{\mathrm{e}^{-\mathrm{j}kR_m^{c-}}}{R_m^{c-}}\mathrm{d}s'\right) \tag{4.63}$$

$$\varPhi_{mn}^{+}=\frac{-1}{4\pi\mathrm{j}\omega\varepsilon}\left(\frac{l_n}{A_n^{+}}\int_{T_n^{+}}\frac{\mathrm{e}^{-\mathrm{j}kR_m^{c+}}}{R_m^{c+}}\mathrm{d}s'-\frac{l_n}{A_n^{-}}\int_{T_n^{-}}\frac{\mathrm{e}^{-\mathrm{j}kR_m^{c+}}}{R_m^{c+}}\mathrm{d}s'\right) \tag{4.64}$$

在计算电压矩阵时，相应的积分只能在三角形面元的中心点上近似，对于靠近阻抗矩阵对角线上的项则有较大的误差。采用三角形面元上的数值积分，即采用质心切分的方法[45]，将图 4.14 中原始三角形面元分割为 9 个面积形状均相同的子三角形面元，每个子三角形面元的中心以黑点表示，记为 $r_k^c\,(k=1,2,\cdots,9)$，假设 A_m 是原三角形面元的面积，如果假定被积函数在切分后的每个子三角形面元上为常数，则函数 g 在原三角形面元 T_m 上的积分满足式(4.65)：

$$\int_{T_m}g(r)\mathrm{d}s=\frac{A_m}{9}\sum_{k=1}^{9}g(r_k^c) \tag{4.65}$$

此时，式(4.60)中 V_m 的计算公式为

$$V_m=\frac{l_m}{18}\left[\sum_{k=1}^{9}E^{ik+}\cdot\rho_m^{k+}+\sum_{k=1}^{9}E^{ik-}\cdot\rho_m^{k-}\right] \tag{4.66}$$

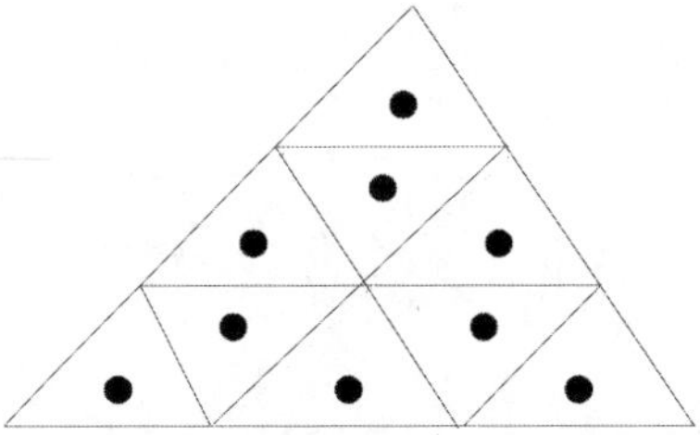

图 4.14　原始三角的质心切分示意图

3. 外部结构散射特性

使用矩量法分别求得外部结构天线问题和短路问题的电流分布之后，可使用矩阵束方法提取电流分布的有效极值，从而求取外部结构的散射参数。

假设由矩量法求解获得的 N 个均匀间隔采样点上的电流分布为 $c_n\ (n=1,2,3,\cdots,N)$，可将电流表示为

$$C_n=\sum_{i=1}^{M}b_i\mathrm{e}^{\lambda_i n\varDelta} \tag{4.67}$$

其中 M 表示电流分布中存在的模式的个数；λ_i 表示第 i 个模式的复传播常数；采样时间间隔为 Δ；b_i 表示第 i 个模式的复振幅。根据 4.2 节的理论分析，可写为如下矩阵形式，即 $\boldsymbol{ZB}=\boldsymbol{C}$：

$$\begin{bmatrix} z_1 & z_2 & \dots & z_M \\ z_1^{\ 2} & z_2^{\ 2} & \dots & z_M^{\ 2} \\ \vdots & \vdots & & \vdots \\ z_1^{\ N} & z_2^{\ N} & \dots & z_M^{\ N} \end{bmatrix} \begin{bmatrix} b_1 \\ b_2 \\ \vdots \\ b_M \end{bmatrix} = \begin{bmatrix} c_1 \\ c_2 \\ \vdots \\ c_N \end{bmatrix} \tag{4.68}$$

利用式(4.27)可求解提取出 M 个有效极值 z_t，$\{z_t \mid t=1,\cdots,M\}$。

因为矩阵 $\boldsymbol{B}$ 和 $\boldsymbol{C}$ 均为 $M\times 1$ 维，矩阵 $\boldsymbol{Z}$ 为 $N\times M$ 维，一般情况下 $N\geqslant M$，即方程数大于未知量个数，原问题转化为求解矩阵方程组(4.68)的最佳逼近解：

$$\boldsymbol{B}=\boldsymbol{Z}^{+}\boldsymbol{C} \tag{4.69}$$

式(4.69)中 $\boldsymbol{Z}^{+}$ 表示 $\boldsymbol{Z}$ 矩阵的广义逆矩阵，$\boldsymbol{Z}^{+}$ 的求解采用式(4.19)所示的奇异值分解法求解，即

$$\boldsymbol{Z}=\boldsymbol{USV} \tag{4.70}$$

其中 $\boldsymbol{U}$ 是 m 阶酉矩阵；$\boldsymbol{V}$ 是 n 阶酉矩阵；$\boldsymbol{S}$ 为与 $\boldsymbol{Z}$ 同维度的对角矩阵，元素为 $\boldsymbol{Z}$ 的正奇异并以降序的形式排列，故由式(4.25)可得

$$\boldsymbol{Z}^{+}=\boldsymbol{VS}^{-1}\boldsymbol{U}^{\mathrm{H}} \tag{4.71}$$

此方法的优点是充分利用了矩阵方程原有的约束条件，较为精确地求解各极值所对应的幅值。

由于通过镜像原理建立的三层结构可以剖分为两个外部结构，分别用下标 u 和 b 表示。对于上外部结构，求解之后的结果满足式(4.32)，表示为

$$\begin{cases} B_u = \Gamma_{SC.u}\cdot A_u + T_{ANT.u}\cdot V_{0u} \\ I_u = I_{SC.u}\cdot A_u + Y_{ANT.u}\cdot V_{0u} \end{cases} \tag{4.72}$$

同理，下外部结构的结果也可表示为

$$\begin{cases} B_b = \Gamma_{SC.b}\cdot A_b + T_{ANT.b}\cdot V_{0b} \\ I_b = I_{SC.b}\cdot A_b + Y_{ANT.b}\cdot V_{0b} \end{cases} \tag{4.73}$$

根据阻焊盘处的电压电流连续性条件，联立方程组(4.72)和(4.73)可得

$$I_{SC.u}\cdot A_u + Y_{ANT.u}\cdot V_0 = -I_{SC.b}\cdot A_b - Y_{ANT.b}\cdot V_0 \tag{4.74}$$

整理可得

$$V_0 = -\frac{I_{SC.u}}{Y_{ANT.u}+Y_{ANT.b}}A_u - \frac{I_{SC.b}}{Y_{ANT.u}+Y_{ANT.b}}A_b \tag{4.75}$$

将式(4.75)代入式(4.72)和式(4.73)可得

$$B_u = \left(\Gamma_{SC.u} - \frac{I_{SC.u} T_{ANT.u}}{Y_{ANT.u} + Y_{ANT.b}} \right) A_u - \frac{I_{SC.d} T_{ANT.u}}{Y_{ANT.u} + Y_{ANT.b}} A_b \tag{4.76}$$

$$B_b = -\frac{I_{SC.u} T_{ANT.b}}{Y_{ANT.u} + Y_{ANT.b}} A_u + \left(\Gamma_{SC.b} - \frac{I_{SC.b} T_{ANT.b}}{Y_{ANT.u} + Y_{ANT.b}} \right) A_b \tag{4.77}$$

由参数 A，B 的定义可得其与散射参数存在如下关系：

$$\begin{bmatrix} B_u \\ B_b \end{bmatrix} = \begin{bmatrix} s_{11} & s_{12} \\ s_{21} & s_{22} \end{bmatrix} \begin{bmatrix} A_u \\ A_b \end{bmatrix} \tag{4.78}$$

最终得到三层结构输入——输出参考面的散射矩阵为

$$\begin{bmatrix} s_{11} & s_{12} \\ s_{21} & s_{22} \end{bmatrix} = \begin{bmatrix} \Gamma_{SC.u} - \dfrac{I_{SC.u} T_{ANT.u}}{Y_{ANT.u} + Y_{ANT.b}} & -\dfrac{I_{SC.b} T_{ANT.u}}{Y_{ANT.u} + Y_{ANT.b}} \\ -\dfrac{I_{SC.u} T_{ANT.b}}{Y_{ANT.u} + Y_{ANT.b}} & \Gamma_{SC.b} - \dfrac{I_{SC.b} T_{ANT.b}}{Y_{ANT.u} + Y_{ANT.b}} \end{bmatrix} \tag{4.79}$$

由于上、下外部结构完全对称，故有 $\Gamma_{SC.u} = \Gamma_{SC.b}$，$I_{SC.u} = I_{SC.b}$，$T_{ANT.u} = T_{ANT.b}$，$Y_{ANT.u} = Y_{ANT.b}$，因此可得

$$\begin{bmatrix} s_{11} & s_{12} \\ s_{21} & s_{22} \end{bmatrix} = \begin{bmatrix} \Gamma_{SC.u} - \dfrac{I_{SC.u} T_{ANT.u}}{Y_{ANT.u} + Y_{ANT.b}} & -\dfrac{I_{SC.b} T_{ANT.u}}{Y_{ANT.u} + Y_{ANT.b}} \\ -\dfrac{I_{SC.u} T_{ANT.b}}{Y_{ANT.u} + Y_{ANT.b}} & \Gamma_{SC.b} - \dfrac{I_{SC.b} T_{ANT.b}}{Y_{ANT.u} + Y_{ANT.b}} \end{bmatrix} \tag{4.80}$$

4. 计算实例

采用三维矩阵束矩量法分析计算一个三层过孔结构样品，几何尺寸如表 4-4 所示，其中介质材料选择 Alumina (99.5%,Al_2O_3)，相对介电常数为 9.8，厚度 10mil。

表 4-4　过孔外部结构基本参数

参数名称	微带线长度	微带线宽度	垂直孔半径	焊盘半径	阻焊盘半径
参数值	400mil*	10.24mil	5mil	10mil	10mil

*1 mil=10^{-3}in=2.54×10^{-5}m

在 1～20GHz 的频率范围内，由三维矩阵束矩量法计算结果与 HFSS 计算的结果对比如图 4.15 和图 4.16 所示。

图 4.15 是 S 参数幅值对比。可以看出随着工作频率的增加，S_{11} 幅值呈现增大的趋势，S_{21} 幅值呈减小的趋势，且频率越高，过孔外部结构不连续性对传输特性的影响就越明显。此外将两种算法结果相比较，三维矩阵束矩量法计算得到的幅值总体小于 HFSS 仿真软件的计算结果，其主要原因在于对焊盘部分建模采用

内接多边形近似圆形的方式，使得实际计算的焊盘面积小于真实焊盘面积，导致降低了焊盘处的不连续性，致使幅值略小。

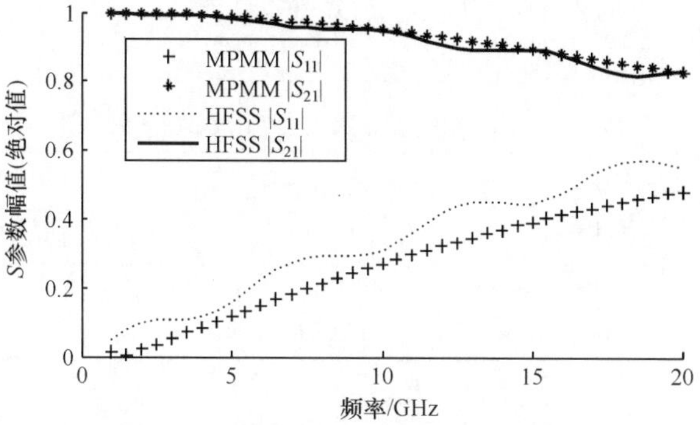

图 4.15　三层板结构 S 参数幅值对比示意图

图 4.16 是两者相位比较。由于在矩阵束矩量法运算中，水平微带线的长度取值为根据计算频率的不同动态改变为 1.5 倍的波长，因此求解的过孔外部结构模型中水平微带线的长度随频率在变化，而 HFSS 仿真计算中其水平微带线长度为定值，为了能够比较两者相位的计算结果，因此将三维矩阵束矩量法计算结构的相位增加或减少至 400mil 长度，故有三维矩阵束矩量法与 HFSS 仿真结果在相位上符合度很高。

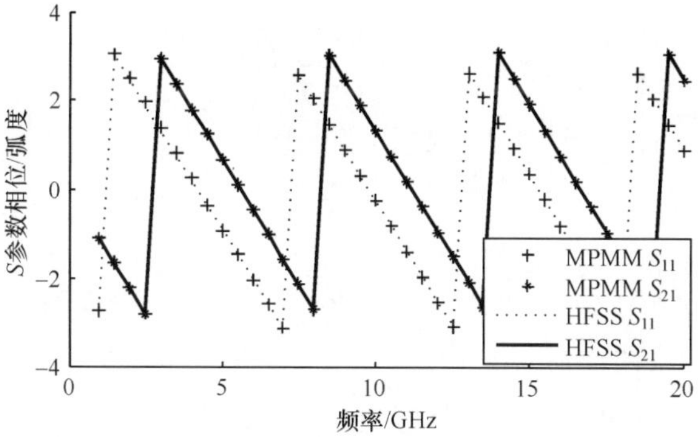

图 4.16　三层板结构 S 参数相位对比示意图

为了验证三维矩阵束矩量法的计算效率，表 4-5 给出了在 10GHz 频率下两者耗时与划分网格数的对比。从表中可以看出，三维矩阵束矩量法耗时仅约为 HFSS 的 1/50。HFSS 为全数值计算，把模型整体剖分为四面体，而三维矩阵束矩量法为解析与数值计算相结合的方法，仅需把过孔外部结构的金属表面离散成三角面元，未知数个数远低于 HFSS(对比 HFSS 划分的四面体个数和矩阵束矩量法划分的三角形面元个数)。此外，三维矩阵束矩量法在离散网格时考虑了求解精度，省去了判断收敛过程，而 HFSS 在连续扫频时使用了优化算法，故在全频段计算时两者计算量的差异缩小。此时三维矩阵束矩量法耗时约为 HFSS 的 1/5。

表 4-5　三维矩阵束矩量法与 HFSS 耗时对比

介质高度 h	HFSS 划分四面体个数	三维矩阵束矩量法划分三角形面元个数	10GHz 频点计算时间	
			三维矩阵束矩量法	HFSS
10mil	94572	170	10s	502s
20mil	94852	194	16s	759s

三维矩阵束矩量法的建模过程中，对过孔结构中的焊盘采用了内接多边形等效，多边形的边长会对计算结果有较大的影响。采用内接六边形等效，仍然使用表 4-4 所示的物理结构尺寸进行计算之后的对比结果分别如图 4.17 和图 4.18 所示。

从图 4.17 和图 4.18 的对比可以看出，使用八边形近似计算所获得的曲线与

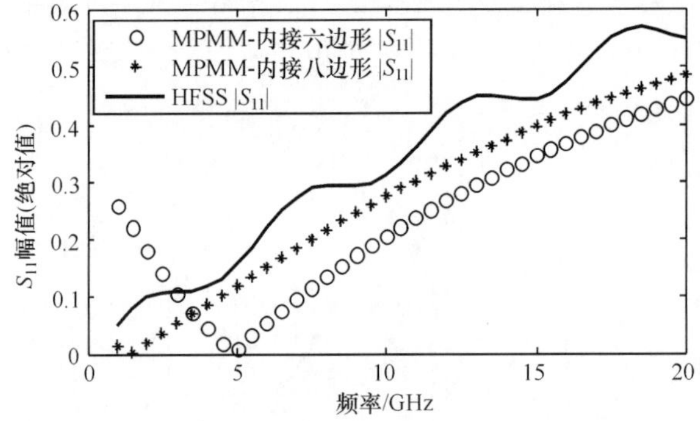

图 4.17　内接六边形、八边形与 HFSS 计算 S_{11} 幅值对比

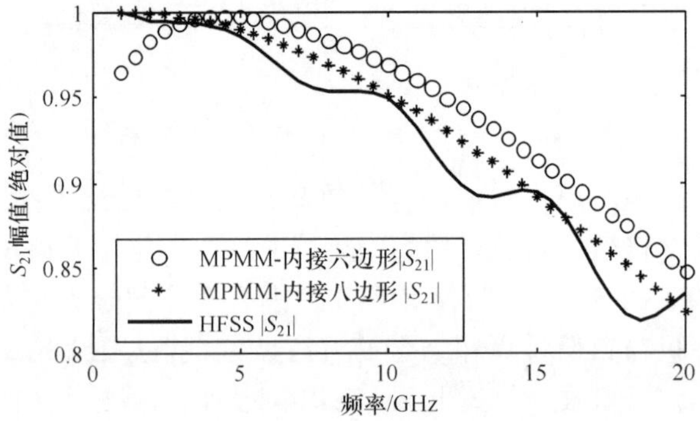

图 4.18　内接六边形、八边形与 HFSS 计算 S_{21} 幅值对比

HFSS 仿真得到的曲线更为接近。故有如下结论：内接多边形的边数越多，其逼近圆弧的相似度越大，计算结果越准确，但同时三角形面元的个数会相应增加，在矩量法求解过程中互阻抗矩阵的维数会增加，计算量也会增加。

4.3.3　过孔内部结构分析

1. 内部结构模型

典型的单过孔内部结构可表述为金属垂直孔穿越若干参考地层(电源层)和介质层。图 4.19 所示为一个垂直孔穿越了四层参考地层和三层介质层的剖面示意图，假设忽略参考地层的金属厚度(实际情况参考地层金属厚度相比于介质层也很小)，将该结构从中间两层参考地层剖开可得到三个相似的子结构——即相邻两层参考地之间的部分，如图 4.20 所示。该子结构可称为过孔内部结构的基本模型，并且相邻基本模型之间满足电压电流连续性条件。如果应用微波网络级联理论很容易将过孔内部结构基本模型的求解分析推广至多层的情况，故内部结构分析的重点是对基本模型的求解。

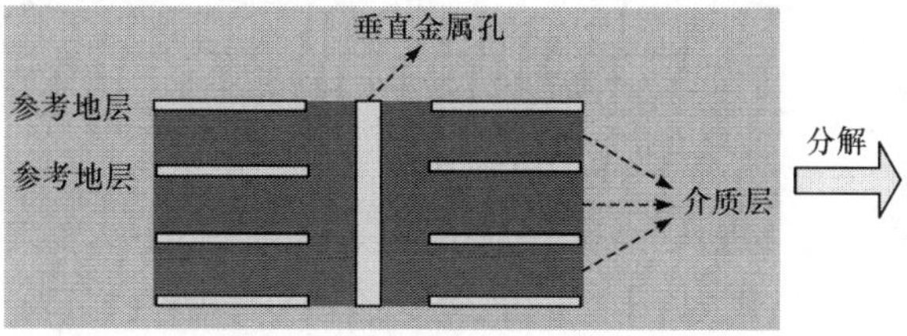

图 4.19　四层过孔结构

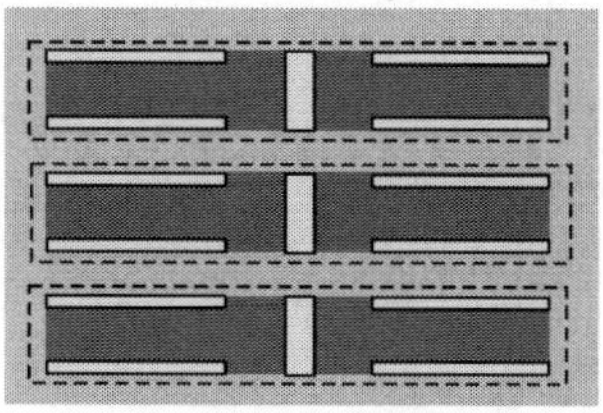

图 4.20　内部结构剖分

图 4.21 为过孔内部结构基本模型，假设信号电流沿垂直孔自上而下传播，金属孔自身损耗及动态的电流变化可通过引入电阻和电感来表征。另外由于金属孔和参考地层之间存在信号回流，导致金属孔和参考地层之间存在寄生电容，故构建基本模型的π型等效电路如图 4.22 所示。由于金属孔的损耗通常很小，基本可以忽略不计，可进一步简化为由电容、电感构成的π型等效电路。

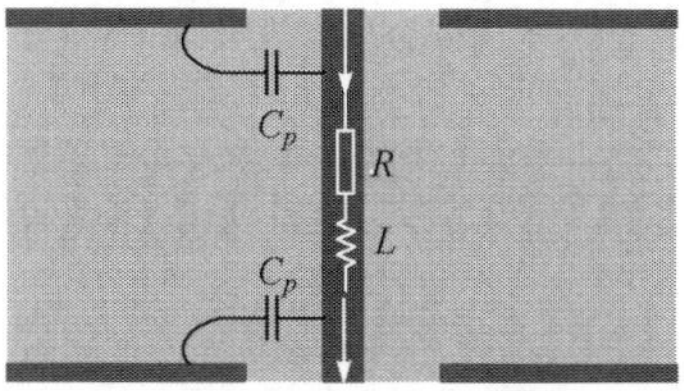

图 4.21　过孔内部结构基本模型示意图

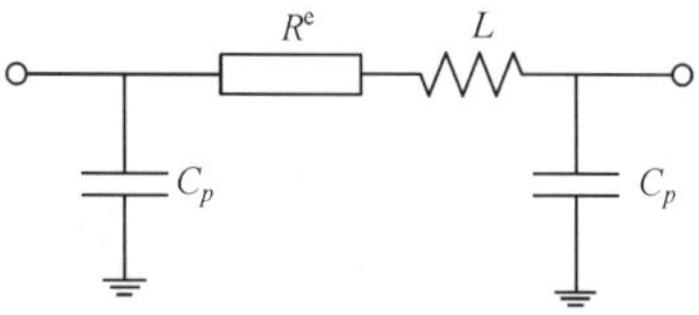

图 4.22　基本π型等效电路

此π型等效电路在一定程度上反映了过孔内部结构的特性，在求解较低频率时(低于 3GHz)，可以得到较好的应用。随频率升高，由于没有考虑相邻两层参考地构成的平行板结构以及电路板边界条件的影响，等效电路产生的误差将增大。

2. 内部结构分析计算

由于平面电路在 z 方向上尺寸远小于波长且常见的微波多层电路介质材料一般是均匀和各向同性的，因此可以假设如下两个条件成立：

$$\frac{\partial}{\partial z}=0 \tag{4.81}$$

$$\boldsymbol{H}_z=\boldsymbol{E}_x=\boldsymbol{E}_y=\boldsymbol{0} \tag{4.82}$$

麦克斯韦方程组可以简化为如下形式：

$$\frac{\partial \boldsymbol{H}_y}{\partial x}-\frac{\partial \boldsymbol{H}_x}{\partial y}=\mathrm{j}\omega\varepsilon E_z \tag{4.83}$$

$$\frac{\partial \boldsymbol{E}_z}{\partial y}=-\mathrm{j}\omega\mu \boldsymbol{H}_x \tag{4.84}$$

$$\frac{\partial \boldsymbol{E}_z}{\partial x}=\mathrm{j}\omega\mu \boldsymbol{H}_y \tag{4.85}$$

从式(4.83)～式(4.85)可推知，在平面电路中场量满足二维波动方程(亥姆霍兹方程)：

$$(\nabla_T^2+k^2)\boldsymbol{E}_z=0 \tag{4.86}$$

其中

$$k=\omega\sqrt{\varepsilon\mu}=\omega/c=2\pi/\lambda \tag{4.87}$$

$$\nabla_T^2=\frac{\partial^2}{\partial x^2}+\frac{\partial^2}{\partial y^2} \tag{4.88}$$

其中 ω 为角频率；ε 是介质材料的介电常数；μ 是介质材料的磁导率；k 为介质中的波数。为了分析方便，一般情况下认为介质是无耗的，如果介质的损耗需要考虑，则波数应有如下公式计算：

$$k=k'-\mathrm{j}k'',\quad k'\gg k'' \tag{4.89}$$

其中

$$k'=\omega\sqrt{\varepsilon\mu} \tag{4.90}$$

$$k''=\omega\sqrt{\varepsilon\mu}(\tan\delta+r/d)/2 \tag{4.91}$$

其中 δ 是介质材料的损耗角，满足 $\delta=\arctan(\sigma/\omega\varepsilon)$；$d$ 为介质厚度；r 为金属的趋肤深度。

假定有 n 个端口，通过求解式(4.86)可得到端口之间的用格林函数表示的互阻抗为

$$Z_{ij} = \frac{1}{L_{x_i} L_{y_i} L_{x_j'} L_{y_j'}} \int_{L_{y_i}} \mathrm{d}y \int_{L_{x_i}} \mathrm{d}x \times \int_{L_{y_j'}} \mathrm{d}y' \int_{L_{x_j'}} \mathrm{d}x' G(x,y,x',y') \tag{4.92}$$

其中L_{x_i}，L_{y_i}是第i个端口在x，y方向上的长度；$L_{x_j'}$，$L_{y_j'}$是第j个端口在x，y方向上的长度；$G(x,y,x',y')$是相应的格林函数，对于一个有限尺寸的矩形平面电路而言，满足开放边界条件(PMC)的格林函数形式为

$$\begin{aligned} G(x,y,x',y') = {} & \frac{\mathrm{j}\mu\omega d}{ab} \sum_{m=0}^{\infty}\sum_{n=0}^{\infty} C_m^2 C_n^2 \frac{1}{k_{xm}^2 + k_{yn}^2 - k^2} \\ & .\cos(k_{xm}x')\cos(k_{yn}y') \\ & \cdot\cos(k_{xm}x)\cos(k_{yn}y) \end{aligned} \tag{4.93}$$

其中a，b是平面电路在x，y方向上的长度；d为介质厚度；m表示在x方向上第m阶本征模；n表示在y方向上第n阶本征模。当$m=0$时系数$C_m=1$，当$m\neq 0$时系数$C_m=\sqrt{2}$；同样当$n=0$时系数$C_n=1$，当$n\neq 0$时系数$C_n=\sqrt{2}$。k_{xm}和k_{yn}分别满足式(4.94)和式(4.95)：

$$k_{xm} = \frac{m\pi}{a} \tag{4.94}$$

$$k_{yn} = \frac{n\pi}{b} \tag{4.95}$$

联立解式(4.92)、式(4.93)可得

$$\begin{aligned} Z_{ij} = \sum_{m=0}^{\infty}\sum_{n=0}^{\infty} \Bigg(& \frac{\mathrm{j}\omega\mu d C_m^2 C_n^2}{ab(k_{xm}^2 + k_{yn}^2 - k^2)} \cos(k_{xm}T_{xi})\cos(k_{yn}T_{yi}) \cdot \cos(k_{xm}T_{xj})\cos(k_{yn}T_{yj}) \\ & \cdot \left[\frac{\sin\left(k_{yn}\frac{L_{yi}}{2}\right)}{k_{yn}\frac{L_{yi}}{2}}\right] \left[\frac{\sin\left(k_{xm}\frac{L_{xi}}{2}\right)}{k_{xm}\frac{L_{xi}}{2}}\right] \left[\frac{\sin\left(k_{yn}\frac{L_{yj}}{2}\right)}{k_{yn}\frac{L_{yj}}{2}}\right] \left[\frac{\sin\left(k_{xm}\frac{L_{xj}}{2}\right)}{k_{xm}\frac{L_{xj}}{2}}\right] \Bigg) \end{aligned} \tag{4.96}$$

式(4.96)中T_{xi}，T_{yi}，T_{xj}，T_{yj}分别表示第i个和第j个端口中心位置处的坐标。如果假定$i=j$，即可得该端口处的输入阻抗，即在 PMC 边界条件下的平行板阻抗，如图 4.23 所示。平行板阻抗满足式(4.97)：

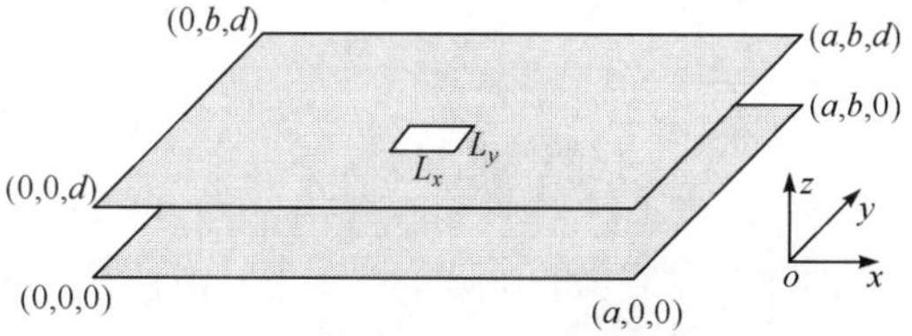

图 4.23　PEC 边界下平行板阻抗示意图

$$Z_{pp} = \frac{\mathrm{j}\omega\mu d}{ab}\left(\sum_{m=0}^{\infty}\sum_{n=0}^{\infty}\frac{C_m^2 C_n^2 \cos^2(k_{yn}T_y)\cos^2(k_{xm}T_x)}{k_{xm}^2 + k_{yn}^2 - k^2} \cdot \left[\frac{\sin\left(k_{xm}\dfrac{L_x}{2}\right)}{k_{xm}\dfrac{L_x}{2}}\right]^2 \left[\frac{\sin\left(k_{yn}\dfrac{L_y}{2}\right)}{k_{yn}\dfrac{L_y}{2}}\right]^2\right) \tag{4.97}$$

同理，可得 PEC 边界条件下的平行板阻抗满足式(4.98)：

$$Z_{pp} = \frac{\mathrm{j}\omega\mu d}{ab}\left(\sum_{m=0}^{\infty}\sum_{n=0}^{\infty}\frac{C_m^2 C_n^2 \sin^2(k_{xm}T_x)\sin^2(k_{yn}T_y)}{k_{xm}^2 + k_{yn}^2 - k^2} \cdot \left[\frac{\sin\left(k_{xm}\dfrac{L_x}{2}\right)}{k_{xm}\dfrac{L_x}{2}}\right]^2 \left[\frac{\sin\left(k_{yn}\dfrac{L_y}{2}\right)}{k_{yn}\dfrac{L_y}{2}}\right]^2\right) \tag{4.98}$$

对比式(4.97)和式(4.98)，并代入式(4.94)和式(4.95)，可知在 PEC 边界和 PMC 边界下的平行板阻抗满足式(4.99)：

$$Z_{pp} = \frac{\mathrm{j}\omega\mu d}{ab}\sum_{m=0}^{\infty}\sum_{n=0}^{\infty}\frac{C_m^2 C_n^2 \cdot f_{\text{Boundary}}(\boldsymbol{p}_x, \boldsymbol{p}_y)\cdot f_{\text{Port}}(\boldsymbol{L}_x, \boldsymbol{L}_y)}{\left(\dfrac{m\pi}{a}\right)^2 + \left(\dfrac{n\pi}{b}\right)^2 - k^2} \tag{4.99}$$

其中 $f_{\text{Boundary}}(\boldsymbol{p}_x, \boldsymbol{p}_y)$ 和 $f_{\text{Port}}(\boldsymbol{L}_x, \boldsymbol{L}_y)$ 分别满足式(4.100)和式(4.101)：

$$f_{\text{Boundary}}(p_x, p_y) = \begin{cases} \cos^2\left(\dfrac{m\pi T_x}{a}\right)\cos^2\left(\dfrac{n\pi T_y}{b}\right), & \text{当边界条件满足PMC} \\ \sin^2\left(\dfrac{m\pi T_x}{a}\right)\sin^2\left(\dfrac{n\pi T_y}{b}\right), & \text{当边界条件满足PEC} \end{cases} \tag{4.100}$$

$$f_{\text{Port}}(\boldsymbol{L}_x, \boldsymbol{L}_y) = \mathrm{sinc}^2\left(\frac{m\pi L_x}{2a}\right)\mathrm{sinc}^2\left(\frac{n\pi L_y}{2b}\right) \tag{4.101}$$

从表达式(4.100)可以看出，$f_{\text{Boundary}}(p_x, p_y)$ 函数考虑了平行板的尺寸和端口与平行板的相对位置。从表达式(4.101)可以看出，$f_{\text{Port}}(L_x, L_y)$ 函数主要考虑了平行板尺寸和端口的物理尺寸。式(4.100)和式(4.101)都假定平行板位于直角坐标系中且平行板和端口都是矩形，各物理尺度参数满足图 4.21 中的相对位置。由于实际过孔是圆柱体，因此假定过孔半径为 R_v，则过孔半径与端口尺寸 L_x，L_y 满足式(4.102)：

$$\boldsymbol{L}_x = \boldsymbol{L}_y = \frac{\pi \cdot \boldsymbol{R}_v}{2} \tag{4.102}$$

分析式(4.99)可以看出平行板阻抗 Z_{pp} 具有较为复杂的频率特性，由于有限尺寸的平行板和平行板四周的边界条件构成了谐振腔结构，假定谐振频率为 $f_{m,n}$，则满足式(4.103)：

$$f_{m,n} = \frac{1}{2} \cdot v_{ph} \cdot \sqrt{\left(\frac{m}{a}\right)^2 + \left(\frac{n}{b}\right)^2}, \quad m,n = 0,1,2,\cdots \tag{4.103}$$

其中 v_{ph} 是平行板之间介质中的相速度；m，n 表示谐振腔中的模式。在应用式(4.99)求解平行板阻抗时，无限次的累加求和一般情况下难以实现。当求解频率小于20GHz 时，n 和 m 取 100 可满足精度和计算效率的要求。

对于 PML 边界条件，可认为边界位于无穷远处或者平行板尺寸无穷大，因此等效的平行板阻抗与平行板的物理尺寸以及过孔的相对位置无关，如式(4.104)所示：

$$Z_{pp} = \frac{\mathrm{j}\eta d}{2\pi \boldsymbol{R}_v} \cdot \frac{H_0^{(2)}(k\boldsymbol{R}_v)}{H_1^{(2)}(k\boldsymbol{R}_v)} \tag{4.104}$$

其中 η 是平行板之间介质的本征阻抗，满足式(4.105)：

$$\eta = \sqrt{\mu / \varepsilon} \tag{4.105}$$

R_v 为过孔的半径，$H_0^{(2)}(\ )$ 和 $H_1^{(2)}(\ )$ 分别表示 0 阶和 1 阶形式的第二类汉克尔函数。对于截面为 $L_x \times L_y$ 矩形形式的过孔，等效过孔半径 R_v 满足式(4.106)：

$$\boldsymbol{R}_v = \frac{\boldsymbol{L}_x + \boldsymbol{L}_y}{\pi} \tag{4.106}$$

3. 内部结构计算实例

图 4.24 为根据表 4-4 的过孔结构尺寸、不同边界条件下平行板阻抗模值随频率变化计算结果，图 4.25 是其相位随频率变化示意图。从图上可以看出，平行板阻抗在 PEC 和 PML 边界下呈现明显的谐振特性。当频率较低时，平行板阻抗在 PMC 边界下呈现出电容效应，在 PEC 边界下呈现出电感效应。随着频率的上升，分别在电感效应和电容效应之间转换。

由于 PML 条件等效为无限大平面，因此平行板阻抗的大小不受边界条件的影响，其模值随频率的升高而增加。

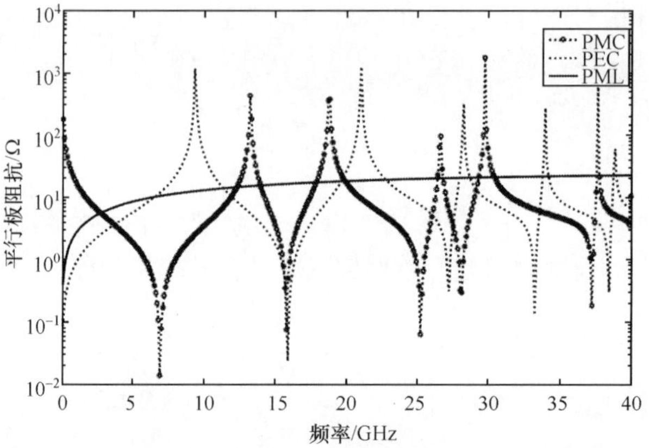

图 4.24　不同边界条件下平行板阻抗模值随频率变化示意图

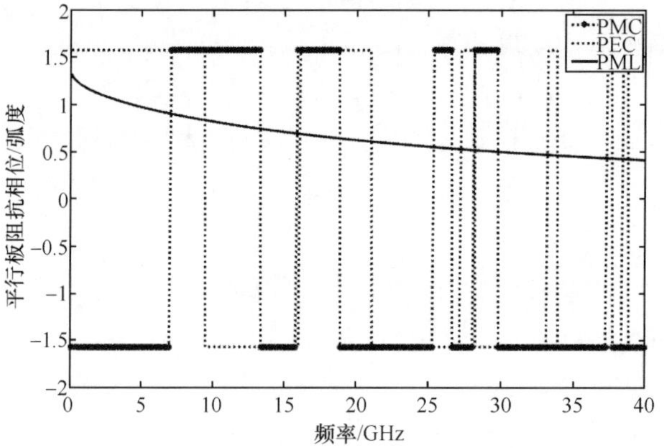

图 4.25　不同边界条件下平行板阻抗相位随频率变化示意图

4. 内部结构高频段分析

在忽略金属损耗等弱影响因素的前提下，过孔内部结构高频段基本模型主要包括平行板阻抗、等效同轴电容以及等效感应电容，由这些等效基本模型组成π型电路，如果是多层的内部结构则可将其分解为基本模型的级联形式进行分析。

1) 平行板阻抗

图 4.26 是在基本π型等效电路基础上引入平行板阻抗 Z_{pp} 后的等效电路示意图，平行板阻抗的作用是通过图 4.26 中电流控制电流源和电压控制电压源引入的。其作用机理为流入过孔内部结构的电流 I 通过受控系数为 1 的电流源作用于平行板阻抗 Z_{pp} 上，并在其上产生相应的压降 V 。压降 V 通过受控系数为 1 的电压源作用于原过孔内部结构的回路上，阻碍电流 I 通过。因此流入过

孔内部结构的电流 I 越大，平行板阻抗上的压降 V 也越大，平行板效应对流入过孔内部结构的电流 I 的阻碍作用就越大；反之，流经过孔内部结构的电流 I 越小，平行板阻抗上的压降 V 越小，平行板效应对流入过孔内部结构电流 I 的阻碍作用就会减弱。

由于图 4.26 中电流源和电压源的受控系数都是 1，故可将 Z_{pp} 阻抗直接加入原基本π型电路中，如图 4.27 所示。再将 R，L 与 Z_{pp} 阻抗合并，构成含平行板效应的π型等效电路，如图 4.28 所示。由于过孔实际尺寸都是电小尺寸，因此与 Z_{pp} 相比，原电路模型中 R 和 L 都可以忽略不计。

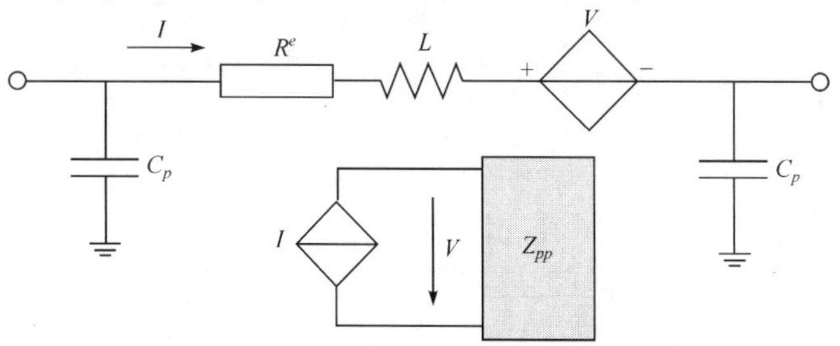

图 4.26　含平行板效应的过孔内部结构等效电路

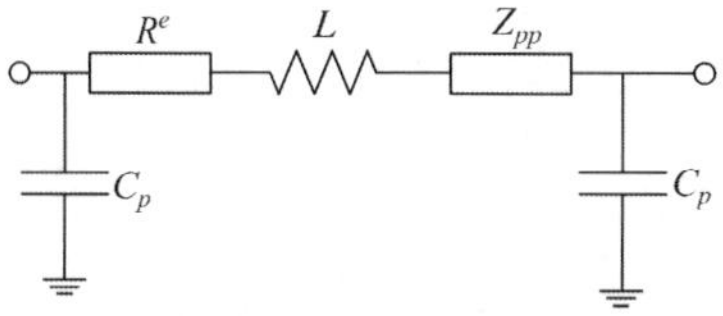

图 4.27　加入平行板阻抗的等效电路

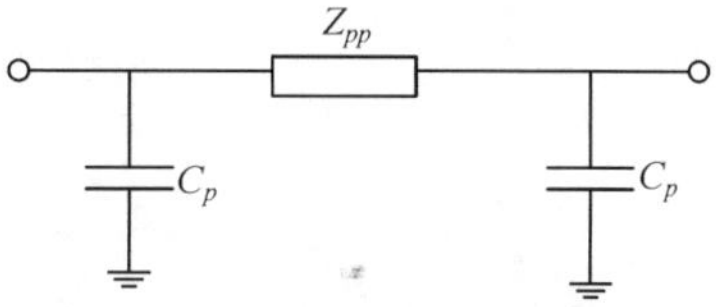

图 4.28　含平行板效应的π型等效电路

对于图 4.28 所示的π型电路模型，如果将其视为一个二端口网络，且等效电容记作式(4.107)的阻抗形式。流入二端口网络的电流记作 i'_{il}，流出二端口网络的电流记作 i'_{ir}，二端口输入端口的电压降记作 v'_{il}，二端口输出端口的电压降记作 v'_{ir}，流经平行板阻抗 Z_{pp} 记作 i_i，Z_{pp} 两端的电压记作 v_i，如图 4.29 所示，下标 l 表示二端口网络的左侧，下标 r 表示二端口网络的右侧。

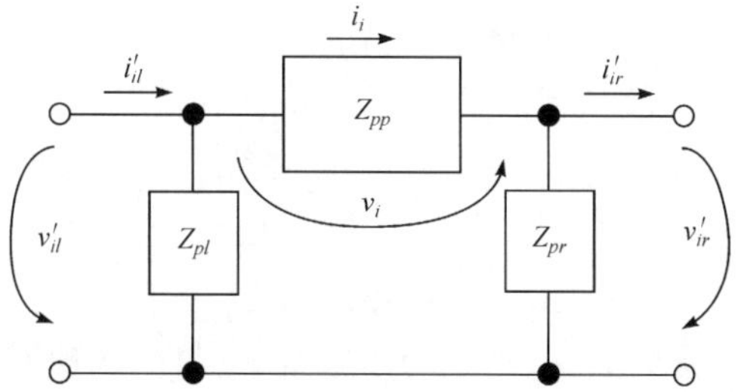

图 4.29　含平行板效应的过孔内部结构二端口网络示意

$$Z_p = \frac{1}{\mathrm{j}\omega C_p} \tag{4.107}$$

将该二端口网络分为三个二端口网络级联的形式，如图 4.30 所示。并假设流入平行板阻抗的电流为 i_{il}，流出平行板阻抗的电流为 i_{ir}，平行板阻抗两端的电压分别是 v_{il} 和 v_{ir}。图中各参量满足如下关系：

$$v_i = v_{il} - v_{ir} \tag{4.108}$$

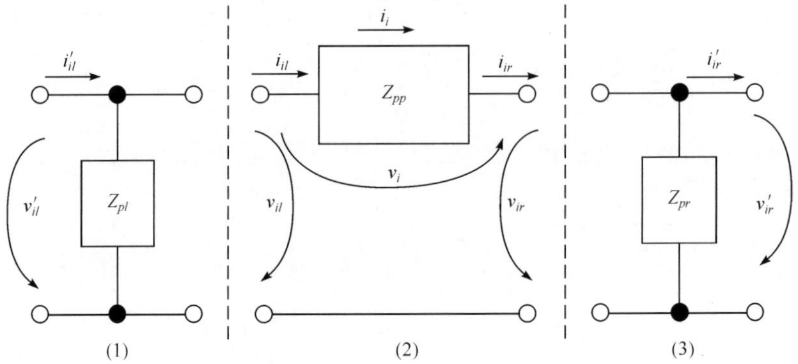

图 4.30　含平行板效应的过孔内部结构二端口网络级联示意图

$$i_i = i_{il} = i_{ir} \tag{4.109}$$

$$\begin{bmatrix} v'_{il} \\ i'_{ir} \end{bmatrix} = \begin{bmatrix} 1 & 0 \\ \dfrac{1}{Z_{pl}} & 1 \end{bmatrix} \cdot \begin{bmatrix} v_{il} \\ i_{il} \end{bmatrix} \tag{4.110}$$

$$\begin{bmatrix} v_{il} \\ i_{il} \end{bmatrix} = \begin{bmatrix} 1 & Z_{pp} \\ 0 & 1 \end{bmatrix} \cdot \begin{bmatrix} v_{ir} \\ i_{ir} \end{bmatrix} \tag{4.111}$$

$$\begin{bmatrix} v_{ir} \\ i_{ir} \end{bmatrix} = \begin{bmatrix} 1 & 0 \\ \dfrac{1}{Z_{pr}} & 1 \end{bmatrix} \begin{bmatrix} v'_{ir} \\ i'_{ir} \end{bmatrix} \tag{4.112}$$

式(4.110)和式(4.112)描述的是过孔内部结构基本模型中垂直金属孔与参考地层之间分布电抗的电压电流关系。式(4.111)描述的是平行板阻抗对应的电流电压关系。应用电流连续性条件或者微波网络的相关理论，图 4.30 的二端口网络级联形式即可方便的推广至多层或者接地孔、电源孔的形式。

进一步分析图 4.29 中 Z_{pl}，Z_{pr} 和 Z_{pp} 的成因，可将过孔内部结构基本模型再分解为三部分，如图 4.31 所示。图 4.30 标注为(1)、(3)的两部分为相似结构，是等效电路中容抗 Z_{pl} 和 Z_{pr} 主要组成部分，标注为(2)的部分主要产生等效电路中的平行板阻抗 Z_{pp}。需要指出的是，严格分析容抗 Z_{pl} 是由两种不同性质的电容构成，第一种称为“同轴电容”，即由图 4.29 中标注为(1)的部分，金属垂直孔充当同轴线的内导体，参考地层充当同轴线的外导体，内外导体之间的距离就是阻焊盘的半径与过孔半径之差。第二种可称为“感应电容”，即当信号通过金属垂直孔时，与参考地层之间由于感应电荷而产生的电容效应，图 4.30 标注为(2)的子结构中垂直金属孔与(1)、(3)中的参考地层之间的电容效应。该电容产生的成因和量值计算都比较复杂，从电路的角度分析“感应电容”和“同轴电容”是并联关系，总寄生电容是二者之和，可将其计入容抗 Z_{pl} 或 Z_{pr} 之内，电容的分析和计算可参见文献[7]～[9]、[11]、[12]。

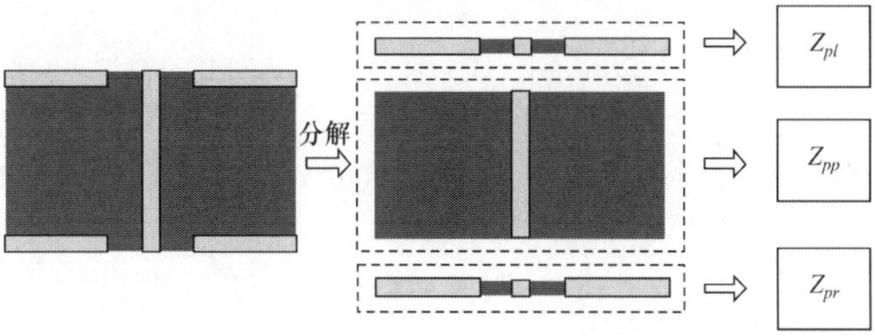

图 4.31　过孔内部结构基本模型分解示意图

在含平行板效应的等效电路中，不同边界条件下平行板阻抗分别用式(4.99)和式(4.104)计算。

2) 等效电容

由等效同轴电容和等效感应电容构成的内部结构等效电容求解可采用文献[47]中的方法。

如图 4.32 所示，假定微波多层电路板中过孔内部结构的基本模型位于圆柱坐标系下，其中第 $i+1$ 层参考地层始于 $z=0$ 平面且该层金属厚度为 t_{i+1}，第 i 层参考地层的金属厚度为 t_i，参考地层之间介质厚度为 h_i，过孔轴线与 z 轴重合且半径为 R_v，阻焊盘半径为 R_{ap},电路板的半径为 R 。

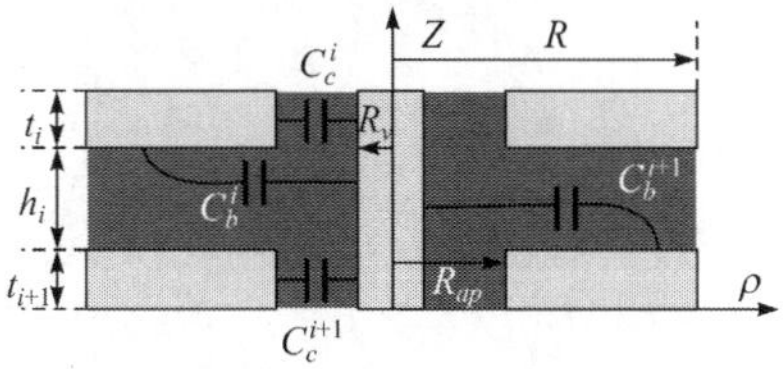

图 4.32　过孔内部结构基本模型电容示意图

在图 4.32 中，有两个阻焊盘区域，第一个阻焊盘区域位于 $R_v \leqslant \rho \leqslant R_{ap}$ 且 $0 \leqslant z \leqslant t_{i+1}$，第二个阻焊盘区域位于 $R_v \leqslant \rho \leqslant R_{ap}$ 且 $t_{i+1}+h_i \leqslant z \leqslant t_{i+1}+h_i+t_i$，阻焊盘区域可近似看做同轴线的一部分。假定在阻焊盘区域内 $z=z'$ ($R_v < z' < R_{ap}$)的平面上，存在等效熠边磁流 M_φ，可认为该平面内只有存在主模 TEM 模，高阶 E

模的截止波长如式(4.113)近似，其中整数 $n=1,2,\cdots$ ，表示高阶模的阶次。

$$\lambda_c = \frac{2(R_{ap}-R_v)}{n} \tag{4.113}$$

一般实际设计中 $(R_{ap}-R_v)$ 小于 20mil，因此当 $n=1$ 对应截止波长约为 40mil，对应的截止频率约为 300GHz，远远大于普通微波平面电路的工作频率，因此分析中可忽略所有的高次模。

对于准同轴结构，磁流 M_φ 的大小满足公式(4.29)，同轴电容由式(4.114)求解：

$$C_c = \frac{2\pi\varepsilon_{\mathrm{r}}\varepsilon_0 t}{\ln\dfrac{R_{ap}}{R_v}} \tag{4.114}$$

式(4.114)中 t 表示参考地层的厚度； ε_0 是空气的介电常数； ε_{r} 是介质的相对介电常数。

在无边界的平行板波导中磁流环的格林函数满足式(4.115)[47,48]：

$$\begin{aligned} G_\varphi^{(m)}(\rho,z;\rho',z') = &-\frac{\mathrm{j}\pi\rho'}{h_i}\sum_{n=0}^{\infty}\frac{1}{1+\delta_{n0}}g_n(\min(\rho,\rho'),\max(\rho,\rho')) \\ &\cdot\cos\left(\frac{n\pi}{h_i}z\right)\cos\left(\frac{n\pi}{h_i}z'\right) \end{aligned} \tag{4.115}$$

其中 δ_{n0} 是克罗内克符号；径向函数 $g_n(\ )$ 满足式(4.116)：

$$g_n(\min(\rho,\rho'),\max(\rho,\rho')) = J_1(k_n\cdot\min(\rho,\rho'))H_1^{(2)}(k_n\cdot\max(\rho,\rho')) \tag{4.116}$$

式(4.116)中 $J_1(\ )$ 表示第一类贝塞尔函数的一阶形式； $H_1^{(2)}(\ )$ 表示第二类汉克尔函数的一阶形式； ρ 和 ρ' 分别为场点和源点； k_n 为平行板波导波导中 TM_{zn} 模的径向波数，满足式(4.117)[49]：

$$k_n = \sqrt{k_0^2\varepsilon_{\mathrm{r}} - \left(\frac{n\pi}{h_i}\right)^2} \tag{4.117}$$

由于式(4.115)是无边界条件时的格林函数，需要将其扩展至有边界的过孔内部结构情况。如图 4.31 所示，参考地层之间的介质层为 $\rho=R_v$ 与 $\rho=R$ 之间所夹的平行板波导区域，对于不同边界条件下 $\rho=R_v$ 或 $\rho=R$ 处的 TM_{zn} 模的反射系数分别满足式(4.118)和式(4.119)[47]：

$$\Gamma_{R_v}^{(n)} = \begin{cases} -\dfrac{J_0(k_nR_v)}{H_0^{(2)}(k_nR_v)}, & \rho=R_v \quad \text{PEC} \\ -\dfrac{J_1(k_nR_v)}{H_1^{(2)}(k_nR_v)}, & \rho=R_v \quad \text{PMC} \\ 0, & \rho=R_v \quad \text{PML} \end{cases} \tag{4.118}$$

$$\Gamma_R^{(n)} = \begin{cases} -\dfrac{H_0^{(2)}(k_n R)}{J_0(k_n R)}, & \rho = R \quad \text{PEC} \\ -\dfrac{H_1^{(2)}(k_n R)}{J_1(k_n R)}, & \rho = R \quad \text{PMC} \\ 0, & \rho = R \quad \text{PML} \end{cases} \tag{4.119}$$

由于过孔边界为金属材质，$\rho = R_v$ 的边界处只有PEC边界存在。另外在 $\rho = R_v$ 与 $\rho = R$ 的区间内，TM_{zn} 模会产生多重散射，有界同轴体内磁流环的格林函数可写成式(4.120)的形式：

$$\tilde{G}_\varphi^{(m)}(\rho, z; \rho', z') = -\frac{\mathrm{j}\pi\rho'}{h_i} \sum_{n=0}^{\infty} \frac{1}{1+\delta_{n0}} \tilde{g}_n(r, R; \min(\rho, \rho'), \max(\rho, \rho')) \cdot \cos\left(\frac{n\pi}{h_i} z\right) \cos\left(\frac{n\pi}{h_i} z'\right) \tag{4.120}$$

其中径向函数 $\tilde{g}_n(\ )$ 满足式(4.121)

$$\begin{aligned} &\tilde{g}_n(R_v, R; \min(\rho, \rho'), \max(\rho, \rho')) = \\ &\left(1 - \Gamma_R^{(n)} \Gamma_{R_v}^{(n)}\right)^{-1} \cdot \left[J_1(k_n \cdot \min(\rho, \rho')) + \Gamma_{R_v}^{(n)} H_1^{(2)}(k_n \cdot \min(\rho, \rho'))\right] \\ &\cdot \left[H_1^{(2)}(k_n \cdot \max(\rho, \rho')) + \Gamma_R^{(n)} J_1(k_n \cdot \max(\rho, \rho'))\right] \end{aligned} \tag{4.121}$$

根据式(4.120)得到有界同轴体内的磁场为

$$H_\varphi(\rho, z) = -\mathrm{j}\omega\varepsilon \int_{R_v}^{R_{ap}} M_\varphi(\rho', z') \tilde{G}_\varphi^{(m)}(\rho, z; \rho', z') \, \mathrm{d}\rho' \tag{4.122}$$

将式(4.120)代入式(4.122)，得到当 $\rho \geqslant R_{ap}$ 时，磁场 $H_\varphi(\rho, z)$ 满足式(4.123)：

$$\begin{aligned} H_\varphi(\rho, z) = &-\frac{\omega\varepsilon\pi V_0}{h_i \ln(R_{ap} / R_v)} \sum_{n=0}^{\infty} \frac{(1 - \Gamma_{R_v}^{(n)} \Gamma_R^{(n)})^{-1}}{k_n(1+\delta_{n0})} \cdot \left\{\left[J_0(k_n R_{ap}) - J_0(k_n R_v)\right]\right. \\ &\left. + \Gamma_{R_v}^{(n)} \left[H_0^{(2)}(k_n R_{ap}) - H_0^{(2)}(k_n R_v)\right]\right\} \\ &\cdot \left[H_1^{(2)}(k_n \rho) + \Gamma_R^{(n)} J_1(k_n \rho)\right] \cos\left(\frac{n\pi}{h_i} z\right) \cos\left(\frac{n\pi}{h_i} z'\right) \end{aligned} \tag{4.123}$$

当 $\rho \leqslant R_v$ 时，磁场 $H_\varphi(\rho, z)$ 满足式(4.124)：

$$\begin{aligned} H_\varphi(\rho, z) = &-\frac{\omega\varepsilon\pi V_0}{h_i \ln(R_{ap} / R_v)} \sum_{n=0}^{\infty} \frac{(1 - \Gamma_{R_v}^{(n)} \Gamma_R^{(n)})^{-1}}{k_n(1+\delta_{n0})} \cdot \left\{\left[H_0^{(2)}(k_n R_{ap}) - H_0^{(2)}(k_n R_v)\right]\right. \\ &\left. + \Gamma_R^{(n)} \left[J_0(k_n R_{ap}) - J_0(k_n R_v)\right]\right\} \cdot \left[J_1(k_n \rho) + \Gamma_{R_v}^{(n)} H_1^{(2)}(k_n \rho)\right] \\ &\cdot \cos\left(\frac{n\pi}{h_i} z\right) \cos\left(\frac{n\pi}{h_i} z'\right) \end{aligned} \tag{4.124}$$

流经过孔的表面电流为

$$I_z(z)=2\pi R_v H_\varphi(R_v,z) \tag{4.125}$$

运用式(4.118)中 PEC 边界下 $\rho=R_v$ 时的 $\varGamma_{R_v}^{(n)}$ 表达式，并将式(4.124)代入式(4.125)，可得

$$\begin{aligned}I_z(z)=&\mathrm{j}\omega\frac{4\pi\varepsilon V_0}{h_i\ln(R_{ap}/R_v)}\sum_{n=0}^{\infty}\frac{(1-\varGamma_{R_v}^{(n)}\varGamma_{R}^{(n)})^{-1}}{k_n^2(1+\delta_{n0})H_0^{(2)}(k_nR_v)}\Big\{\Big[H_0^{(2)}(k_nR_{ap})\\&-H_0^{(2)}(k_nR_v)\Big]+\varGamma_R^{(n)}\Big[J_0(k_nR_{ap})-J_0(k_nR_v)\Big]\Big\}\\&\cdot\cos\left(\frac{n\pi}{h_i}z\right)\cos\left(\frac{n\pi}{h_i}z'\right)\end{aligned} \tag{4.126}$$

假定磁流 M_φ 处于图 4.32 中 $z'=t^{i+1}$ 的平面上，过孔表面沿 z 方向的电流如式(4.127)所示：

$$\begin{aligned}I_z(z)=&\mathrm{j}\omega\frac{4\pi\varepsilon V_0}{h_i\ln(R_{ap}/R_v)}\sum_{n=0}^{\infty}\frac{\left(1-\varGamma_{R_v}^{(n)}\varGamma_{R_{ap}}^{(n)}\right)^{-1}}{k_n^2(1+\delta_{n0})H_0^{(2)}(k_nR_v)}\Big\{\Big[H_0^{(2)}(k_nR_{ap})\\&-H_0^{(2)}(k_nR_v)\Big]+\varGamma_{R_{ap}}^{(n)}\Big[J_0(k_nR_{ap})-J_0(k_nR_v)\Big]\Big\}\cdot\cos\left(\frac{n\pi}{h_i}z\right)\end{aligned} \tag{4.127}$$

从式(4.127)可以看出，不同的 z 处的表面电流 $I_z(z)$ 并不相等，其差值可认为表征了内部结构与参考地层之间的感应电流的大小，记做 I_d：

$$I_d=I_z(t^{i+1})-I_z(t^{i+1}+h_i) \tag{4.128}$$

将式(4.127)代入式(4.128)，可得

$$\begin{aligned}I_d=&\mathrm{j}\omega V_0\frac{8\pi\varepsilon}{h_i\ln(R_{ap}/R_v)}\sum_{n=1,3,5,\cdots}^{\infty}\frac{\left(1-\varGamma_{R_v}^{(n)}\varGamma_{R}^{(n)}\right)^{-1}}{k_n^2H_0^{(2)}(k_nR_v)}\\&\cdot\Big\{\Big[H_0^{(2)}(k_nR_{ap})-H_0^{(2)}(k_nR_v)\Big]+\varGamma_R^{(n)}\Big[J_0(k_nR_{ap})-J_0(k_nR_v)\Big]\Big\}\end{aligned} \tag{4.129}$$

感应电容定义为

$$C_b=\frac{I_d}{\mathrm{j}\omega V_0} \tag{4.130}$$

将式(4.129)代入式(4.130)，有

$$\begin{aligned}C_b=&\frac{8\pi\varepsilon}{h_i\ln(R_{ap}/R_v)}\sum_{n=1,3,5,\cdots}^{2N-1}\frac{\left(1-\varGamma_{R_v}^{(n)}\varGamma_{R}^{(n)}\right)^{-1}}{k_n^2H_0^{(2)}(k_nR_v)}\\&\cdot\Big\{\Big[H_0^{(2)}(k_nR_{ap})-H_0^{(2)}(k_nR_v)\Big]+\varGamma_R^{(n)}\Big[J_0(k_nR_{ap})-J_0(k_nR_v)\Big]\Big\}\end{aligned} \tag{4.131}$$

3) 基本模型的级联形式

图 4.33 所示为 N 层参考地的内部结构示意图。根据平行板阻抗、等效同轴电容以及等效感应电容的定义，可得到其等效电路如图 4.34 和图 4.35 所示。

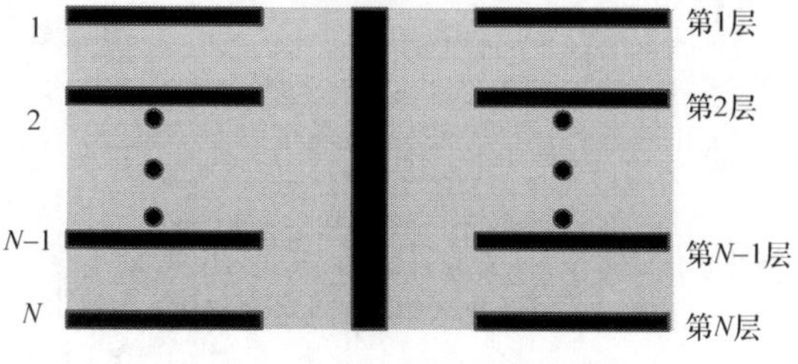

图 4.33　N 层内部结构示意图

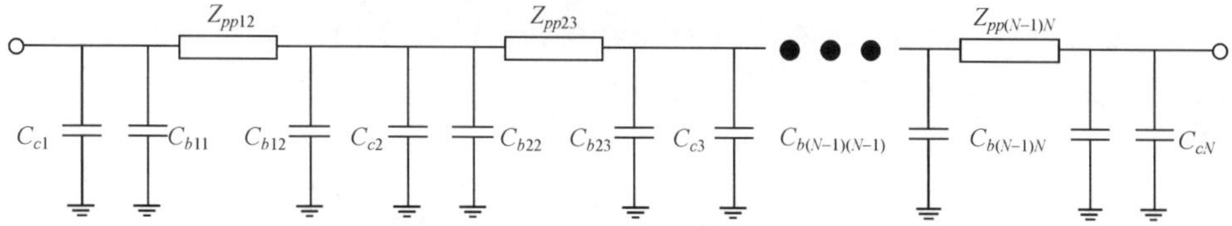

图 4.34　N 层内部结构等效电路

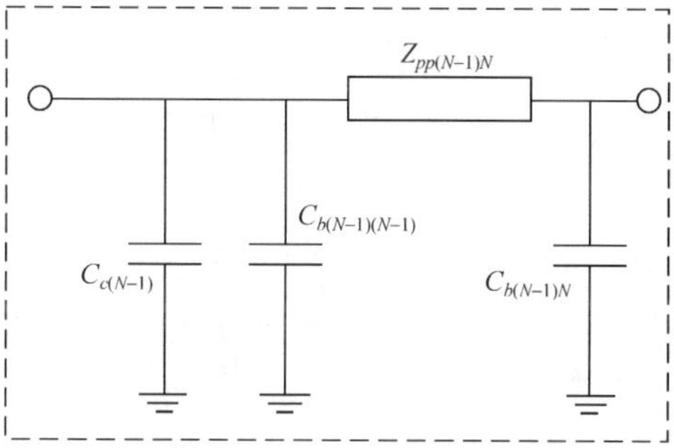

图 4.35　单个子结构示意图

其中平行板阻抗以 $Z_{pp(N-1)N}$ 的形式表征，下标 $pp(N-1)N$ 表示该平行板阻抗由第 $N-1$ 层参考地和第 N 层参考地之间区域所致。等效同轴电容以 C_{cN} 的形式表征，下标中字母 c 表示同轴电容，N 表示由第 N 层参考地上阻焊盘两侧等效同轴结构所引起的。等效感应电容以 C_{bMN} 的形式表征，其中下标 bMN 中第一个字母 b 表示感应电容，第二个字母 M 表示该感应电容是由第 M 层地和第 $(M+1)$ 层地之间所夹的第 M 个平行板部分，第三个字母 N 表征该感应电容是第 M 个平行板的垂直孔与第 N 层地之间的感应电容。

结合前述公式(4.110)和式(4.112)，有

$$Z_{pr}=\frac{1}{\mathrm{j}\omega C_{b(N-1)N}} \tag{4.132}$$

$$Z_{pl}=\frac{1}{\mathrm{j}\omega\left(C_{c(N-1)}+C_{b(N-1)(N-1)}\right)} \tag{4.133}$$

对于多级级联电路而言，选择 *ABCD* 矩阵更易于计算[50]，这是因为 *ABCD* 矩阵是基于二端口网络的电压电流条件推导获得的。因此由电压电流连续性条件，如有多个二端口网络级联，其总输入和总输出之间的关系，可由各个二端口网络的 *ABCD* 矩阵相乘获得。对于图 4.34 的子结构，其矩阵形式为

$$\begin{aligned}[A]_{(N-1)N}=&\begin{bmatrix}1 & 0\\ \mathrm{j}\omega C_{c(N-1)} & 1\end{bmatrix}\begin{bmatrix}1 & 0\\ \mathrm{j}\omega C_{b(N-1)(N-1)} & 1\end{bmatrix}\\ &\cdot\begin{bmatrix}1 & Z_{pp(N-1)N}\\ 0 & 1\end{bmatrix}\begin{bmatrix}1 & 0\\ \mathrm{j}\omega C_{b(N-1)N} & 1\end{bmatrix}\end{aligned} \tag{4.134}$$

对于如图 4.34 所示的有 N 个参考地层和 $(N-1)$ 个内部子结构的情况，其 *ABCD* 矩阵为

$$\boldsymbol{A}=\left(\prod_{n=1}^{N-1}[A]_{(N-1)N}\right)\begin{bmatrix}1 & 0\\ \mathrm{j}\omega C_{b(N-1)N} & 1\end{bmatrix}=\begin{bmatrix}a & b\\ c & d\end{bmatrix} \tag{4.135}$$

为了便于结合过孔外部结构的级联分析，将上述 *ABCD* 矩阵转换为导纳矩阵：

$$\boldsymbol{Y}=\begin{bmatrix}\dfrac{d}{b} & c-\dfrac{ad}{b}\\ -\dfrac{1}{b} & \dfrac{a}{b}\end{bmatrix} \tag{4.136}$$

不论是低维矩阵束矩量法还是三维矩阵束矩量法，可求得四个关键参数：Γ_{SC}，I_{SC}，T_{ANT} 和 Y_{ANT}。这四个参数本身并不是基本的微波网络参数，但由此四个参数可以推导通用的微波网络参数。

4.3.4 多层电路垂直过孔电磁特性分析

图 4.36 所示为一个过孔的多层结构的示意图，将过孔划分为外部结构和内部

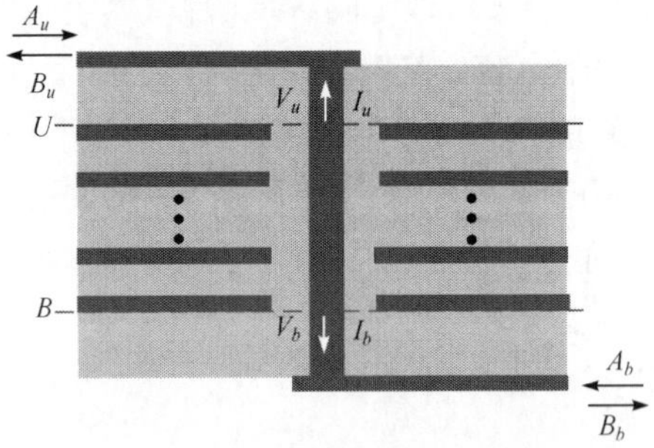

图 4.36 过孔多层结构示意图

结构，以图中U面以上称为“上外部结构”，B面以下称为“下外部结构”。垂直孔在U面处的电流定义为I_u，方向如图 4.36 所示，垂直孔与参考地层之间的电压为V_u。相应在B面处电流为I_b，电压为V_b。下面分别就微波网络参数级联和电压电流连续性两种方法进行讨论。

微波网络参数级联方法求解过程如下。

在微波网络参数中，$ABCD$矩阵是可以直接进行级联计算的矩阵。在已知多层内部结构级联计算公式的前提下，计算整体结构的$ABCD$矩阵需要进一步推导由外部结构的四个关键参数Γ_{SC}，I_{SC}，T_{ANT}和Y_{ANT}计算外部结构 $ABCD$ 矩阵的方法。

图 4.37 所示的U面为理想参考地层，U面以上的结构是“上外部结构”，U面以下的结构是物理参数与“上外部结构”完全相同的对称结构。

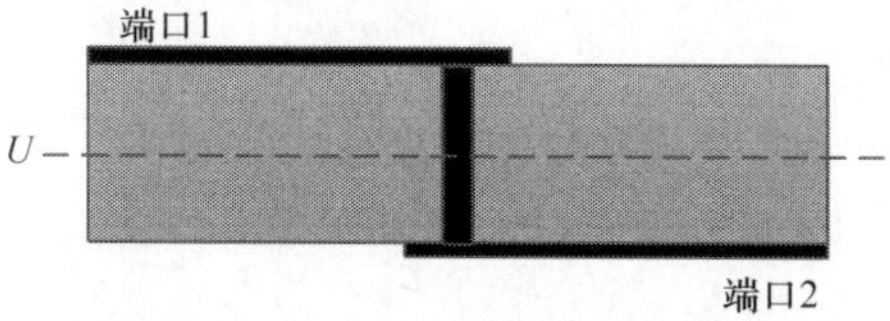

图 4.37　上外部结构及其对称结构示意图

该三层结构与外部电路相连的端口为 1 和端口 2，端口为 1 至端口 2 的S参数矩阵可表示为

$$\boldsymbol{S}_{\text{total}}=\begin{bmatrix} S_{11} & S_{12} \\ S_{21} & S_{22} \end{bmatrix}=\begin{bmatrix} \Gamma_{SC.u}-\dfrac{I_{SC.u}T_{ANT.u}}{2Y_{ANT.u}} & -\dfrac{I_{SC.u}T_{ANT.u}}{2Y_{ANT.u}} \\ -\dfrac{I_{SC.u}T_{ANT.u}}{2Y_{ANT.u}} & \Gamma_{SC.u}-\dfrac{I_{SC.u}T_{ANT.u}}{2Y_{ANT.u}} \end{bmatrix} \tag{4.137}$$

设上外部结构中微带线的特征阻抗为Z_0，由微波网络参数理论可推知由端口 1 至端口 2 的$ABCD$矩阵$\boldsymbol{A}_{\text{total}}$为

$$\boldsymbol{A}_{\text{total}}=\begin{bmatrix} \dfrac{(1+S_{11})(1-S_{22})+S_{12}S_{21}}{2S_{21}} & Z_0\dfrac{(1+S_{11})(1+S_{22})-S_{12}S_{21}}{2S_{21}} \\ \dfrac{1}{Z_0}\dfrac{(1-S_{11})(1-S_{22})-S_{12}S_{21}}{2S_{21}} & \dfrac{(1-S_{11})(1+S_{22})+S_{12}S_{21}}{2S_{21}} \end{bmatrix} \tag{4.138}$$

由于该三层结构中上外部结构与其对称结构的$ABCD$矩阵$\boldsymbol{A}_u$相同，其级联结果为

$$\boldsymbol{A}_{\text{total}}=\boldsymbol{A}_u\boldsymbol{A}_u \tag{4.139}$$

运用矩阵开方运算，有

$$\boldsymbol{A}_u = \sqrt{\boldsymbol{A}_{\text{total}}} \tag{4.140}$$

同理可得下外部结构的 *ABCD* 矩阵 $\boldsymbol{A}_b$ 的表达式。设内部结构的 *ABCD* 矩阵为 $\boldsymbol{A}_{\text{in-all}}$，则垂直互连过孔的 *ABCD* 矩阵 $\boldsymbol{A}_{\text{all}}$ 为

$$\boldsymbol{A}_{\text{all}} = \boldsymbol{A}_u \boldsymbol{A}_{\text{in-all}} \boldsymbol{A}_b \tag{4.141}$$

需要指出的是，*ABCD* 矩阵能够级联的前提条件是要求级联处的输出/入特征阻抗相等。由于在结构剖分位置处内外部结构的特征阻抗保持一致，所以该条件满足。

电压电流连续性级联方法求解如下。

上外部结构的四个关键参数满足如下方程：

$$\begin{bmatrix} B_u \\ I_u \end{bmatrix} = \begin{bmatrix} \varGamma_{SC.u} & T_{ANT.u} \\ I_{SC.u} & Y_{ANT.u} \end{bmatrix} \begin{bmatrix} A_u \\ V_u \end{bmatrix} \tag{4.142}$$

下外部结构满足：

$$\begin{bmatrix} B_b \\ I_b \end{bmatrix} = \begin{bmatrix} \varGamma_{SC.b} & T_{ANT.b} \\ I_{SC.b} & Y_{ANT.b} \end{bmatrix} \begin{bmatrix} A_b \\ V_b \end{bmatrix} \tag{4.143}$$

设内部结构的导纳矩阵为

$$\boldsymbol{Y} = \begin{bmatrix} y_{11} & y_{12} \\ y_{21} & y_{22} \end{bmatrix} \tag{4.144}$$

则由导纳与电压、电流之间的关系可得

$$\begin{bmatrix} I_u \\ I_b \end{bmatrix} = -\begin{bmatrix} y_{11} & y_{12} \\ y_{21} & y_{22} \end{bmatrix} \begin{bmatrix} V_u \\ V_b \end{bmatrix} \tag{4.145}$$

联立矩阵方程(4.142)、(4.143)和(4.145)有

$$(Y_{ANT.u} + y_{11}) \cdot V_u + y_{12} \cdot V_b = -I_{SC.u} \cdot A_u \tag{4.146}$$

$$y_{21} \cdot V_u + (Y_{ANT.b} + y_{22}) \cdot V_b = -I_{SC.b} \cdot A_b \tag{4.147}$$

求解联立方程可得

$$\begin{cases} V_u = \dfrac{-I_{SC.u}(Y_{ANT.b} + y_{22})}{(Y_{ANT.u} + y_{11})(Y_{ANT.b} + y_{22}) - y_{21}y_{12}} A_u \\ \qquad + \dfrac{I_{SC.b}y_{12}}{(Y_{ANT.u} + y_{11})(Y_{ANT.b} + y_{22}) - y_{21}y_{12}} A_b \\ V_b = \dfrac{I_{SC.u}y_{21}}{(Y_{ANT.u} + y_{11})(Y_{ANT.b} + y_{22}) - y_{21}y_{12}} A_u \\ \qquad + \dfrac{-I_{SC.b}(Y_{ANT.u} + y_{11})}{(Y_{ANT.u} + y_{11})(Y_{ANT.b} + y_{22}) - y_{21}y_{12}} A_b \end{cases} \tag{4.148}$$

将式(4.148)代入式(4.142)、式(4.143)，可得

$$B_u = \left[\Gamma_{SC.u} - \frac{I_{SC.u}(Y_{ANT.b}+y_{22})T_{ANT.u}}{(Y_{ANT.u}+y_{11})(Y_{ANT.b}+y_{22})-y_{21}y_{12}} \right] A_u + \frac{I_{SC.b}y_{12}T_{ANT.u}}{(Y_{ANT.u}+y_{11})(Y_{ANT.b}+y_{22})-y_{21}y_{12}} A_b \tag{4.149}$$

$$B_b = \frac{I_{SC.u}y_{21}T_{ANT.b}}{(Y_{ANT.u}+y_{11})(Y_{ANT.b}+y_{22})-y_{21}y_{12}} A_u + \left[\Gamma_{SC.b} - \frac{I_{SC.b}(Y_{ANT.u}+y_{11})T_{ANT.b}}{(Y_{ANT.u}+y_{11})(Y_{ANT.b}+y_{22})-y_{21}y_{12}} \right] A_b \tag{4.150}$$

将式(4.149)和式(4.150)代入式(4.78)可得垂直互连过孔的 S 参数为

$$\begin{cases} s_{11} = \Gamma_{SC.u} + \dfrac{-I_{SC.u}(Y_{ANT.b}+y_{22})T_{ANT.u}}{(Y_{ANT.u}+y_{11})(Y_{ANT.b}+y_{22})-y_{21}y_{12}} \\ s_{12} = \dfrac{I_{SC.b}y_{12}T_{ANT.u}}{(Y_{ANT.u}+y_{11})(Y_{ANT.b}+y_{22})-y_{21}y_{12}} \\ s_{21} = \dfrac{I_{SC.u}y_{21}T_{ANT.b}}{(Y_{ANT.u}+y_{11})(Y_{ANT.b}+y_{22})-y_{21}y_{12}} \\ s_{22} = \Gamma_{SC.b} + \dfrac{-I_{SC.b}(Y_{ANT.u}+y_{11})T_{ANT.b}}{(Y_{ANT.u}+y_{11})(Y_{ANT.b}+y_{22})-y_{21}y_{12}} \end{cases} \tag{4.151}$$

利用矩阵性质，得 S 参数的简化表达式：

$$\begin{bmatrix} s_{11} & s_{12} \\ s_{21} & s_{22} \end{bmatrix} = \begin{bmatrix} \Gamma_{SC.u} & 0 \\ 0 & \Gamma_{SC.b} \end{bmatrix} + \frac{1}{(Y_{ANT.u}+y_{11})(Y_{ANT.b}+y_{22})-y_{21}y_{12}} \cdot \begin{bmatrix} T_{ANT.u} & 0 \\ 0 & T_{ANT.b} \end{bmatrix} \begin{bmatrix} -(Y_{ANT.b}+y_{22}) & y_{12} \\ y_{21} & -(Y_{ANT.u}+y_{11}) \end{bmatrix} \cdot \begin{bmatrix} I_{SC.u} & 0 \\ 0 & I_{SC.b} \end{bmatrix} \tag{4.152}$$

4.3.5　多层结构仿真计算

本节主要针对含外部结构和内部结构的完整过孔结构进行仿真分析。外部结构采用三维矩阵束矩量法，内部结构采用平行板阻抗和等效电容求解，此垂直互连结构的求解法称为“混合分析方法(hybrid analysis method,HAM)”，简称为 HAM。针对相同互连结构，利用商用 HFSS 仿真软件计算结果验证 HAM 计算结果。其中电路板层数分别为四层、六层和八层，边界条件分别为 PML 和 PEC，由公式(4.130)计算获得的等效同轴电容大小为 20.17282fF，等效感应电容

大小为 87.82478fF。

1. PML 边界四层电路板过孔仿真验证

电路板的基本参数参见表 4-6，垂直金属孔位于电路板的中心。过孔结构的相关参数参见表 4-7。HAM 计算的边界条件设为 PML，HFSS 计算的边界条件设为辐射边界条件，其作用等价于 PML。

表 4-6　电路板基本尺寸

参数名称	介质类型	相对介电常数	介质厚度	电路板尺寸	金属类型	金属厚度
参数值	Alumina (99.5%,Al_2O_3)	9.9	10 mil	300×300mil	Copper	0.5 mil

表 4-7　过孔结构基本参数

参数名称	微带线长度	微带线宽度	垂直孔半径	焊盘半径	阻焊盘半径
参数值	300 mil	10.24 mil	5 mil	10 mil	10 mil

图 4.38 为 S 参数幅值计算结果，图 4.39 为相位计算结果。从图 4.38 可以看

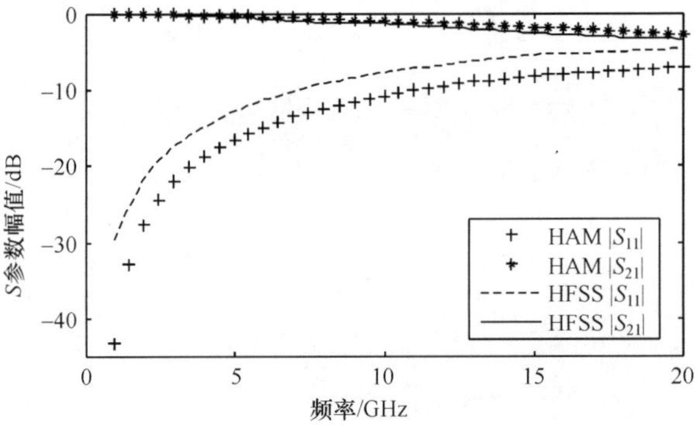

图 4.38　PML 边界四层电路板过孔结构 S 参数幅值比较

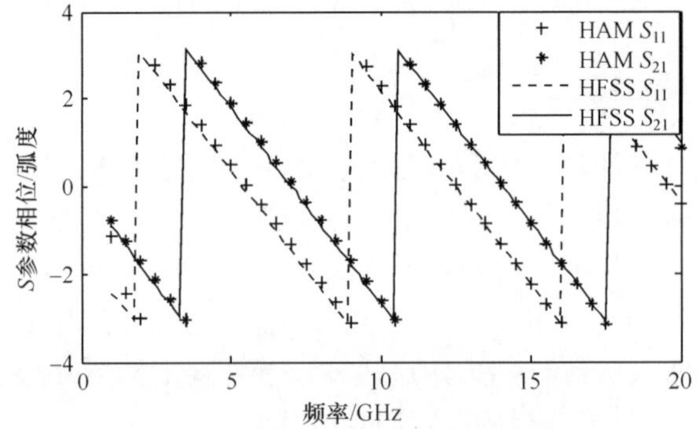

图 4.39　PML 边界四层电路板过孔结构 S 参数相位比较

出，两种不同方法计算所得的结果的趋势一致，但 HAM 法计算的传输参数幅值略大于 HFSS 计算的结果，反射参数幅值小于 HFSS 计算的结果。两者之间的差异主要是由于 HAM 法在矩阵束矩量法求解电流分布时使用内接六边形等效焊盘和内接立方体等效垂直孔，使其与水平微带线之间的不连续性减小，与实际电路相比较存在传输增大而反射降低的结果。

2. PEC 边界四层电路板过孔仿真验证

PEC 边界下四层电路板垂直互连仿真模型尺寸同表 4-6 和表 4-7，HAM 法设置边界条件为 PEC，HFSS 的边界条件设置为“PerE”，S 参数幅值和相位计算结果分别见图 4.40 和图 4.41。

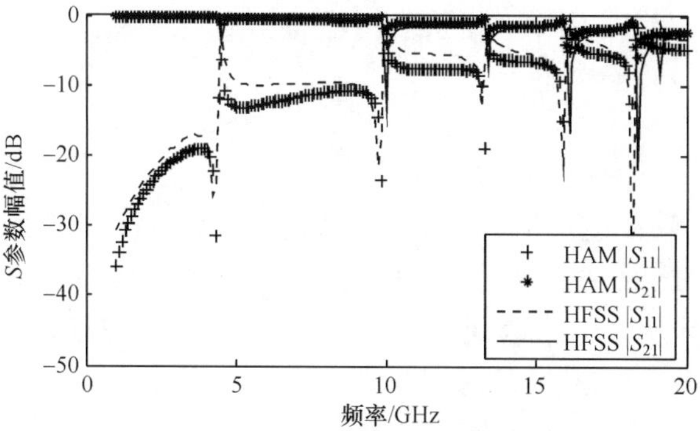

图 4.40　PEC 边界四层电路板过孔结构 S 参数幅值比较

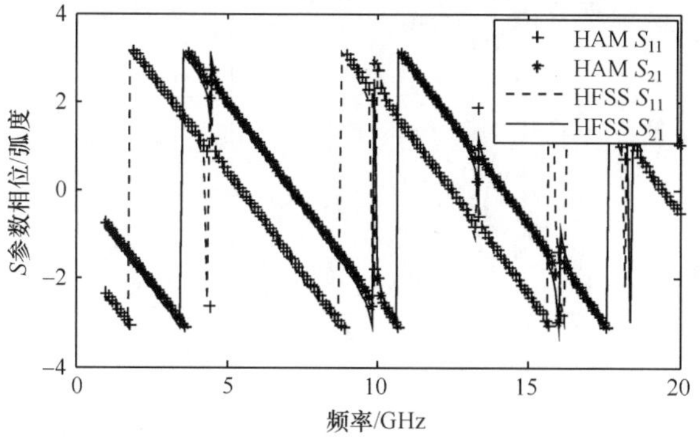

图 4.41　PEC 边界四层电路板过孔结构 S 参数相位比较

当边界条件设为 PEC 时，过孔本身构成一个谐振结构。由图 4.40 中 S 参数幅值计算结果知，尽管 HAM 计算的结果略小于 HFSS 的，但是二者在 5GHz、10GHz、13GHz、16GHz 以及 18GHz 频率左右都出现了谐振点，曲线整体趋势一致；图 4.41 显示，相位曲线基本一致。

4.4 层间互连结构优化

4.4.1 短路孔对过孔信号传输的影响

在多层电路板中，当使用过孔作为信号传输的路径时，返回电流会在电源与地平面间激起平行板模式。如果这些模式没有得到有效的控制，会在板腔中产生传导电磁波。由于板腔四周一般是开路边界，电磁波在边界处会发生反射，在某些频率下形成驻波，导致在过孔与电源、地平面之间会发生强烈的电磁耦合现象。由此所产生的相互作用会严重影响到系统的性能。如果在信号过孔周围用加入短路孔，由于短路孔能为返回电流提供有效的流出路径，从而减小上述电磁耦合现象，提高系统信号传输性能。

1. 短路孔数量对信号过孔散射参数的影响

对于图 4.42 所示过孔结构，电源层与地层间的介质材料选用聚四氟乙烯，介质层厚度设为 0.6mm，过孔半径与阻焊盘半径分别取 0.1mm 与 0.375mm，短路孔与信号孔间距均设为 2mm。改变信号过孔周围短路孔的数量分别为 1、2、3、4、5 个时，传输参数与反射参数的变化规律如图 4.43 所示。

随着信号过孔周围短路孔数量的增加，谐振现象变弱，传输特性变好。随着短路孔数量的增加，短路孔组成的回流路径的导纳减小，返回电流倾向于阻抗小

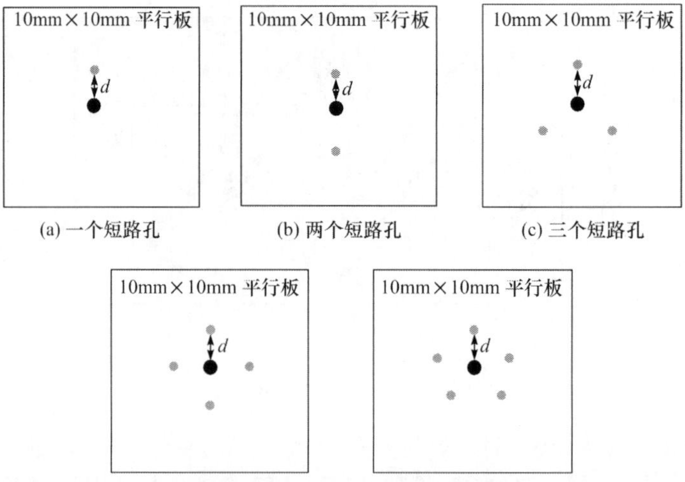

(a) 一个短路孔　(b) 两个短路孔　(c) 三个短路孔　(d) 四个短路孔　(e) 五个短路孔

图 4.42　含有短路孔的电路板结构

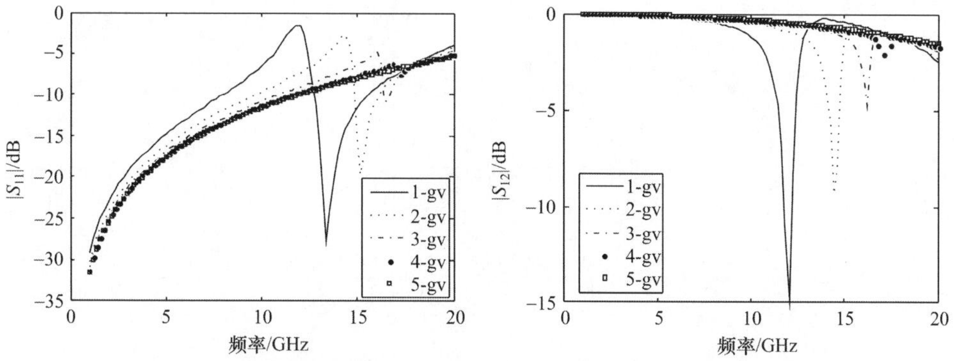

(a) 反射参数幅值　　(b) 传输参数幅值

图 4.43　PMC 边界条件下信号孔传输特性与短路孔数量的关系

的回流路径，使得电源与地平面间的位移电流减弱，平行板模式减弱，故信号孔与电源、地平面间的耦合减小。因此采用在信号过孔的周围添加短路孔的方式可以提高信号的传输质量。当短路孔从 4 个变为 5 个时，S 参数变化已经很小。说明在信号孔周围设置 4 个短路孔足以改善信号传输的质量。

2. 短路孔与信号过孔间距对信号过孔性能的影响

图 4.44 所示的平行板的长度和宽度均为 10mm，信号过孔位于平行板中央，短路孔与信号过孔的间距为 d，其他参数与上一个例子相同并保持不变，d 分别取 1.5mm、2.5mm、3.5mm、4.5mm。

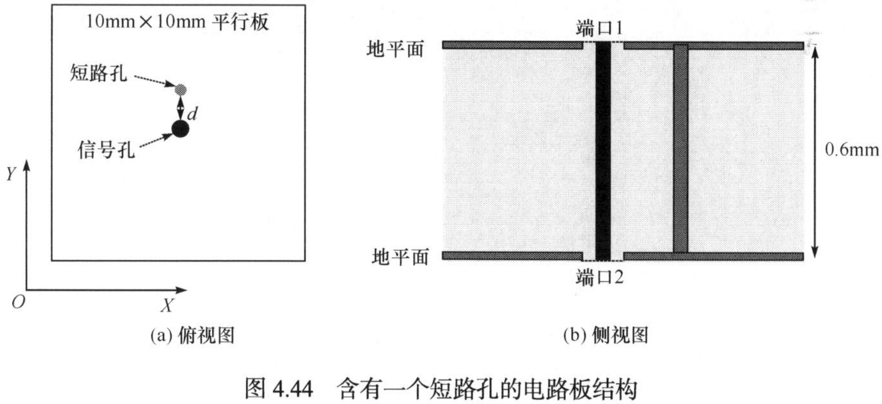

(a) 俯视图　　(b) 侧视图

图 4.44　含有一个短路孔的电路板结构

如图 4.45 所示，随着间距 d 的减小，信号过孔的传输特性变好。当 d 取值减小时，短路孔构成的回流路径阻抗变小，板腔中的位移电流减弱，故传输特性变好。将短路孔设在靠近信号孔的位置可以提高过孔的信号传输质量。

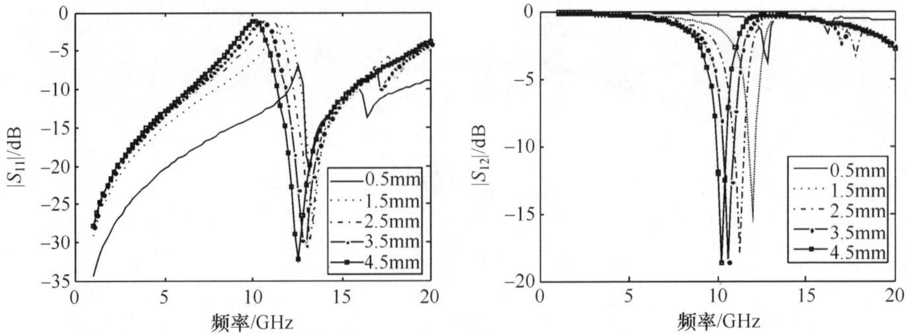

图 4.45　过孔与短路孔间距对传输特性影响

4.4.2　接地孔对于信号孔间串扰的影响

当信号通过过孔在多层电路中传输时，由于电流的返回路径在不同的电路平面上，多层电路的平行板结构中会产生位移电流以维持返回电流的连续性，位移电流会在平行板结构中激发出电磁噪音。电磁噪音在平行板结构中传播，与信号在垂直互连过孔处发生耦合，产生串扰。若串扰信号频率与平行板谐振频率一致时，将会出现非常严重的信号完整性及电磁兼容问题。有效的解决信号孔间串扰问题是电路设计上的重要问题。

1. 接地孔对于信号孔间串扰的影响

如图 4.46 所示，分别考虑四种情况：没有接地孔、一个接地孔、两个接地孔以及四个接地孔，板的边界设为 PMC 边界，比较接地孔数量对于串扰的影响。

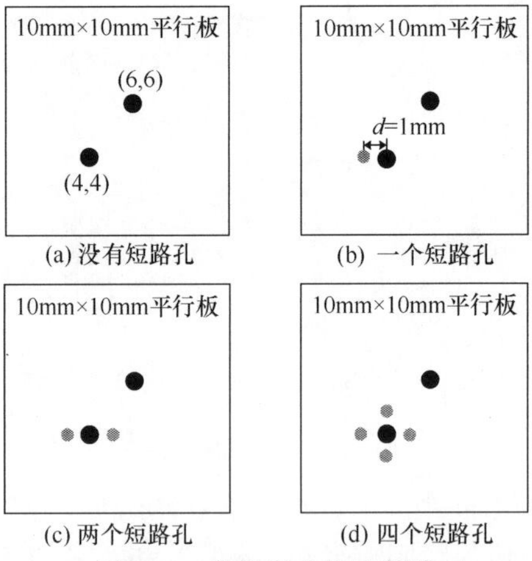

图 4.46　串扰影响的示意图

由图 4.47 可知，低频时，取 1～2 个接地孔能很好地减小串扰。在宽频带范围内，取 4 个接地孔能更好地减弱孔间串扰对信号传输的影响。

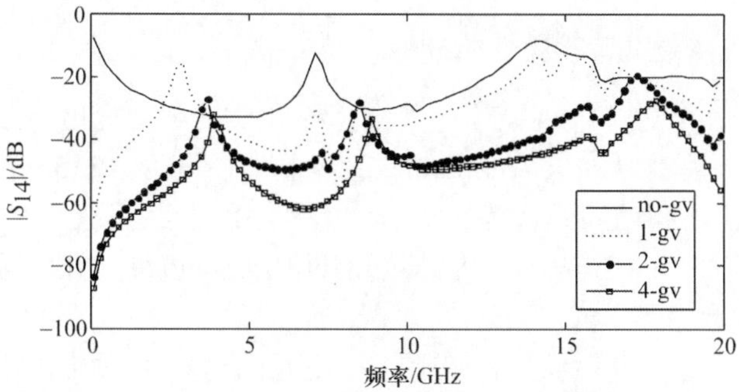

图 4.47　PMC 边界条件下增加短路孔数量 S 参数的变化规律

2. 串扰与接地孔间距离的影响

如图 4.48 所示，平行板的长度与宽度均取为 10mm，两个信号孔分别位于平行板上(4,5)mm 与(6,5)mm 处，短路孔与信号孔的间距为 d。为了消除边界条件的影响，将边界条件设置为 PML 边界。当 d 分别取 0.5mm、1mm、1.5mm、2mm 时，信号孔间的串扰变化规律如图 4.49 所示。

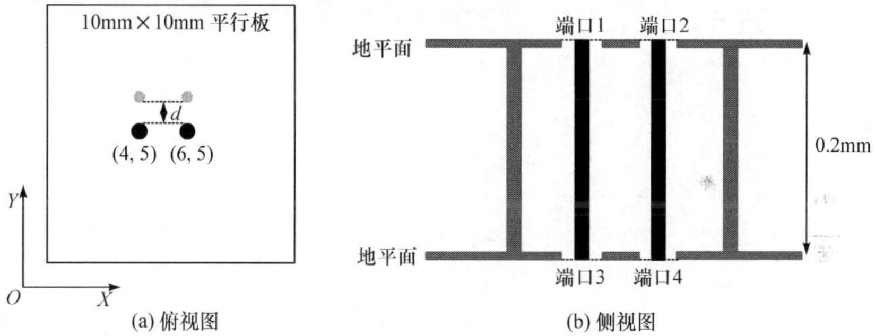

图 4.48　串扰模型示意图

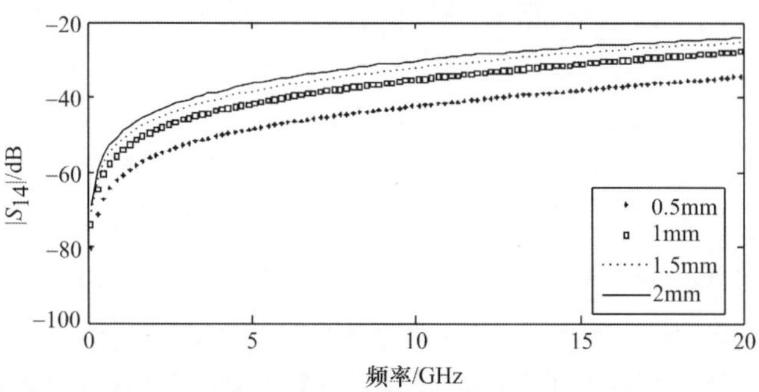

图 4.49　PML 边界条件下改变短路孔与信号孔个之间的间距时 S 参数的变化规律

由图 4.49 知，随着信号孔与短路孔间距的增加，串扰变的愈加严重。故为减小串扰，接地孔应该设置在尽可能靠近信号孔的地方。

4.4.3　过孔阵列中过孔传输特性的分析

图 4.50 为一个过孔阵列结构。其中基板介质的相对介电常数为 4.4，损耗角正切为 0.02，基板厚度设为 0.2mm，反焊盘半径设为 0.375mm，钻孔半径设为 0.1mm，过孔之间的间距设为 1.5mm。为了消除电路板边界对信号传输的影响，边界条件设为 PML 边界。内部过孔(过孔 6)与边缘过孔(过孔 1)的传输特性如图 4.51 所示。

如图 4.51 所示，与边缘过孔相比，内部过孔有着更好的传输特性。内部过孔周围有着更多的相邻过孔，沿着过孔信号传输方向的阻抗变化较小，信号反射更弱。此外，相比于边缘处的过孔，被其他过孔包围的内部过孔向外辐射出的能量更少。

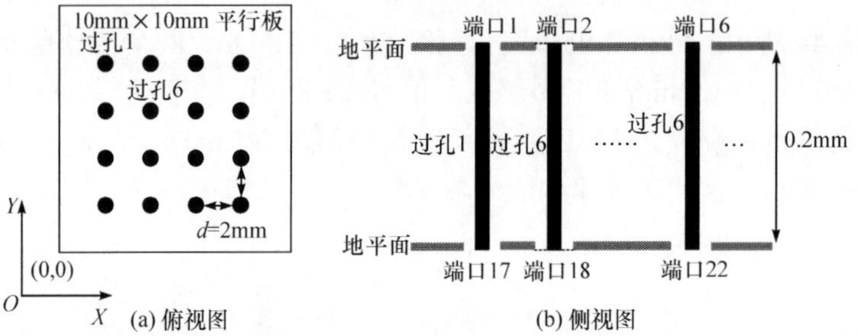

图 4.50　过孔阵列示意图

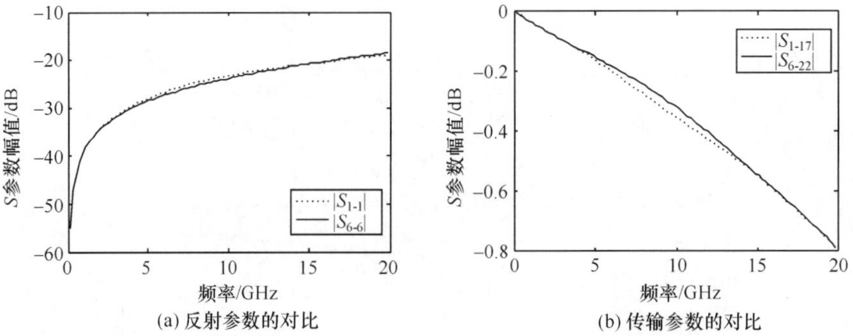

图 4.51　PML 边界条件下过孔阵列中内部过孔与边缘过孔传输特性的比较

保持上述模型结构所有参数不变，分析内部过孔(过孔 6)。过孔间距分别取 1mm、1.5mm、2mm、2.5mm，过孔传输参数的变化如图 4.52 所示。

从图 4.52 中可以看出，随着过孔间距的增大，辐射到外面的能量增加，过孔的信号传输质量变差。

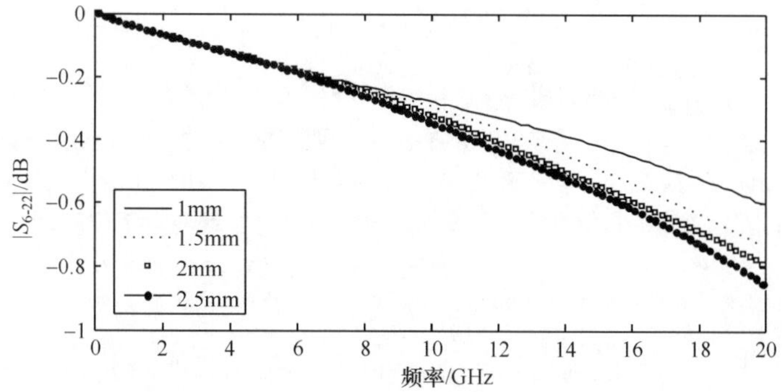

图 4.52　PML 边界条件下内部过孔的传输参数随过孔间距的变化

参 考 文 献

[1] Johnson H, Graham M. High-Speed Digital Design—A Handbook of Black Magic. NewJersey: Prentice Hall, 1993,249-262.

[2] Chen Q L, Zhao J.Via and return path discontinuity impact on high speed digital signal quality.The 9th IEEE Topical Meeting on Electrical Performance of Electronic Packaging, 2000, 215-218.

[3] Coombs C F. Printed Circuits Handbook. 6th Edition. New York: McGraw Hill, 2007,4.1-4.18.

[4] Wang T Y, Harrington R F, Mautz J R. The equivalent circuit of a via.Transactions of the Society for Computer Simulation International, 1987, 4(2): 97-123.

[5] Wang T Y, Harrington R F, Mautz J R. Quasi-static analysis of a microstrip via through a hole in a ground plane. IEEE Trans.Microwave Theory Tech., 1988, 36(6):1008-1013.

[6] Harrington R F. Field Computation by Moment Methods.New York:IEEE Press,1993,1-24.

[7] Wang T Y, Harrington R F, Mautz J R. The excess capacitance of a microstrip via in a dielectric substrate. IEEE Trans.Computer-Aided Design, 1990, 9(1):48-56.

[8] Kok P A, Zutter D D. Capacitance of a circular symmetric model of a via hole including finite ground plane thickness. IEEE Trans.Microwave Theory Tech., 1991, 39(7):1229 - 1234.

[9] Kok P A, Zutter D D. Prediction of the excess capacitance of a via-hole through a multilayered board including the effect of connecting microstrips or striplines. IEEE Trans. Microwave Theory Tech., 1994, 42(12):2270 - 2276.

[10] Kok P A, Zutter D D. Scalar magnetostatic potential approach to the prediction of the excess inductance of grounded via's and via's through a hole in a ground plane. IEEE Trans.Microwave Theory Tech., 1994, 42(7):1229 - 1237.

[11] Oh K S, Schutt-Aine J E, Mittra R, et al. Computation of the equivalent capacitance of a via in a multilayered board using the closed-form Green's function. IEEE Trans.Microwave Theory Tech., 1996, 44(2): 347 - 349.

[12] Mathis A W, Peterson A F,Butler C M. Rigorous and simplified models for the capacitance of a circularly symmetric via. IEEE Trans.Microwave Theory Tech., 1997,45(10):1875 - 1878.

[13] Laermans E, Geest J D, Zutter D D, et al. Modeling differential via holes. IEEE Trans.Advanced Packaging, 2001, 24(3): 357-363.

[14] Laermans E, Geest J D, Zutter D D, et al. Modeling complex via hole structures. IEEE Trans.Advanced Packaging, 2002, 25(2): 206-214.

[15] Yee K S. Numerical solution of initial boundary value problems involving Maxwell's equations in isotropic media. IEEE Trans.Antennas Propagat, 1966, 14(3): 302-307.

[16] 王秉中. 计算电磁学. 北京：科学出版社, 2002: 17-115.

[17] 葛德彪, 闫玉波. 电磁波时域有限差分方法.西安:西安电子科技大学出版社, 2005:1-78.

[18] 倪光正, 杨仕友, 钱秀英, 等. 工程电磁场数值计算. 北京：机械工业出版社,2006:93-119.

[19] 吕英华. 计算电磁学的数值方法. 北京：清华大学出版社, 2006:143-197.

[20] Maeda S, Kashiwa T, Fukai I. Full wave analysis of propagation characteristics of a through hole using the finite-difference time-domain method. IEEE Trans. Microwave Theory Tech., 1991, 39(12): 2154 - 2159.

[21] Becker W D, Harms P H, Mittra R. Time-domain electromagnetic analysis of interconnects in a computer chip package. IEEE Trans.Microwave Theory Tech., 1992,40(12): 2155 - 2163.

[22] Cherry P C, Iskander M F. FDTD analysis of high frequency electronic interconnection effects. IEEE Trans.Microwave Theory Tech., 1995, 43(10): 2445 - 2451.

[23] Li E, Liu E, Li L, et al. A coupled efficient and systematic full-wave time-domainmacromodeling and circuit simulation method for signal integrity analysis of high-speed interconnects. IEEE Trans. Adv. Packag., 2004, 27(1):213 - 223.

[24] Kasher J C, Yee K S. A numerical example of a two dimensional scattering problem using a subgrid. Applied Computational Electromagnetic Society Journal and Newsletter, 1987,2(2): 75-102.

[25] Mei K K, Cangellaris A C, Angelakos D J. Conformal time domain finite difference method. Radio Science, 1984, 19(5):1145-1147.

[26] Mur G. Absorbing boundary conditions for the finite-difference approximation of the time-domain electromagnetic field equations.IEEE Trans.Electromagnetic Compatibility,1981, 23(4): 377-382.

[27] Rao C, Tian Y, Gao B, et al. A new modified Perfectly Matched Layer (PML) without split-field. 2008 International Conference on Microwave and Millimeter Wave Technology Proceedings (ICMMT'08), 2:756-759.

[28] Hsu S G, Wu R B. Full wave characterization of a through hole via using the matrix-penciled moment method. IEEE Trans.Microwave Theory Tech., 1994, 42(8):1540 - 1547.

[29] Hsu S G, Wu R B. Full wave characterization of a through hole via in multi-layered packaging. IEEE Trans.Microwave Theory Tech., 1995, 43(5): 1073 - 1081.

[30] Popovic B D, Nesic A. Generalisation of the concept of equivalent radius of thincylindrical antennas. IEE Proceedings on Microwaves, Optics and Antennas, 1984,131(3):153-158.

[31] Sarkar T, Nebat J, Weiner D, et al Suboptimal approximation/identification of transient waveforms from electromagnetic system by pencil-of-function method. IEEE Trans.Antennas Propagat, 1980, 28(6):928-933.

[32] Maricevic Z A, Sarkar T. Application of matrix pencil technique to analysis of microstrip. Antennas and Propagation Society International Symposium, 1995, Vol.3:1506-1509.

[33] Sarkar T, Pereira O. Using the matrix pencil method to estimate the parameters of a sum of complex exponentials.IEEE Antennas and Propagation Magazine, 1995, 37(1):48-55.

[34] Ong C J, Wu B, Tsang L, et al. Full-wave solver for microstrip trace and through-hole via in layered media. IEEE Trans.Advanced Packaging, 2008, 31(2):292-302.

[35] Rao S, Wilton D, Glisson A. Electromagnetic scattering by surfaces of arbitrary shape.IEEE Trans.Antennas Propagat, 1982, 30(5):409 - 418.

[36] Sorrentino R, Alessandri E, Mongiardo M, et al. Full-wave modeling of via hole grounds in microstrip by three-dimensional mode matching technique. IEEE Trans.Microwave Theory Tech., 1992, 40(12):2228-2234.

[37] Alessandri F, Mongiardo M, Sorrentino R.Transverse segmentation: a novel technique for the efficient CAD of 2N-port branch guide couplers. IEEE Microwave Guided Wave Lett., 1991, 1(8):204-207.
[38] Alessandri F, Mongiardo M, Sorrentino R. A technique for the full-wave automatic synthesis of waveguide components: application to fixed phase shifters. IEEE Trans.Microwave Theory Tech., 1992, 40(7):1484-1495.
[39] Oo Z Z, liu E, Li E, et al. A semi-analytical approach for system-level eclectric modeling of electronic packages with large number of vias. IEEE Trans.Advanced Packaging, 2008, 31(2):267-274.
[40] Smolyansky D. TDR and S-parameter measurements for serial data application:how much rise time,bandwidth and dynamic range do you need. IEC 2007 DesignCon,2007,1-19.
[41] Hua Y B, Sarkar T K. Generalized pencil-of-function method for extracting poles of an EM system from its transient response. IEEE Trans. Antenna Propagat, 1989, 37(2):229-234.
[42] 李世智. 电磁辐射与散射问题的矩量法. 北京：电子工业出版社，1985:1-49.
[43] 傅君眉, 冯恩信. 高等电磁理论. 西安：西安交通大学, 2000:20-60, 76-91.
[44] 廖承恩. 微波技术基础. 西安：西安电子科技大学出版社, 1994:113-115.
[45] Makarov S N. 通信天线建模与 MATLAB 仿真分析. 许献国译. 北京：北京邮电大学出版社，2006:10-27.
[46] 胡俊. 计算电磁学中积分方程方法讲义. 成都：电子科技大学, 2008:11-34.
[47] Zhang Y, Fan J, Selli G, et al. Analytical evaluation of via-plate capacitance for multilayer printed circuit boards and packages. IEEE Trans.Microwave Theory Tech., 2008,56(9):2118-2128.
[48] Tomasic B, Hessel A. Electric and magnetic current sources in the parallel plate waveguide. IEEE Trans.Antennas Propag., 1987, 35 (11):1307-1310.
[49] Marcuvitz N. Waveguide handbook. London: Peter Peregrinus Ltd, 1951:72-80.
[50] Pozer D. 微波工程. 张肇仪等 译. 北京：电子工业出版社, 2007:138-160.

第 5 章　微波平面电路介电常数测量

介质基板是构成微波平面电路的主要元素之一。根据电路类型、使用环境、机械强度、价格等一系列因素，采用的介质基板会各不相同。电路特性除了与电路结构相关外，还与构成电路的介质材料的电磁特性密切相关。无论是分析还是设计平面微波电路，都需要准确知道介质材料的介电特性。

微波材料的电磁特性参数包括介电常数和磁导率。

介电常数是指材料在外加电场作用下产生感应电荷，以改变电场强度的介质特性参数，用 $\varepsilon=\varepsilon_0\varepsilon_{\rm r}$ 表示。其中 $\varepsilon_0=8.85\times10^{-12}\,({\rm F/m})$ 为真空介电常数，相对介电常数 $\varepsilon_{\rm r}=\varepsilon_{\rm r}'-{\rm j}\varepsilon_{\rm r}''$，介质损耗角正切为：$\tan\delta=\varepsilon_{\rm r}''/\varepsilon_{\rm r}'$。

磁导率是指微波材料在外加磁场作用下的磁化程度，用 $\mu=\mu_0\mu_{\rm r}$ 表示。其中 $\mu_0=4\pi\times10^{-7}\,({\rm H/m})$ 是真空中的磁导率，相对磁导率 $\mu_{\rm r}=\mu_{\rm r}'-{\rm j}\mu_{\rm r}''$，磁性损耗角正切为 $\tan\varphi=\mu_{\rm r}''/\mu_{\rm r}'$。

一般情况下，用相对磁导率 $\mu_{\rm r}=\mu_{\rm r}'-{\rm j}\mu_{\rm r}''$ 和相对介电常数 $\varepsilon_{\rm r}=\varepsilon_{\rm r}'-{\rm j}\varepsilon_{\rm r}''$ 表示材料的电磁特性。

微波介质材料一般可以分为磁性材料和非磁性材料两种。非磁性材料的相对磁导率恒为 1，在表征其电磁特性时只需要考虑其电介质特性，也可以称之为电介质材料。磁性材料是指材料有明显磁介质特征，需要使用相对磁导率和相对介电常数两个参数表征其电磁特性。对于微波平面电路来说，其介质基板基本上是由非磁性材料构成。本章中主要讨论非磁性微波介质材料的介电特性和测量方法。

5.1　微波介质材料的介电特性

5.1.1　电介质的介电常数及特点

从电学现象来看，介质中的原子、分子以共价键的形式被强烈地束缚着，所带电荷称之为束缚电荷。根据介质中束缚电荷的分布特征，可以把电介质分为无极分子和有极分子两类。无极分子的正、负电荷分布中心重合，对外产生的合电场为零。有极分子的正、负电荷中心不重合，表现为一个等效电偶极子。但在电介质中由于众多电偶极子随机排列，使得合成电偶极矩对外产生的合电场为零。

不管是极性电介质还是非极性电介质，在外部电场的作用下都会发生极化现象。此时介质内部的电场强度将是外部电场 E_0 与极化电荷产生的附加电场 E' 的矢量叠加，其散度为

$$\nabla \cdot \boldsymbol{E} = \frac{\rho_0 + \rho'}{\varepsilon_0} \tag{5.1}$$

其中 ρ_0 为自由电荷；ρ' 为束缚电荷。

可以看出此时介质内部总电场既与自由电荷有关，也与束缚电荷有关。由于自由电荷和束缚电荷的分布未知，介质内部电场分布情况研究变得十分复杂。经过分析电介质的极化规律，引入极化强度矢量 $\boldsymbol{P}$ ，可以得到其与极化电荷密度关系满足式(5.2)。

$$\rho_P = -\nabla \cdot \boldsymbol{P} \tag{5.2}$$

将式(5.2)代入式(5.1)，整理后可得

$$\nabla \cdot \left(\varepsilon_0 \boldsymbol{E} + \boldsymbol{P}\right) = \rho_0 \tag{5.3}$$

矢量 $\varepsilon_0 \boldsymbol{E} + \boldsymbol{P}$ 只与自由电荷有关，称这一矢量为电位移矢量 $\boldsymbol{D}$ 。对于线性和各向同性的电介质，电位移矢量 $\boldsymbol{D}$ 满足式(5.4)。

$$\boldsymbol{D} = \varepsilon_0 \boldsymbol{E} + \boldsymbol{P} = \left(1 + \chi_e\right)\varepsilon_0 \boldsymbol{E} = \varepsilon_{\mathrm{r}} \varepsilon_0 \boldsymbol{E} = \varepsilon \boldsymbol{E} \tag{5.4}$$

其中 ε 称为介质的介电常数，单位为 F/m ，大小等于电位移矢量 $\boldsymbol{D}$ 与电场强度 $\boldsymbol{E}$ 之比。引入电介质的介电常数后，介质内电场强度的研究就只需要考虑自由电荷的分布，而不需要单独考虑束缚电荷的影响。

当外加交变电场时，介质的相对介电常数通常变现为一个复数，即 $\varepsilon_{\mathrm{r}} = \varepsilon_{\mathrm{r}}' - \mathrm{j}\varepsilon_{\mathrm{r}}''$ 。介质极化后产生的电偶极子在交变电场中随着电场的变化而变化。介质内部的电偶极子在变化过程中将产生摩擦力，摩擦力转换为热能，表现为对电磁波的损耗。在有耗电介质中，电磁能转化为热能的程度可以用相对介电常数的虚部 $\varepsilon_{\mathrm{r}}''$ 或损耗角正切 $\tan\delta = \varepsilon_{\mathrm{r}}''/\varepsilon_{\mathrm{r}}'$ 来表示。而相对介电常数实部 $\varepsilon_{\mathrm{r}}'$ 的变化则会导致波阻抗、传播速度等一系列电磁波传播参数的变化。

由于介质存储能量的能力和其对电磁波的损耗会随着电磁波频率的变化而变化，也会随着介质温度的变化而变化，因此其所对应的相对介电常数是与工作频率、温度相关的参数。

介质的相对介电常数随频率的变化一般满足德拜(Debye)弛豫方程。

$$\varepsilon_{\mathrm{r}} = \varepsilon_{\mathrm{r}}' - \mathrm{j}\varepsilon_{\mathrm{r}}'' = \varepsilon_\infty + \frac{\varepsilon_s - \varepsilon_\infty}{1 + \mathrm{j}\omega\tau} \tag{5.5}$$

其中 ε_s 为静态介电常数；ε_∞ 为光频介电常数；弛豫时间 τ 是一个与温度有关的常数。

由该方程可以得出介质介电常数的实部和虚部的频率响应满足如图 5.1 所示规律[1]。介电常数实部 $\varepsilon_{\mathrm{r}}'$ 随频率 ω 增加而降低，从静态介电常数 ε_s 降低至光频介电常数 ε_∞；介电常数虚部 $\varepsilon_{\mathrm{r}}''$ 随频率变化在 $\omega_m = 1/\tau$ 处出现极大值。

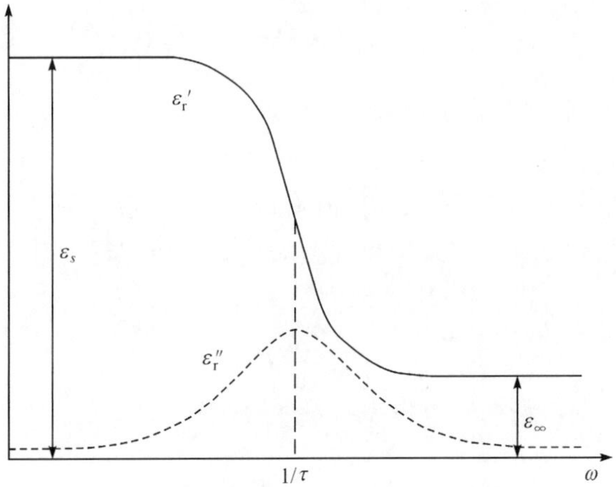

图 5.1　介电常数实部 $\varepsilon_{\mathrm{r}}'$ 和虚部 $\varepsilon_{\mathrm{r}}''$ 的频率响应

由德拜方程可以看出，$\varepsilon_{\mathrm{r}}'$ 和 $\varepsilon_{\mathrm{r}}''$ 非独立存在。从德拜方程中消去参变量 $\omega\tau$，就可得到 $\varepsilon_{\mathrm{r}}'$ 和 $\varepsilon_{\mathrm{r}}''$ 两者之间的关系为

$$\left(\varepsilon_{\mathrm{r}}' - \frac{\varepsilon_s + \varepsilon_\infty}{2}\right)^2 + \left(\varepsilon_{\mathrm{r}}''\right)^2 = \left(\frac{\varepsilon_s - \varepsilon_\infty}{2}\right)^2 \tag{5.6}$$

这是一个圆心在 $\left[\left(\varepsilon_s + \varepsilon_\infty\right)/2, 0\right]$、半径为 $\left(\varepsilon_s - \varepsilon_\infty\right)/2$ 的半圆。若以 $\varepsilon_{\mathrm{r}}''$ 为纵坐标，以 $\varepsilon_{\mathrm{r}}'$ 为横坐标，就可以得到如图 5.2 所示的一个半圆。这种不同频率下的 $\varepsilon_{\mathrm{r}}'$ 和 $\varepsilon_{\mathrm{r}}''$ 之间的关系就称之为 Cole-Cole(柯尔-柯尔)图，常用于比较各种介质的理论和实验曲线之间的吻合程度。

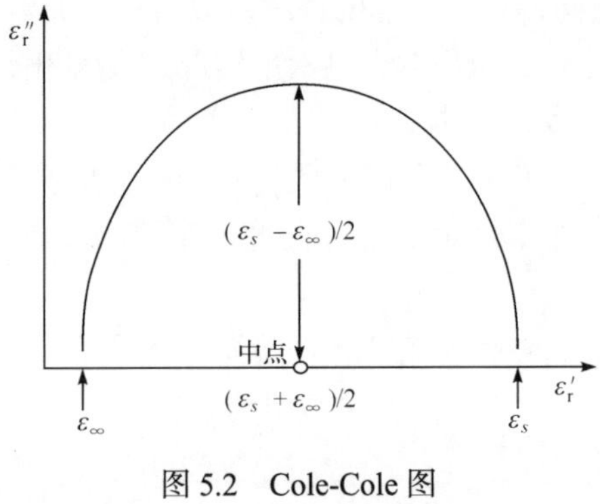

图 5.2　Cole-Cole 图

介质介电常数与温度也有密切的关系，在德拜方程中，这一关系包含在弛豫

时间 τ 中，严格来说 ε_s 和 ε_∞ 与温度也有关系。

弛豫时间 τ 与温度呈指数关系，可以简化表示为

$$\tau \approx A\mathrm{e}^{B/T} \tag{5.7}$$

其中 A 和 B 近似为常数；T 为介质的温度。

5.1.2　微波平面电路复合介质基板的特点及非理想因素

1. 微波平面电路复合介质基板的基本特点

目前所使用的绝大多数微波平面电路的介质基板都是“微波复合介质基板”，这类基板材料通常是由树脂和玻璃纤维等复合而成的，有着电气性能优良、加工工艺简单、机械和温度稳定性高等优点。但在使用这类基板时，常常会遇到以下两种情况：介质基板在平面电路中实际表现出的介电常数相对于厂家提供的参数有一定的偏移；在相同频率下同一介质基板应用于不同电路结构时，所表现出的介电常数值有较大差异。例如，Rogers 公司在文献[2]中给出的两种电路结构，同样的介质基板的介电常数偏移接近 5%。

导致这些问题的主因是微波复合介质基板中存在一些非理想因素。这些非理想因素主要可分为以下两类：

(1) 微波复合介质基板材料在介质基板法向方向(简称：纵向)和垂直于介质基板法向的方向(简称：横向)呈现不同的介电常数，即存在各向异性，其差异有时会超过 10% [3]。

(2) 在很多微波复合介质基板中，为了增加基板的机械强度，以及其尺寸和热稳定性，常会添加玻璃纤维束等材料，这些材料会导致介质基板的不均匀性[4]。

图 5.3 给出了 Rogers 公司推出的玻纤增强的碳氢树脂体系/陶瓷填料的复合板材的横截面照片。从图中可以看出，介质基板中的深灰色部分是为了增加材料刚性和尺寸稳定性而增加的玻璃纤维。此外由于加载的陶瓷颗粒非圆形，且沿厚度方向排列，会使得该复合介质基板在厚度方向与垂直于介质基板的方向存在各向异性。

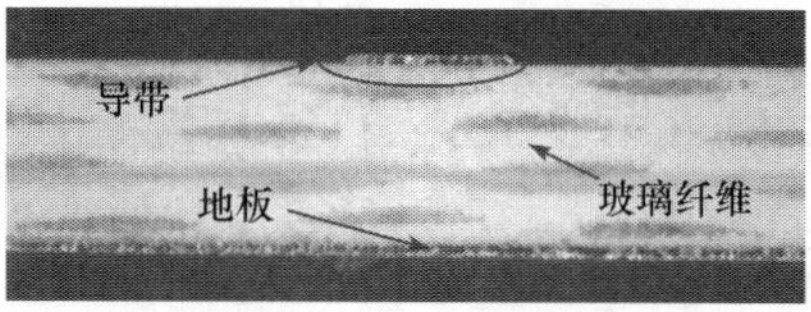

图 5.3　微波复合介质基板的横截面照片

另外针对不同类型的微波复合介质基板材料，加载的玻璃纤维布纹的间隔尺寸也各不相同的。图 5.4 给出了 4 种不同间隔尺寸的玻璃纤维布纹，这些布纹的

尺寸参数也会较大的影响信号的传播特性。

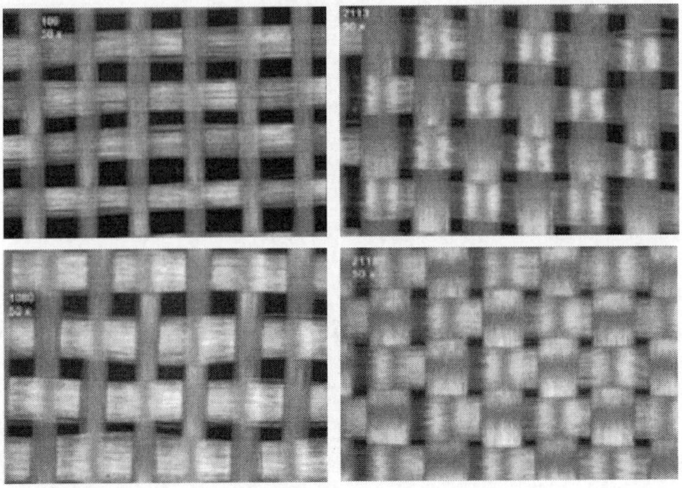

图 5.4　几种不同尺寸的玻璃布纹[5]

2. 复合介质基板非理性因素的影响

以上介绍了微波复合介质基板中存在的非理想因素。下面进一步对这些因素的影响规律进行分析，以便在对微波复合介质基板材料进行测量时，能够根据其自身的工作频带、结构、特点等因素，选择恰当的介质材料测量方法。

1) 等效介电常数偏移

图 5.5 中分别给出了单根微带线与耦合微带结构的电力线示意。对于同一种微波复合介质基板，当其应用于这两种不同的微波平面电路结构时，表现出的介电常数有可能出现一定差异。如图 5.5(a)所示，对于单根微带线来说，其电力线主要沿介质基板的厚度方向。而如图 5.5(b)所示的耦合微带结构，其电力线不但有沿介质基板厚度方向的，也有沿介质基板横向方向的。对于存在各向异性特点的微波复合介质基板材料而言，两种结构所表现出的介电常数必然存在一定差异。

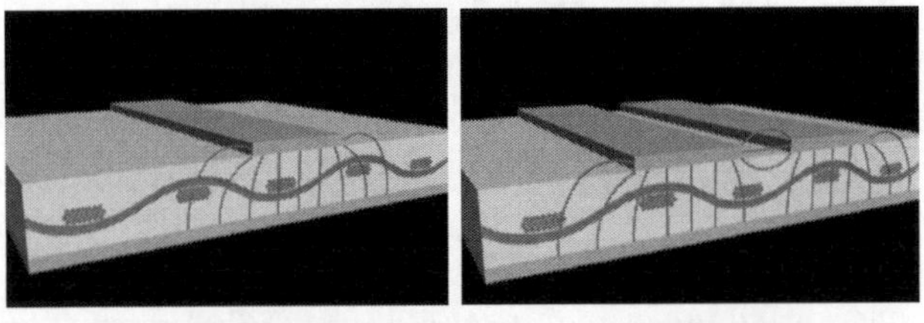

(a) 单根微带线　　(b) 耦合微带结构

图 5.5　单根微带线与耦合微带结构电力线示意图[6]

另外对于耦合微带结构，如果其横向电场有一部分进入玻璃纤维层，由于玻璃纤维和树脂材料的介电常数差异较大，会进一步的增大图 5.5(a)和图 5.5(b)两种情况所表现出介电常数的差异。

图 5.6 给出了 Rogers 公司微波复合介质基板 RO4350B 介电常数的测量结果。从结果中可以看出，该复合介质基板在垂直和水平方向上的介电常数有着较为明显的差异。故在使用该介质基板时，会出现针对不同微波电路结构，该介质基板所表现出的实际介电常数不相同的情况。

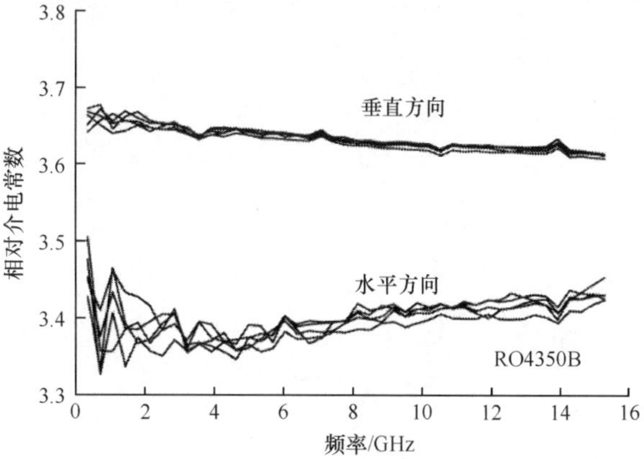

图 5.6　RO4350B 微波复合介质基板的垂直和水平介电常数值[3]

2) 对信号完整性的影响

当微波复合介质基板中加载有玻璃纤维结构时，有时会出现如图 5.7 所示的情况。差分传输线中的一根恰好始终处于玻璃纤维束之上，而另外一根所处位置介质情况与之不同。由于信号在平面电路中的传播速度和其导带下介质基板的介电常数密切相关，玻璃纤维束和填充树脂的介电常数差异较大，这必然会造成两路传输信号产生相位偏移。对于差分信号来说，会较大程度影响信号的完整性。

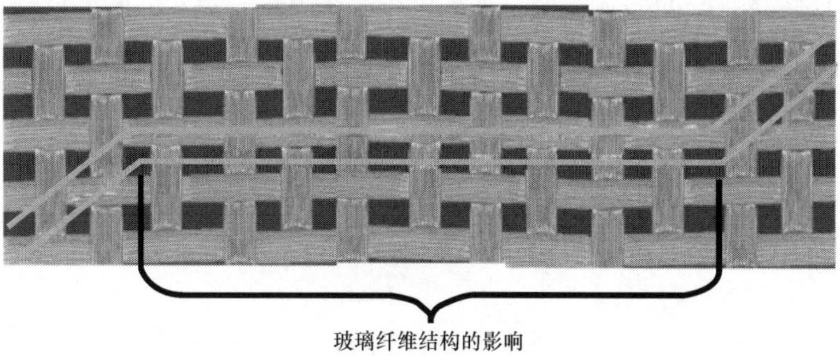

图 5.7　差分线传输线的微波复合介质基板结构差异

图 5.8 的左边给出了理想情况下，每根传输线上的信号以及相应的差分信号和共模信号。图 5.8 的右边给出了差分信号在微波平面电路中传播时，由于两路传输线上信号的传播速度不同，而造成的信号衰减。从图中可以看出由于信号传播速度不同，造成了在接收端两路信号相位发生偏移，造成了差分信号波形严重变形，并且导致共模干扰出现。

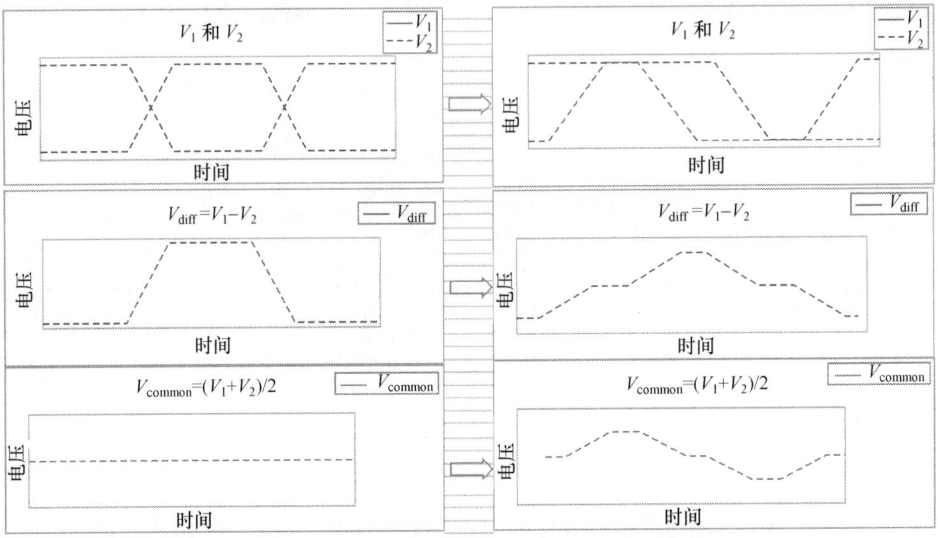

图 5.8　理想和非理想情况下差分信号的传输情况示意图[7]

为了研究这一问题所带来的影响，2005 年 Intel 公司专门成立了一个国际联合研究小组,研究介质基板中的玻璃纤维结构,对数字电路中信号完整性的影响。该小组经过两年的研究，发表了他们的主要研究成果[8]，并且给出了减少这一影响的一系列方法。包括：

(1) 在电路板布线时，走折线路径。如图 5.9 所示，图中 W 应该至少大于 3 倍玻璃纤维布纹之间的间隙。通过这种布线方式可以使得信号在差分传输线两条路径上的传播速度尽可能的一致。但是这种布线方式会导致电路板布线所需面积增加，布线难度也大为增加。

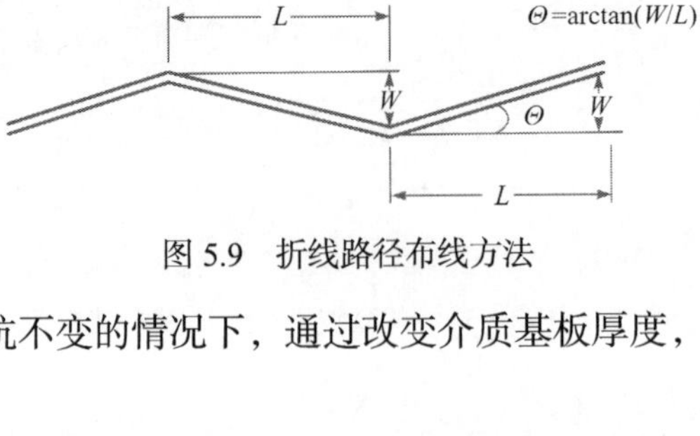

图 5.9　折线路径布线方法

(2) 在保证阻抗不变的情况下，通过改变介质基板厚度，适当增加导线的宽度，相对于宽导线，细导线结构受到玻璃纤维布纹的影响更大。

(3) 在选择电路介质基板时，尽量选取玻璃布纹较密的基板，如图 5.5(d)所示的结构就要好于其他几种结构。其次如果对电路板强度要求不高，可以选择没有玻璃纤维结构增强的电路基板材料，如同为 Rogers 公司的 RO3000 系列产品，RO3003、RO3006、RO3010 板材中就没有包含玻纤增强结构。另外一些公司还专门针对这一问题，设计了低介电常数玻璃纤维结构。这类板材在保证电路板机械强度的基础上，减小了其对差分信号的影响。如 Nelco 4000-13 板材，其采用 NE-glass 加载，相对于传统的玻璃纤维，它的介电常数较低。

3) 布纹结构周期加载引起的谐振及损耗特性

当传输线导带处于玻璃纤维加载的微波复合介质基板上时，传输线可以看成如图 5.10 所示的结构单元在均匀传输线上的周期加载。由传输线周期加载理论可知，这种结构必然会产生谐振，谐振频率 f_{res} 的计算公式如下：

$$f_{\text{res}} = \frac{c\sin\varPhi}{2p\sqrt{\varepsilon_{\text{eff}}}} \tag{5.8}$$

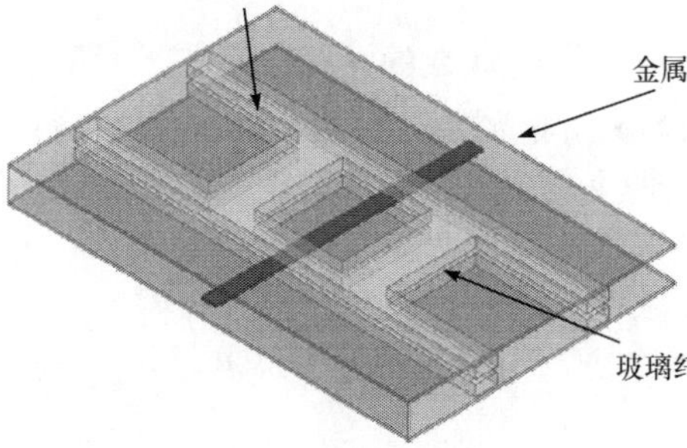

图 5.10　玻璃纤维结构单元[9]

其中 c 为光速；p 为玻璃纤维之间的间距；$\varPhi$为导带与玻璃纤维布纹之间的夹角；ε_{eff}为传输线的等效介电常数。

假设仅考虑导带与玻璃纤维布纹正交时的情况，此时根据式(5.8)可知，玻璃纤维之间的间距 p 等于谐振频率的半波长，即

$$p = \frac{c}{2f_{\text{res}}\sqrt{\varepsilon_{\text{eff}}}} = \frac{v}{2f_{\text{res}}} = \frac{\lambda}{2} \tag{5.9}$$

图 5.11 给出了传输线的介质基板加载玻璃纤维间距分别为 20mil 和 60mil 时的传输特性。从图中可以看出，间距为 60mil 的传输特性曲线中存在有明显的谐振现象，在 55GHz 附近传输损耗显著增加。而对于 20mil 间距的介质基板，由于其间距较小，在这一频段范围内没有表现出谐振和额外的损耗特性。

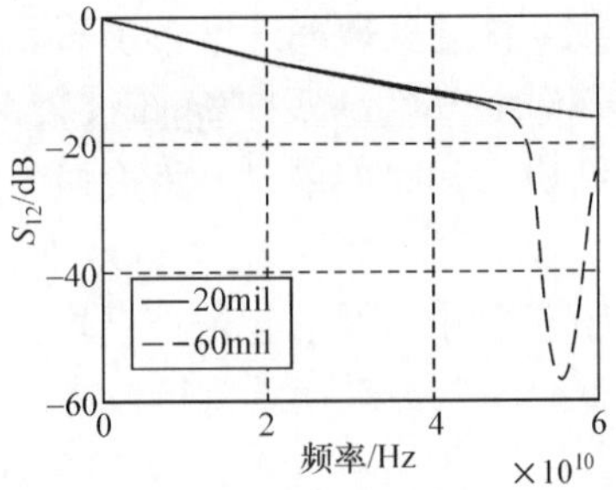

图 5.11　不同玻璃纤维结构尺寸对微带线传输特性的影响[9]

此外玻璃纤维的宽度及其与导带的相对位置等参数也会对传输线的谐振频率和损耗产生一定的影响。

通过以上分析，在测量微波介质基板的介电常数时，可以根据自身设计电路的结构及参数，以及各种测量方法的特点，来选择恰当的介质常数测量方法。

5.2　微波介质材料介电常数的测量方法

目前对于微波介质材料介电常数的测量，存在着多种多样的方法。工作频段、介电常数量值范围、测量精度、材料的属性(固体、液体或粉末材料)、材料的尺寸限制、材料的破坏性或非破坏性、能否直接接触、是否存在污染、温度条件、测量成本等都是选择介电常数测量方法需要考虑的。本节将给出几种常用的材料介电常数的测量方法并对其优缺点进行分析。

5.2.1　平行板法

平行板法[10]是将介质平板材料放置在两个平行板电极中间构成一个平行板电容器，利用 LCR 测试仪或阻抗分析仪来测量其电容和损耗因子。再利用电容和损耗因子与介电常数的关系计算得到被测材料的介电常数和损耗正切，如图 5.12 所示。

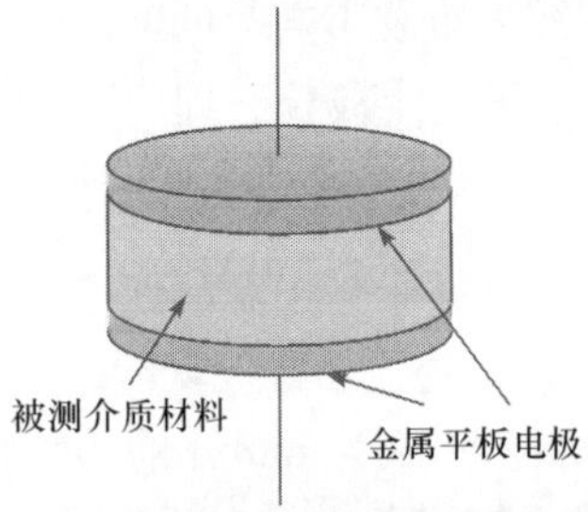

图 5.12　平行板法测量介电常数示意图

一般平行板电容器中电场分布如图 5.13(a)所示。由于平行板电极的边缘存在边缘电容，导致测得的电容值大于加载介质平板材料的平板电容器的实际电容。为了消除这种边缘电容产生的测量误差，一般利用保护电极来吸收平行板电极的边缘场，以提高测量准确性，如图 5.13(b)所示。

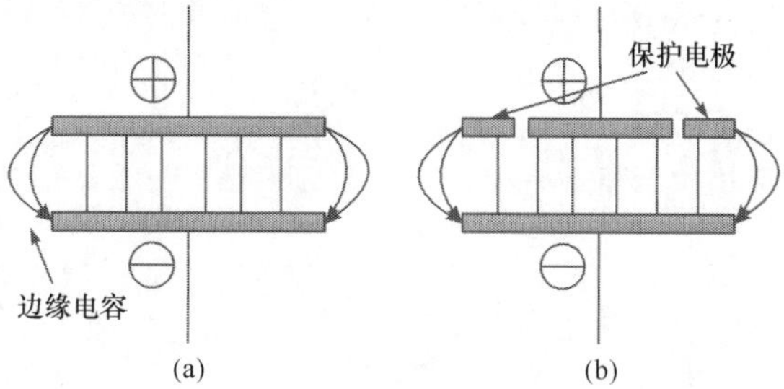

图 5.13　平行板电场分布示意图

平行板法测量介电常数可以大体分为两大类：完全接触平行板法和非完全接触平行板法。

完全接触平行板法是将平板材料放置于两块平板电极中间，不需要对平板材料进行相关处理，测量过程比较简单，如图 5.14 所示。

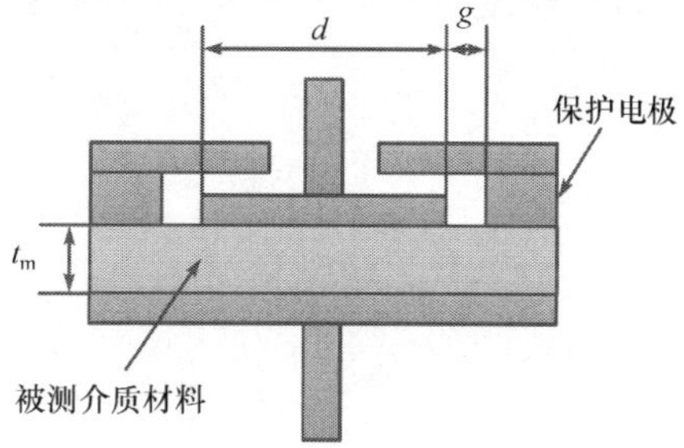

图 5.14　完全接触法平行板测量法

利用阻抗测试仪测得平行板电容器的电容值 C_p 和损耗因子 D 后，平板材料的介电常数和损耗正切可以通过下面的公式计算：

$$\varepsilon_r = \frac{t_m \times C_p}{A \times \varepsilon_0} = \frac{t_m \times C_p}{\pi\left(\frac{d}{2}\right)^2 \times \varepsilon_0} \tag{5.10}$$

$$\tan\delta = D \tag{5.11}$$

其中 t_m 是被测平板材料的平均厚度；A 是中间平行板电极的面积；d 是平行板电极的直径。

从以上的计算公式可知，完全接触平行板法操作和计算步骤十分简单。该方法的主要误差来源于平行板电极与介质材料之间的空气间隙，分析表明被测介质厚度越薄、介电常数越大，空气间隙导致的误差就越明显。

非完全接触平行板法，可以很好地消除因平行板电极与介质材料之间的空气间隙造成的误差。该方法需要分别对空平行板电极和加载介质平板材料平行板电极进行测量，如图 5.15(a)和(b)所示。

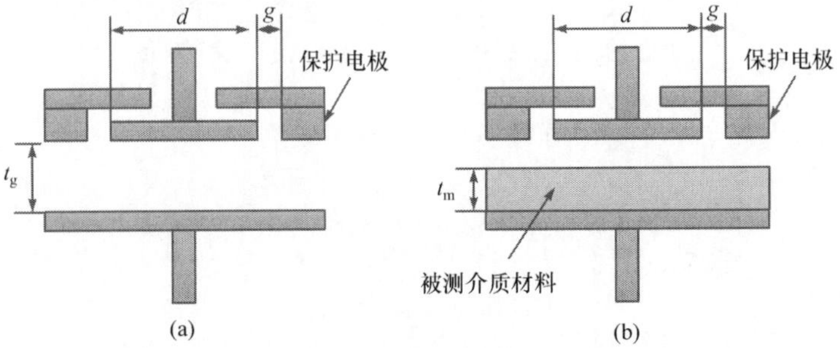

图 5.15　非完全接触平行板测量法

理论上这种方法要求两个平行板电极之间的距离 t_g 仅稍大于待测平板材料的厚度 t_m，即空气间隙(t_g–t_m)要远小于被测介质材料的厚度 t_m，这一要求非常重要。当测量得到加载介质平板材料前后两次的电容值和衰减因子后，平板材料的介电常数就可以通过下面的公式计算：

$$\varepsilon_r' = \frac{1}{1-\left(1-\dfrac{C_{s1}}{C_{s2}}\right)\times\dfrac{t_g}{t_m}} \tag{5.12}$$

$$\tan\delta = D_2 + \varepsilon_r' \times (D_2 - D_1)\times\left(\frac{t_g}{t_m}-1\right) \tag{5.13}$$

其中 C_{s1} 和 C_{s2} 是平行板电容器未加载和加载介质平板材料后测量得到的电容值；D_1 和 D_2 是平行板电容器未加载和加载介质平板材料后测量得到的损耗因子。

平行板法测量介电常数有以下特点：

(1) 操作和数据处理均较为简单；

(2) 测量频率范围一般不超过 1GHz；

(3) 适合平板、薄膜、PCB 等材料测量，需要样品表面光滑平整，测量精度较高；

(4) 对于完全接触平行板法，存在于被测平板材料和平行板电极之间的空气间隙是主要的测量误差来源，采用薄片电极可以一定程度上消除误差；

(5) 非完全接触平行板法需要进行两次测量，不需要考虑空气间隙问题，但是只适合测量小损耗材料。

5.2.2 传输线法

传输线法[11, 12]测量介电常数是由 Niclson、Ross 与 Weir 等于 20 世纪 70 年代提出来的，常被简称为 NRW 方法。该方法是将待测材料置于传输线中，当电磁波在传输线中传播遇到待测材料时，由于待测材料引入的不连续性，电磁波的一部分透射而另一部分则被反射，在这个过程中同时伴随有电磁波能量的衰减和相移。利用矢量网络分析仪测量传输线加载待测材料部分的散射 S 参数，可反演被测材料的介电常数。

如图 5.16 所示，传输线法一般利用波导或者同轴线作为样品载体。将样品填充在波导腔体或者同轴线内外导体之间，在波导或者同轴线的工作频段内，利用矢量网络分析仪测量波导或同轴线加载样品段的二端口网络 S 参数。

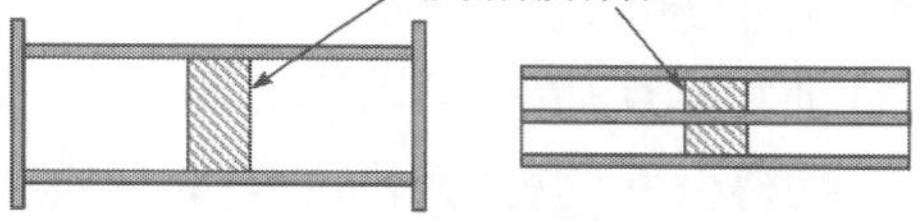

图 5.16　波导或同轴传输线法测量介质配置图

同轴传输线法的测量频带很宽，一般可用于测量 10MHz～18GHz 频率范围的电磁参量。同轴线样品为环状，用料较少。

矩形波导传输线法，由于受到矩形波导单模传输条件的限制，一种夹具的测量频带相对较窄，一般用在较高频段。

图 5.17 给出了电磁波在填充有被测材料样品的波导和同轴线中传播的情况。由于介质分界面的存在，电磁波在其中传播时，将会产生透射和反射，这些透射和反射波的相对大小如图 5.17 所示，与不连续面处的反射系数 Γ 以及样品中的传播系数 T 密切相关，与在 A、B 二端口测得的 S 参数关系如下:

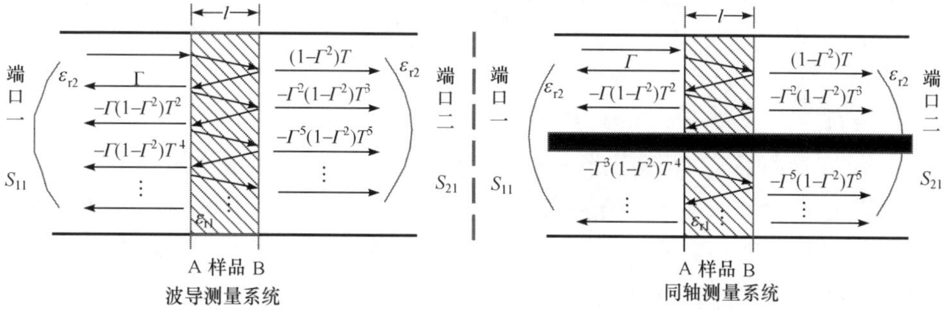

图 5.17　电磁波在测量系统中的传输及反射示意图

$$S_{11}=\frac{(1-T^2)\Gamma}{1-\Gamma^2T^2} \tag{5.14}$$

$$S_{21}=\frac{(1-\Gamma^2)T}{1-\Gamma^2T^2} \tag{5.15}$$

其中 $T=\exp(-\gamma_c l)$ 是填充被测样品传输线的传输系数；$\Gamma=(Z_c-Z_0)/(Z_c+Z_0)$ 是介质不连续面处的反射系数；γ_c 和 Z_c 中包含被测介质材料的电磁特性参数信息。

矢量网络分析仪二端口 S 参数测量法要求测量样品填充面间的传输和反射参数。但由于矢量网络分析仪的测量参考面与样品填充面之间存在各种转换、适配连接，需要通过去嵌入技术将测量参考面从矢量网络分析仪测量参考面移动到样品填充面，以获得样品端面的散射 S 参数。

传输线法具有以下特点：

(1) 传输线法的样品夹具简单。

(2) 适用于波导、同轴等多种传输线系统。

(3) 可扫频测量，一次得出很宽频带范围内被测材料的介电常数等参量。

(4) 当样品长度为测量频率对应的半波导波长整数倍时，该方法存在厚度谐振问题。

(5) 存在多值性问题。由于被测样品传播常数与样品长度相关，当样品长度大于测量频率对应的波导波长时，被测样品的传播常数有多个解而导致被测样品的复介电常数多值。为了确定唯一的复介电常数，一般采用测量不同长度的样品，或者测量长度小于波导波长的样品，或者在不同的频率点上进行测量的方法。

(6) 极薄样品(即样品长度远远小于测量频率对应波导波长的被测样品)测量结果具有很大的不确定度。

(7) 传输线法对低损耗材料的损耗因子测量的不确定度较大。测量结果会包括连接线不匹配导致的误差，样品与夹具空气隙导致的误差以及样品位置不确定性导致的误差。

5.2.3 同轴探针法

同轴探针法，是一种无损介电常数测量方法。将开口同轴探头紧贴被测材料，探头发出的辐射电磁场在近场区域与被测材料相互作用，反射波会携带被测材料的电磁特性信息。故通过测量探头终端的反射系数或输入导纳可取被测介质材料的介电常数，如图 5.18 所示。

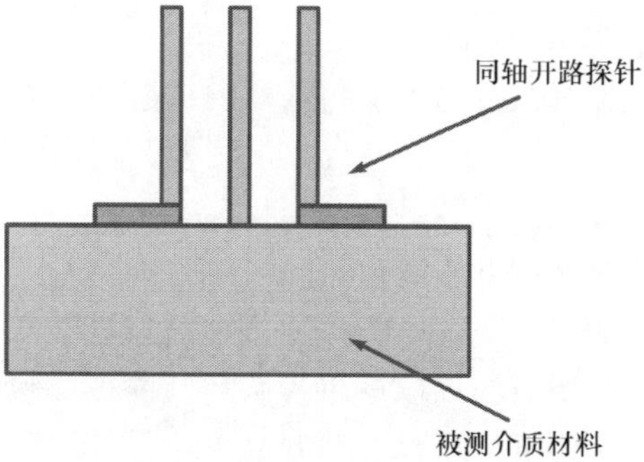

图 5.18　同轴探针法介电常数测量示意图

同轴线探针法是通过反射系数与被测样品介电常数之间的关系实现的，而这两者之间的关系通常呈现非常复杂的非线性关系。同轴线探针法的测量精度将直接决定于反射系数与介电常数之间的建模精度。开口同轴探针法的发展过程也是其数学模型不断完善的一个过程。发展至今该方法对液体及半固体材料的介电常数测量已比较成熟，但对固体尤其是非平面固体材料，还有待改进。

开口同轴探针的理论模型发展大致经历了三个阶段，可分为集总参数模型、准静态模型和全波模型。其中最早的集总参数模型比较简单，但仅适用于低频段的测量，当测量频率升高时，该模型会产生较大的误差；准静态模型忽略了同轴探针终端附近的高次模式对反射的影响，仅考虑 TEM 模式的反射；全波模型则是根据电磁场理论严格推导得到的理论模型，其准确度和适用范围都比前两种方法好，但数据处理步骤则要比前两种方法复杂很多，需要建模或者利用商业全波仿真软件进行分析。

利用开口同轴探针法测量介质材料时，矢量网络分析仪测量探头端面，也就是样品接触面的反射系数 $\varGamma$ 的表达式为

$$\varGamma=\frac{Z_{\mathrm{L}}-Z_0}{Z_{\mathrm{L}}+Z_0}=\frac{Y_0-Y_{\mathrm{L}}}{Y_0+Y_{\mathrm{L}}} \tag{5.16}$$

其中，Z_0 为同轴线的特性阻抗；Z_{L} 为被测样品的特性阻抗，大小与被测样品的复介电常数以及同轴探头端面的几何尺寸有关；Y_0，Y_{L} 分别表示传输线的特征导纳和负载导纳。当被测量样品被认为无限长且均匀时，其输入导纳 $Y_{\mathrm{L}}\left(\omega,\varepsilon_{\mathrm{r}}\right)$ 可以表示为

$$Y_{\mathrm{L}}\left(\omega,\varepsilon_{\mathrm{r}}\right)=\mathrm{j}\omega C_i+\mathrm{j}C_0\varepsilon_{\mathrm{r}}+\mathrm{j}B\omega^3\varepsilon_{\mathrm{r}}^2+A\omega^4\varepsilon_{\mathrm{r}}^{2.5} \tag{5.17}$$

其中 ω 表示传播信号的角频率；系数 C_i，C_0，A，B 需要通过校准得到。

系统的标准校准件为短路器、常温下的蒸馏水和空气。由式(5.17)可知变量 Y_{L} 与自变量 ε_{r} 之间为非线性关系，介电常数的求解为解非线性方程(5.17)。

同轴探针法有以下特点：

(1) 开口同轴探头具有很宽的频率测量范围，适用频段为 200MHz～20GHz；

(2) 具有非破坏性和非侵入性，适合无损测量、现场测量；

(3) 测量设备简单；

(4) 适合高温、低温环境下测量；

(5) 被测材料样品加工容易，只需要被测材料的测量表面光滑；

(6) 开口同轴探头测量方法要求同轴探头与待测样品接触要非常紧密，以确保测量结果具有较高的精确度；

(7) 要求样品大体积、大损耗，以确保样品与空气界面上的反射不进入同轴传输线。

5.2.4 谐振法

谐振法是将待测介质材料置入谐振腔内，改变谐振腔的谐振频率与品质因数，利用介电常数与谐振频率以及品质因素的关系确定被测介质材料介电常数的方法。常用的谐振腔有矩形谐振腔、圆柱谐振腔和环形谐振腔。

图 5.19 为一种利用矩形波导谐振腔测量样品介电常数的系统示意图。该谐振腔的主要工作模式是 TE_{20n}。将样品插入矩形波导腔体中，利用矢量网络分析仪测量相应的谐振频率变化，即可计算样品的介电常数。此测量方法无须校准矢量网络分析仪。

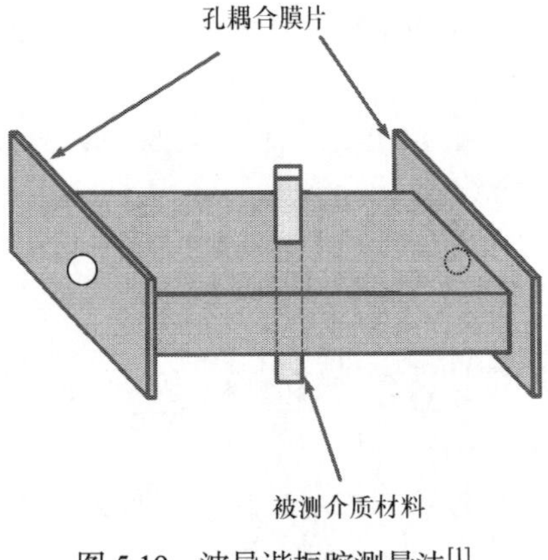

图 5.19　波导谐振腔测量法[1]

为了保证测量精度和灵敏度，需要将介质样品放置在波导中电场最强处。将样品通过一个小孔插入矩形波导腔体的中间位置，如果波导长度是半波长的奇数倍长，此时样品即处于电场最强处。图 5.20 显示了插入样品前后矩形波导谐振腔的谐振曲线，由此可获得插入样品前后的谐振频率和 Q 值。被测材料的介电常数

与谐振频率和品质因数的关系为

$$\varepsilon_{\mathrm{r}}' = \frac{V_c\left(f_c - f_s\right)}{2V_s f_s} \tag{5.18}$$

$$\varepsilon_{\mathrm{r}}'' = \frac{V_c}{4V_s}\left(\frac{1}{Q_s} - \frac{1}{Q_c}\right) \tag{5.19}$$

其中 f_c 和 f_s 分别是插入样品前后谐振腔的谐振频率；Q_c 和 Q_s 分别是插入样品前后，谐振腔的谐品质因素；V_c 是空腔体的体积；V_s 是插入样品的体积。

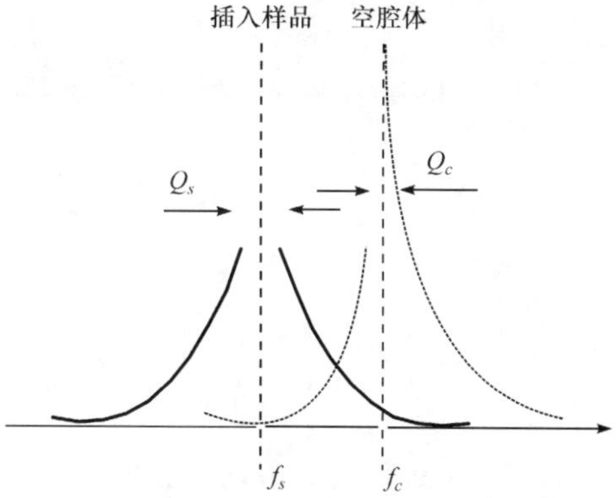

图 5.20　矩形波导谐振腔插入介质样品前后的频率响应曲线

为了保证测量精度，放入谐振腔内的介质材料必须足够小，以保证微扰法的成立。

谐振法具有以下特点：

(1) 测量精度很高；

(2) 能对小尺寸样品进行准确测量；

(3) 测量夹具简单；

(4) 仅能测量某一频点的材料特性参数；

(5) 如果谐振腔的 Q 值不够高，会使得其无法对低损耗介电材料进行测量。

5.2.5　自由空间法

自由空间法是一种非接触和非破坏性的测试方法，利用天线将电磁波发射到被测介质平板样品上，通过收/发天线测量材料对电磁波的反射和透射，以此计算介质材料的电磁参数。与其他测量方法相比自由空间法对测试材料样品没有非常严格的形状和工艺要求，只需厚度均匀且面积大于天线足印。由于该测量方法是非接触式的，可以应用于高温或者其他复杂环境中进行测量。

图 5.21 为两种典型的自由空间测量系统示意图：S 参数配置(上方)和 NRL 弧

形框(下方)。这类系统通常包括：矢量网络分析仪，收发天线和固定平台等装置。在自由空间法测量过程中，收发天线在满足远场条件下将球面波转换为平面波，被测样品的尺寸越大测量越精确。

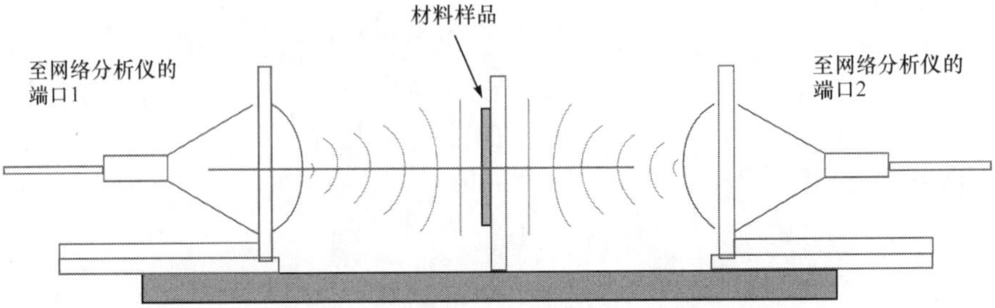

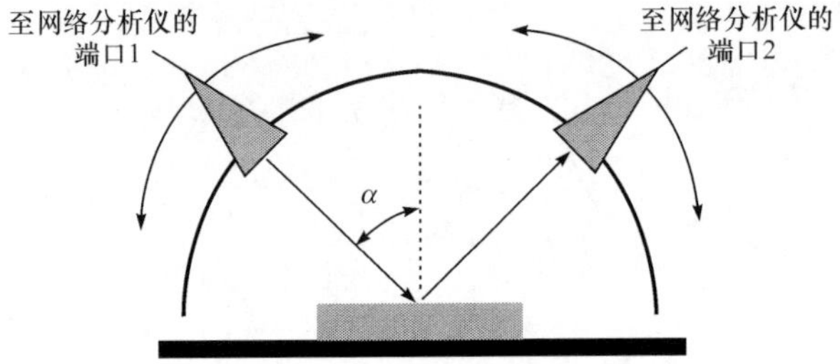

图 5.21　自由空间法测量装置[1]

对于自由空间法介质测量系统，校准是其重要的环节。校准方法有 TRL(直通、反射、传输线)、TRM(传输、反算、匹配)、GRL(选通匹配、反射、传输线)等校准方式。GRL 校准方法需要带有时域测量功能的矢量网络分析仪，相应的自由空间夹具和金属校准板。其中选通隔离/响应校准，可以减小由于样品边缘绕射效应和天线之间多重残余反射引起的误差，避免使用昂贵的点聚焦天线、大型定位夹具，实现自由空间测量。

自由空间法有着以下特点：

(1) 无损、非接触测量；

(2) 适用频段宽，可用于超高频率，低端频率受限于样品材料的尺寸；

(3) 可对材料的高温情况进行测量；

(4) 可改变入射电磁波的极化方向和入射角度，适宜于测量复合材料的电磁参数；

(5) 自由空间法系统之间是无线连接，测量系统的校准非常重要且较为复杂；

(6) 存在环境干扰、样品边缘衍射效应、多重反射等较多误差影响，相对于其他方法，其精度较低。

5.2.6　带状线谐振器法

带状线谐振器法[13]的配置如图 5.22 所示，由两块金属板、被测介质基板及相应的金属导带(包括馈线和谐振单元)构成带状线谐振结构。金属板为带状线的地板，带状线谐振单元是利用缝隙弱耦合的方式进行激励。利用介质基板相对介电常数与带状线谐振器谐振频率的关系，可以计算出被测介质基板的介电常数。

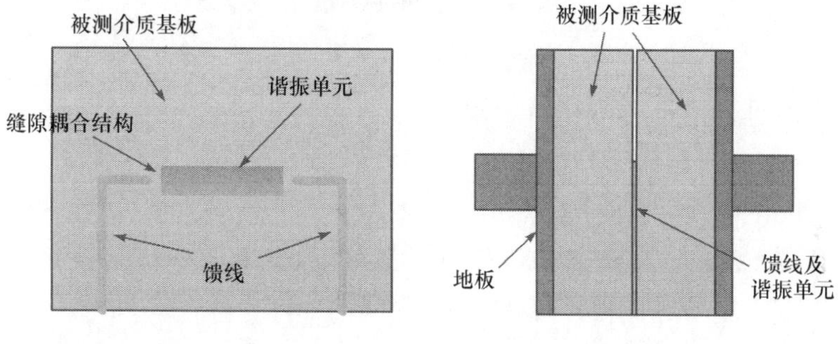

(a) 测试夹具的剖面图　　(b) 测试夹具的侧视图

图 5.22　带状线谐振器法测试夹具示意图

带状线中传播的模式为 TEM 模。谐振时的带状线谐振单元电长度为输入电磁波半波长的整数倍，对应被测介质基板的相对介电常数为

$$\varepsilon_{\mathrm{r}} = \left[\frac{nc}{2 f_R \left(L + \Delta L \right)} \right] \tag{5.20}$$

其中 n 为在谐振时带状线的电长度与半波长的比值；c 为真空中的光速；f_R 为测得的带状线谐振器的谐振频率；L 为带状线谐振器的物理长度；ΔL 为由于边缘场的影响而引入的长度修正因子，其值可以通过进一步的实验测量得出。

带状线法有以下特点：

(1) 主要用于介质层压板的介电常数测量，有很好的可重复性；

(2) 测量结果会受到被测介质材料软硬的影响；

(3) 介质基板垂直介电常数与测量结果密切相关。

5.2.7　微带线差分相位长度法

微带线差分相位长度法(microstrip differential phase length method)是通过对两段长度不同但其他参数完全一致的微带线 S 参数测量，比对处理两次的测量结果，获得被测微带线相位常数等参量，以此反演介质基板的介电常数[14]。测量系统图如图 5.23 所示。

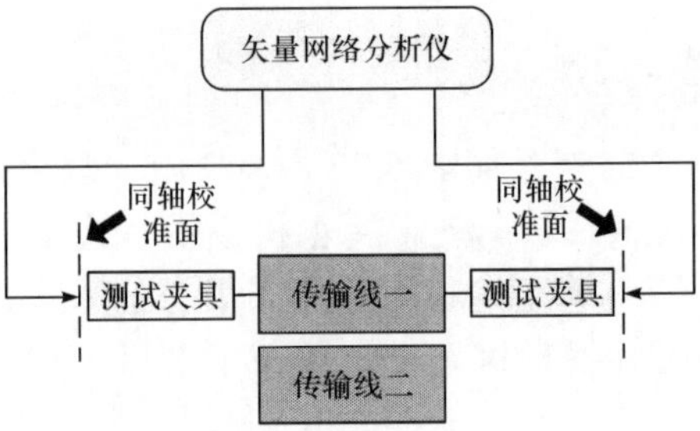

图 5.23 微带线差分相位长度法配置框图

利用矢量网络分析仪分别测量传输线一和传输线二的 S 参数，然后通过式(5.21)计算对应微带线的相位常数：

$$\beta = \frac{A_2 - A_1}{L_2 - L_1} \tag{5.21}$$

其中 A_1, A_2 为微波信号经过测试连接系统以及长度分别为 L_1, L_2 的微带线所产生的累计相位变化。利用文献[15]中给出的微带线设计公式，反演相应介质基板的等效介电常数为

$$\varepsilon_e(u,\varepsilon_r) = \frac{\varepsilon_r + 1}{2} + \frac{\varepsilon_r - 1}{2}\left(1 + \frac{1}{u}\right)^{-a(u)b(\varepsilon_r)} \tag{5.22}$$

其中

$$u = \frac{w}{h}$$

$$a(u) = 1 + \frac{1}{49}\ln\frac{u^4 + (u/52)^2}{u^4 + 0.432} + \frac{1}{18.7}\ln\left[1 + \left(\frac{u}{18.1}\right)^3\right]$$

$$b(\varepsilon_r) = 0.564\left(\frac{\varepsilon_r - 0.9}{\varepsilon_r + 3}\right)^{0.053}$$

微带线的等效介电常数 ε_e 与相位常数 β 的关系如式(5.23)所示：

$$\beta = \omega\sqrt{\mu\varepsilon_e} \tag{5.23}$$

由于采用比对测量方法，要求两条被测传输线有很好的一致性，除长度外的其他参数完全一致。此外测试夹具的重复性也是影响该方法测量精度的一个主要因素。

微带线法有以下特点：

(1) 可以测量宽频率范围内的介质基板介电常数；

(2) 介电常数测量结果的精度与微带设计公式的精度密切相关；

(3) 由于采用了比对测量的方法，无需对系统进行去嵌入处理，即可准确得出微波平面传输线的相位常数。

5.2.8 全片谐振测试法

全片谐振测试法(Full Sheet Resonance Test)是一种非常适合测量介质基板介电常数的方法[16]，图 5.24 给出了测量示意图。测量时无须对微波介质基板进行任何特殊加工和处理。

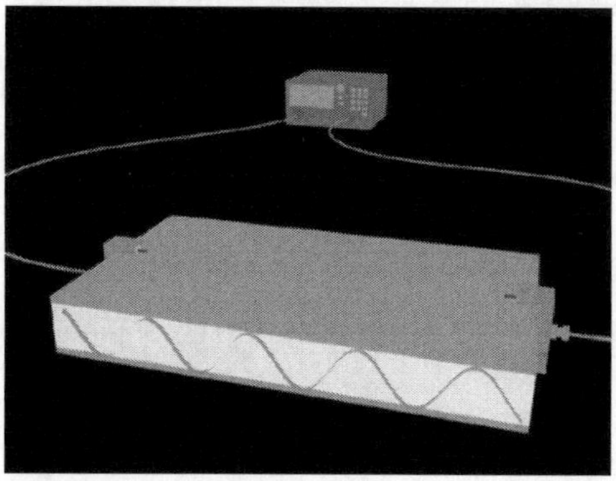

图 5.24 全片谐振法测量微波介质基板的配置图

将矩形的两边覆有铜箔的微波介质基板视作平行板波导谐振器，利用矢量网络分析仪测量传输参数，获得谐振器对应的谐振频点。利用谐振频点以及被测微波介质基板的尺寸参数，即可计算得介质基板的介电常数。

$$\varepsilon_{\mathrm{r}}=\frac{c^2}{4f_{mn}^2}\left(\frac{m^2}{L^2}+\frac{n^2}{W^2}\right) \tag{5.24}$$

其中 c 为光速；f_{mn} 为平行板波导谐振器在(m，n)模式下的谐振频率；L 和 W 分别为介质基板的长度和宽度。

全片谐振测试法是一种非常适用于微波介质基板生产过程中进行质量控制的方法，有着如下特点：

(1) 主要用于对介质基板低频段介电常数的测量，一般测量频率低于 1GHz；

(2) 测量结果对介质基板法向介电常数较为敏感；

(3) 由于忽略了边缘场、趋肤深度、表面粗糙度等因素，因此当被测介质基板的厚度小于 10mil 时，测量精度将会大为下降。

5.2.9 分离介质谐振器法

分离介质谐振器法(split post dielectric resonator)[17,18]可以用来较为精确地测

量微波介质材料的复介电常数，如图 5.25 所示，被测微波介质材料放置于两个分离的介质谐振器之间，由于被测材料的引入会使谐振频率发生偏移，由此测量介质材料的复介电常数。

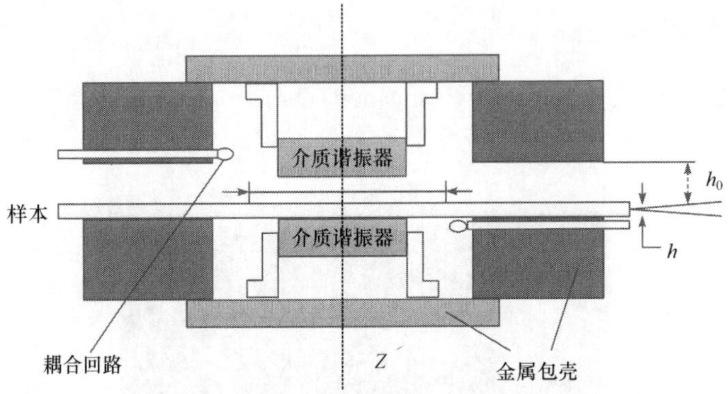

图 5.25　分离介质谐振器法

利用瑞利-里兹法，被测材料相对介电常数的实部可以由式(5.25)确定。

$$\varepsilon_r' = 1 + \frac{f_0 - f_s}{hf_0 K_\varepsilon\left(\varepsilon_r', h\right)} \tag{5.25}$$

其中 h 为被测介质基板的厚度；f_0 是无加载时的谐振频率；f_s 是有介质加载时的谐振频率；K_ε 是关于被测材料介电常数和厚度的函数。

损耗正切可以通过式(5.26)确定：

$$\tan\delta = \frac{Q^{-1} - Q_{DR}^{-1} - Q_C^{-1}}{p_{es}} \tag{5.26}$$

其中 Q 为表征待测材料介质损耗的品质因数；Q_{DR} 为表征介质谐振器介质损耗的品质因数；Q_C 为表征金属夹具损耗所决定的品质因数。

$$p_{es} = \frac{W_{es}}{W_{et}} = \frac{\iiint \varepsilon_s E E^* \mathrm{d}v}{\iiint \varepsilon(v) E E^* \mathrm{d}v} = h\varepsilon_r' K_1\left(\varepsilon_r', h\right)$$

介质谐振器法一般工作于 $\mathrm{TE}_{01\delta}$ 模式，该模式的电场都平行与介质分界面，故测量结果主要对介质基板的横向介电常数敏感。

分离介质谐振器法具有以下特点：

(1) 方便、快捷、人为误差小；

(2) 测试精度较高，可以测量低损耗介质；

(3) 介电常数实部的测量不确定度主要来源于对被测介质板厚度的测量不确定度。

5.2.10　边缘耦合微带线谐振结构测量方法

这是一种利用一种边缘耦合微带线谐振器测量介质基板的横向和纵向介电常数的方法[3,19]。谐振结构有着奇、偶模两种工作模式，每个模式都对应不同的垂直和水平电场比，故可提取被测介质基板的横向和纵向介电常数。谐振结构如图 5.26 所示，其偶模电场大多沿介质板纵向，而奇模电场则大多沿横向。

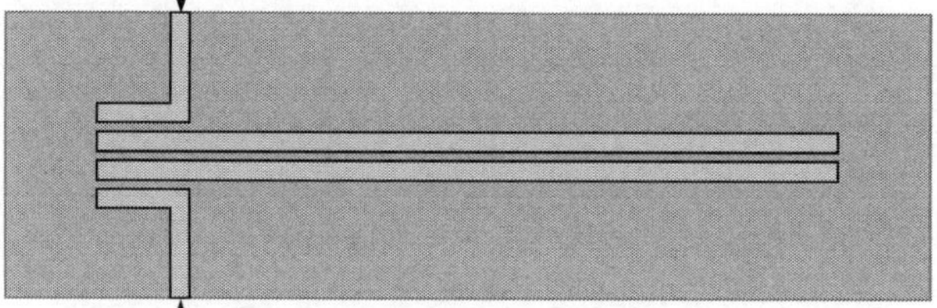

图 5.26　微带边缘耦合谐振器

为了实现宽带测量，应尽可能设置较长的谐振微带线，以便在一个频带内产生多个谐振点。

谐振结构的谐振频率与介质基板的横向和纵向介电常数满足如下关系：

$$\begin{bmatrix}\varepsilon_{\mathrm{h}}\\ \varepsilon_{\mathrm{v}}\end{bmatrix}=\boldsymbol{A}^{-1}\begin{bmatrix}f_{\mathrm{e}}^{-2}\\ f_{\mathrm{o}}^{-2}\end{bmatrix} \tag{5.27}$$

其中ε_{h}和ε_{v}分别为介质基板水平和垂直方向的介电常数；f_{e}和f_{o}为谐振结构的偶模和奇模谐振频率；矩阵 $\boldsymbol{A}$ 可以通过精确地数值分析得到。该方法测量前需预先校准，校准过程是通过精确的数值仿真计算来完成。将第一类介质基板介电常数按照预估设置为各向异性，第二类介质基板设置为各向同性，其值可以选取为第一类介质材料垂直和水平介电常数的平均值。通过对两种情况的仿真计算，对应的奇模和偶模谐振频率的偏移可用于实际测量时提取相应的垂直和水平介电常数。

边缘耦合微带谐振结构法有以下特点：

(1) 可以同时得出被测介质基板的垂直和水平介电常数；

(2) 需要电磁仿真计算软件支持介质基板为各向异性的情况；

(3) 为了准确得到谐振结构的谐振频率，在仿真分析时频率步长设置尽可能短，所需的仿真时间较长；

(4) 需要加工专门的测试件。

5.2.11　材料介电常数测量方法总结

表 5-1 为目前微波介质材料测量领域较为常用的几种方法，分为两大类：一类是较为通用的微波材料介电常数测量方法，另一类则是专门针对于微波平面电路介质基板的测量方法。在实际应用中，应该根据需要及条件选择相应的测量方法，如频段、精度、夹具、材料特性等因素。

表 5-1　介质材料测量方法

	测量方法	主要特点
通用微波介质材料测量方法	平行板法	适用频率较低，测量方法简单，准确度较高
	传输线法	扫频、宽带测量，可采用多种传输线，夹具简单，对低损耗材料的损耗参数测量误差较大
	同轴探针法	扫频、宽带测量，无损测量，方便、快捷，适合高温、低温环境，对被测材料表面光滑度要求较高
	谐振法	点频测量，测量精度很高，所需样品较少，测试夹具简单
	自由空间法	扫频测量，适用于很高频率，无损、非接触测量，可对材料的高温情况进行测量，校准较为复杂，精度相对较低
微波平面电路介质基板测量方法	带状线谐振器测试方法	点频测量，可重复性好，常用于介质基板生产过程的质量控制，被测基板的软硬会对结果产生一定的影响
	微带线差分相位长度法	扫频、超宽带测量，数据处理简单，测量结果准确度高，要求连接器有着很好的可重复性
	全片谐振法	适用频率较低，对覆铜微波介质基板可实现直接、无损测量，被测介质基板的厚度过小时，精度将大为下降
	分离介质谐振器法	点频测量，方便、快捷、人为误差小，测试精度较高，可以测量低损耗介质；介电常数实部的测量不确定度主要来源于对被测介质板厚度的测量不确定度
	微波边缘耦合谐振器法	点频测量，可以同时得出被测介质基板的垂直和水平介电常数，校准和数据处理较为复杂

5.3　微波介质材料介电常数测量方法研究

微波介质材料介电常数测量方法的实际应用还涉及夹具设计、系统校准等方面的问题。本节将以一套工作频段为 1～39GHz 的基于传输线法的粉末材料测量系统为例，详细介绍该方法的原理、校准模型、测量系统设计、测量步骤及测量结果等内容。

5.3.1　传输线法测量粉末材料介电常数的测量系统设计

利用传输线法进行材料测量时，首先要确定使用的传输线种类，不同的传输线种类所适用的频段以及对被测样品的要求各不相同。为了实现 1～39GHz 频段范围内的粉末材料的介电常数测量，采用了同轴测量系统和矩形波导测量系统相结合的方式。图 5.27 给出了矩形波导和同轴传输线填充被测样品后的测量系统示意图。

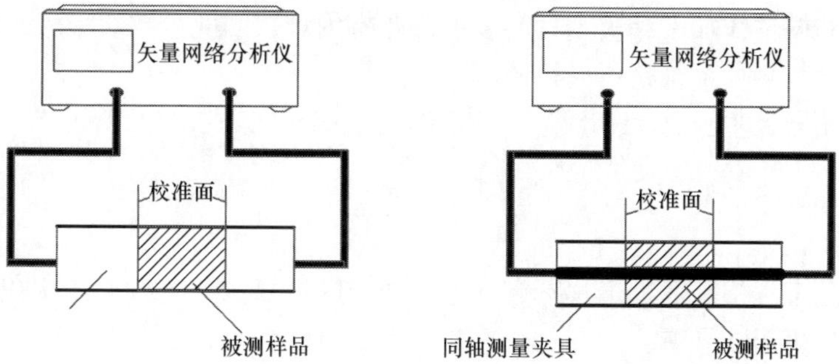

图 5.27　填充材料的波导与同轴介质测量系统示意图

测试夹具设计主要基于以下考虑：

(1) 低频段采用同轴测试夹具，所需样品量较小，工作频段很宽；

(2) 当频率增高，工作波长可以和同轴线的横向尺寸相比拟的时候，同轴线中会出现高次模式，影响测量准确性，此时采用波导夹具。

同轴线是一种双导体导波系统，主模为 TEM 模。当同轴线的横向尺寸与工作波长相近时，会出现 TE 和 TM 高次模。准确来说，此时同轴线中的 TE 模和 TM 模不再是传输截止状态。当不连续结构等因数激励产生高次模后，这些高次模会和主模一起沿同轴线传播。

在同轴线中，主模 TEM 之外的次高模式为 TE_{11} 模，为了保证单模传输，其工作波长和横向尺寸的关系应满足式(5.28)：

$$\lambda_{\min} > \pi(a+b) \tag{5.28}$$

其中 $\lambda_{\min}$ 为最小工作波长；a 和 b 分别为同轴线内导体半径和同轴线外导体内半径。

如果从同轴线最小衰减角度考虑，式(5.28)中 $b/a=3.591$；如果从同轴线最大功率容量角度考虑，式(5.28)中 $b/a=1.649$；综合考虑，一般取 $b/a=2.303$，此时该尺寸所对应的空气同轴线的特性阻抗为 $50\,\Omega$。

在 1～39GHz 整个测量频率范围内，如果采用同轴传输线构建介电常数测量系统，在确保测量系统中只传输 TEM 主模前提下，同轴线特性阻抗 Z_0 和截止频率 f_c 需要满足公式(5.29)和(5.30)：

$$Z_0 = \frac{60}{\sqrt{\varepsilon_r}} \times \ln\left(\frac{b}{a}\right) \tag{5.29}$$

$$f_c = \frac{c}{\pi(a+b)} \tag{5.30}$$

由此计算出空气同轴传输线的内外半径尺寸 a 和 b 分别为 0.74mm 和 1.71mm。这样尺寸的同轴线加工和被测材料装填都非常困难，因此全频段采用同轴传输线构建介电常数测量系统是不可行的。

矩形波导其主模为 TE10 模式，其单模工作条件如式(5.31)所示：

$$\left.\begin{matrix} a \\ 2b \end{matrix}\right\} < \lambda < 2a \tag{5.31}$$

在实际工程中一般都会选择标准矩形波导的尺寸。在 1～39GHz 频率范围内，可选的标准矩形波导有：

L 波段(1.12～1.70GHz)；

R 波段(1.70～2.60GHz)；

S 波段(2.60～3.95GHz)；

H 波段(3.95～5.85GHz)；

C 波段(5.85～8.20GHz)；

X 波段(8.20～12.4GHz)；

P 波段(12.4～18GHz)；

K 波段(18～26.5GHz)；

R 波段(26.5～39GHz)。

如果全频段采用波导作为测试夹具，需要 9 套测试夹具，导致成本高和测量过程过于复杂。

综合考虑以上因素，采用了波导和同轴测试夹具相结合的方式，是覆盖 1～39GHz 频段介电常数测量的较好选择。在低频段(1～18GHz)采用同轴传输线作为样品载体；在高频段 K 波段(18～26.5GHz)和 R 波段(26.5～39GHz)采用矩形波导作为样品载体。在整个测量频段内，依据测量频率的不同，采用分段式测量方法，方案如下：

在 1～18GHz 频段，采用同轴传输线测量方法。参照射频 N 型同轴接头标准设计，同轴线外直径为 7mm，内直径为 3mm；

在 18～26GHz 频段，采用波导传输线测量方法。选用标准矩形波导 BJ220 作为测量夹具，波导宽度为 10.668mm，高度为 4.318mm；

在 26～39GHz 频段，采用波导传输线测量方法。选用标准矩形波导 BJ320 作为测量夹具，波导宽度为 7.112mm，高度为 3.556mm。

此外由于粉末材料的无形特性，需要利用固体材料(如聚四氟乙烯)垫片来固定粉末样品的位置及其形状(如图 5.28 所示)。

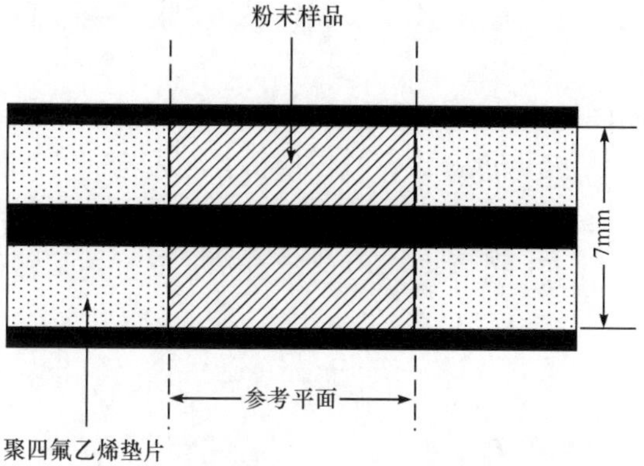

图 5.28　同轴线粉末被测样品装填示意图

5.3.2　传输线法测量粉末材料介电常数的校准方法

在利用传输线法测量粉末材料介电常数时，需要通过测得的粉末介质两端面的 S 参数反演粉末材料的介电常数。利用矢量网络分析仪自带的校准件，通过 SLOT(Short，Load，Open，Through)校准方法，可以将测量参考面校准到同轴端口，但此时的 S 参数仍不是粉末材料两端面的介电常数。采用一种改进的 TRL(Through，Reflect，Line)校准方法，可将测试参考面进一步校正到粉末材料量端面。

1) Through (直通)

直通是指把测试参考面直接相连，上述测试系统的测试参考面即为聚四氟乙烯与粉末材料的接触面。系统直通校准件如图 5.29 所示，其总长度为两倍的聚四氟乙烯垫片的长度。

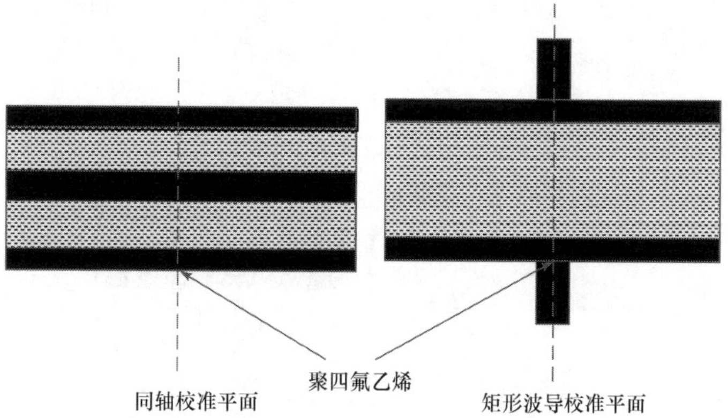

图 5.29　同轴和矩形波导直通校准器件示意图

2) Reflect (反射)

在 TRL 校准过程中，不需要知道反射校准件的精确反射值，但要求其反射系数在两个测试参考面上必须完全相同，反射系数的相位必须在正负 90°以内，反射系数大小最好接近于 1。

由于结构原因，同轴短路器的短路面和输入端口之间必然存在一小节同轴线，因此在设计直通时，应该考虑这一影响，使得其在校准时，可以将校准参考面移至实际短路面所在的位置，如图 5.30 所示。波导系统中，反射校准件是通过在测试端口的波导法兰处安装一金属导体片来实现的，其反射偏移长度为 0。

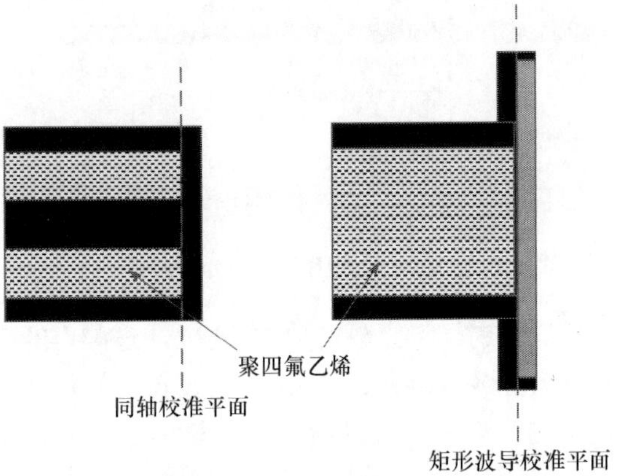

图 5.30　同轴和矩形波导反射校准器件示意图

3) Line (传输线)

传输线标准件也为一个二端口标准器件。传输线标准件与所使用的直通标准件必须具有不同的电长度，并且其长度差不能为半波长的整数倍。采用传输线标准件进行校准时，工作频率范围受下述限制：直通连接与传输线连接之间的相位差必须远离 0°和 180°，否则校准数据会出现奇异值。如图 5.31 所示，同轴和矩形波导传输线校准件同样完全填充聚四氟乙烯材料，比直通校准件长 1/4 中心频率波长。

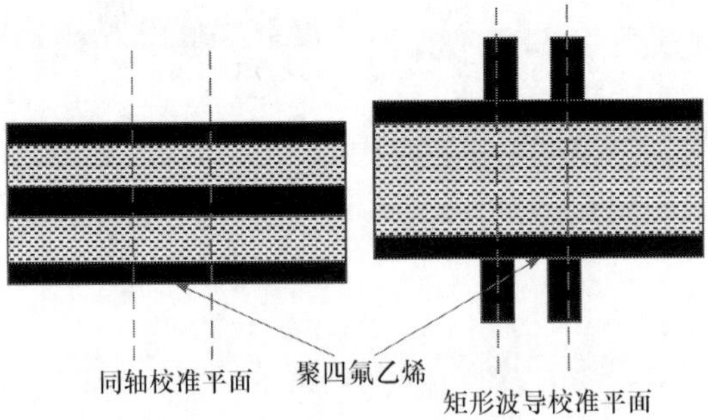

图 5.31　同轴和矩形波导传输线校准件示意图

利用以上三种校准件，对整个测试系统进行校准后，即可测得粉末材料两端面的 S 参数。

5.3.3　粉末材料介电常数反演

测得粉末材料样品端面处的 S 参数后，根据 5.2.2 节传输线法的基本原理知，S 参数与样品界面处的反射系数 $\varGamma$ 以及样品中的传输系数 T 存在如下关系：

$$S_{11}=\frac{\varGamma\left(1-T^2\right)}{1-\varGamma^2T^2} \tag{5.32}$$

$$S_{21}=\frac{T\left(1-\varGamma^2\right)}{1-\varGamma^2T^2} \tag{5.33}$$

其中 $T=\exp(-\gamma l)$；$\varGamma=(\gamma_c-\gamma)/(\gamma_c+\gamma)$；$l$ 是同轴线中填充粉末材料样品的长度；$\gamma=\mathrm{j}2\pi f/c\sqrt{\varepsilon_{\mathrm{r}}}$ 是填充有粉末材料样品同轴线的传播常数；ε_{r} 即为被测粉末材料样品的相对介电常数；$\gamma_c=\mathrm{j}2\pi f/c\sqrt{\varepsilon_c}$ 是填充聚四氟乙烯同轴线的传播常数；ε_c 是聚四氟乙烯的相对介电常数。

通过式(5.32)和式(5.33)可以计算出

$$T=M\pm\sqrt{M^2-1} \tag{5.34}$$

$$M=\frac{S_{21}^2-S_{11}^2+1}{2S_{21}} \tag{5.35}$$

$$\gamma=-\ln(T)/l \tag{5.36}$$

在式(5.34)中，传播系数 T 应该选取满足实际物理意义上的值，即 $|T|<1$ 的值。

此外利用式(5.35)求解传播常数 γ 时，需要对传输系数 T 求自然对数，对于复传输系数 T 有

$$\begin{aligned}\ln(T)&=\ln\left\{|T|\exp\left[\mathrm{j}(\theta\pm2n\pi)\right]\right\}\\&=\ln(|T|)+\mathrm{j}(\theta\pm2n\pi)\end{aligned} \tag{5.37}$$

由式(5.37)知，满足方程的传播常数 γ 值有无穷多个，即传输法存在多值问题。根据式(5.37)有传播常数为

$$\gamma=-\left[\ln(|T|)+\mathrm{j}(\theta\pm2n\pi)\right]/l \tag{5.38}$$

其中 $\gamma=\mathrm{j}2\pi f/c\sqrt{\varepsilon_{\mathrm{r}}}$，传播常数虚部随着工作频率 f 的增高而增大，并且连续变化。然而由于指数函数的周期性，由 S 参数直接得到的传播常数的虚部会出现如

图 5.32 所示的跳变。

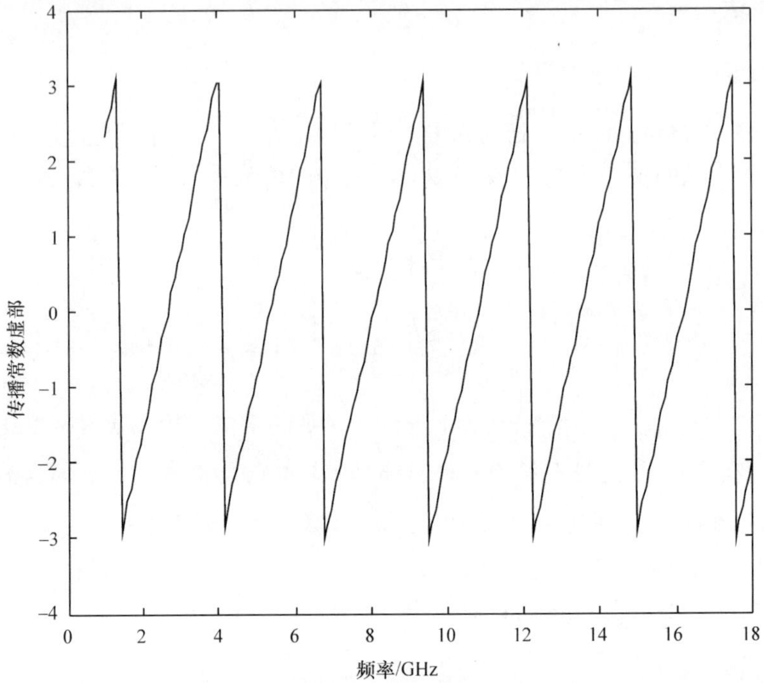

图 5.32　传播常数虚部的跳变现象

在反演介质介电常数时，需要对传播常数γ的虚部进行补偿，即传播常数的确定表达式为

$$\gamma = -\left[\ln\left(\left|T\right|\right) + \mathrm{j}\left(\theta - 2n\pi\right)\right] \Big/ l \tag{5.39}$$

在实际计算中，式(5.39)中的n值，可以采用以下步骤确定：

在初始测试频率(λ很大)很低时，式(5.39)中取$n=0$；

随着测试频率的增加，当$f_i < f_{i+1}$时，若出现$\mathrm{imag}\left(\gamma\left(f_{i+1}\right)\right) < \mathrm{imag}\left(\gamma\left(f_i\right)\right)$，即$\gamma$虚部发生了跳变，则$f_i$及以后所有频率点对应$n = n+1$。

此方法要求扫频测试有较低的起始频率和较小的频率间隔，以保证观察到所有γ虚部的跳变，还必须注意$\mathrm{imag}(\gamma) > 0$这个条件。

利用同轴传输线测量系统获得的粉末材料样品相对介电常数为

$$\varepsilon_{\mathrm{r}} = \left(\gamma / \left(\mathrm{j}2\pi f / c\right)\right)^2 \tag{5.40}$$

对于波导传输线法介电特性测量系统，由于主模是TE_{10}模，传播常数γ计算公式如下：

$$\gamma = \mathrm{j}2\pi f / c\sqrt{\varepsilon_{\mathrm{r}} - \left(\frac{\lambda}{\lambda_{\mathrm{c}}}\right)^2} \tag{5.41}$$

其中 λ 是电磁波在真空中传输的波长；$\lambda_c = 2a$ 是指主模 TE_{10} 模的截止波长；a 是矩形波导的宽边长度，的相对介电常数为

$$\varepsilon_{\mathrm{r}} = \left(\frac{\gamma c}{\mathrm{j}2\pi f}\right)^2 + \left(\frac{\lambda}{\lambda_{\mathrm{c}}}\right)^2 \tag{5.42}$$

5.3.4　粉末材料样品介电常数测量系统

1) 同轴测量系统

同轴介电常数测量系统工作在 1～18GHz，其系统结构如图 5.33 和图 5.37 所示。系统包括矢量网络分析仪，2.4-N 射频同轴转接头，同轴传输线以及一套定制的同轴 TRL 校准件。

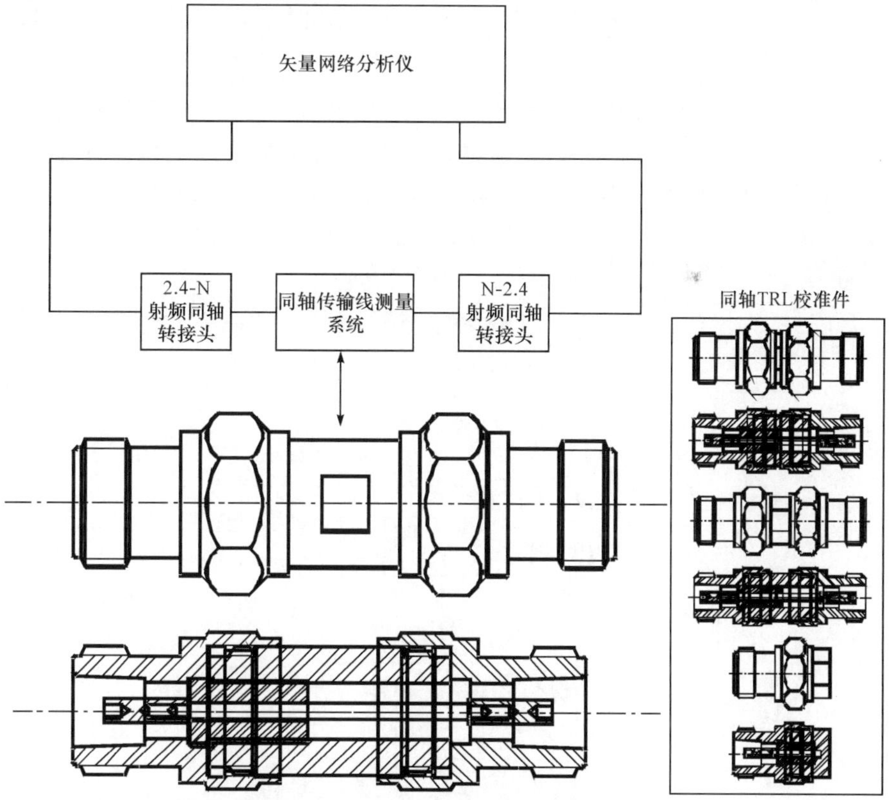

图 5.33　同轴传输线介电常数测量系统结构图

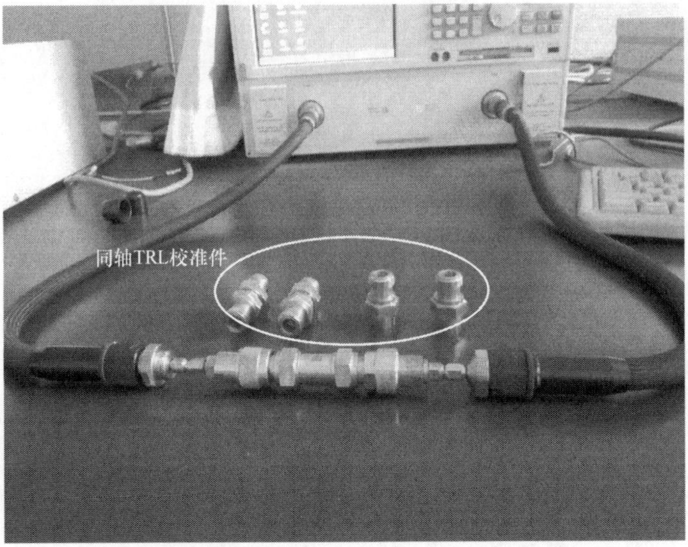

图 5.34　同轴传输线介电常数测量系统实物图

2) 波导测量系统

波导介电常数测量系统如图 5.35、图 5.36 和图 5.37 所示，测量系统包括矢量网络分析仪，波导同轴转接头，波导传输线以及一套定制的波导 TRL 校准件。由于波导工作频段的限制，在 18～39GHz 范围内，采用了标准矩形波导 BJ220 和 BJ320 作为波导样品载体，分别工作在 18～26GHz、26～39GHz。

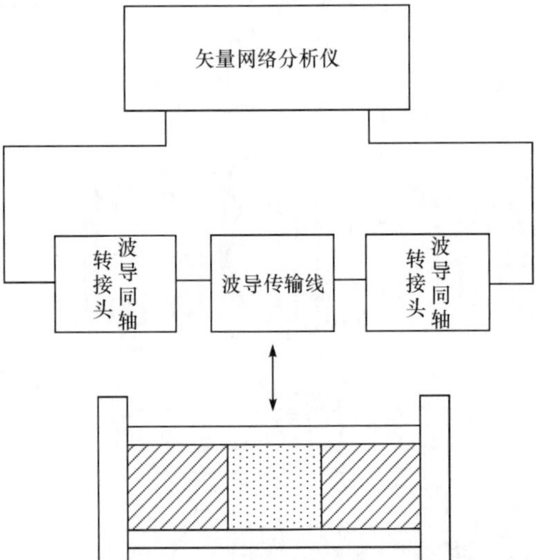

图 5.35　波导传输线介电常数测量系统结构图

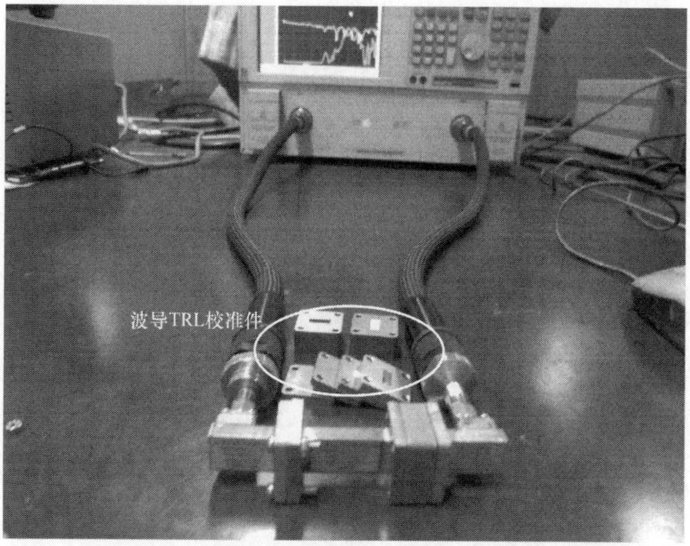

图 5.36　BJ220 矩形波导介电常数测量系统实物图

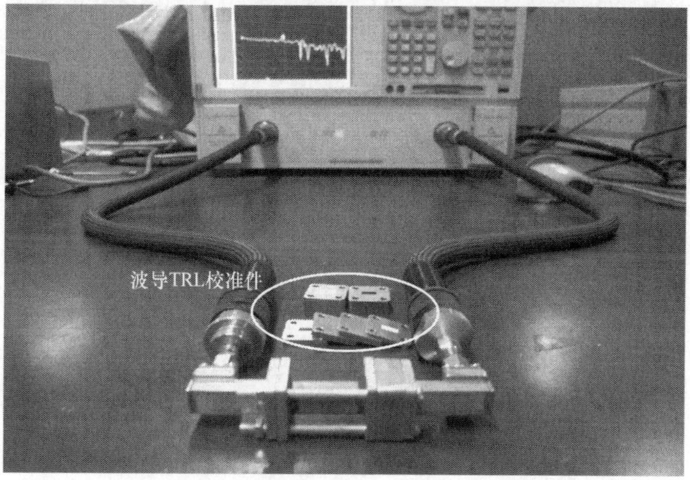

图 5.37　BJ320 矩形波导介电常数测量系统实物图

5.3.5　粉末样品材料介电常数测量系统验证及样品实验结果

采用测量空气介电常数的方法验证前述测量技术和系统的准确性和精度。空气介电常数的测量结果如图 5.38 所示，其中空气的相对介电常数大约等于 1，最大值小于 1.04，最小值大于 0.95，考虑不是在完全的真空环境中，测量所得的空气介电常数平均值的相对误差小于 5%。

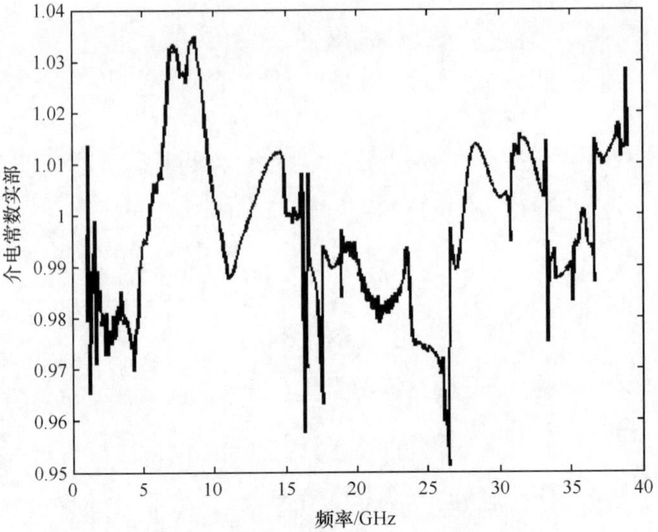

图 5.38　空气的相对介电常数

利用本介电常数测量系统，对三种模拟月壤粉末(由国家天文台月球与深空探测科学应用中心提供)的介电常数进行测量。三种模拟月壤均为亚毫米级别粉末颗粒材料，具体型号分别为：LP-08、LLB-07 和 LHB-05。测量结果分别如图 5.39、图 5.40 和图 5.41 所示。

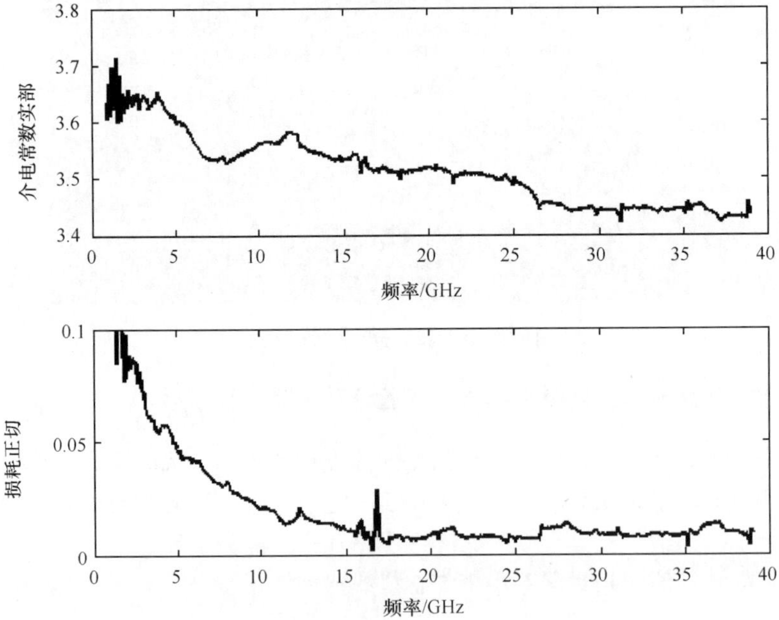

图 5.39　模拟月壤 LP-08 的相对介电常数

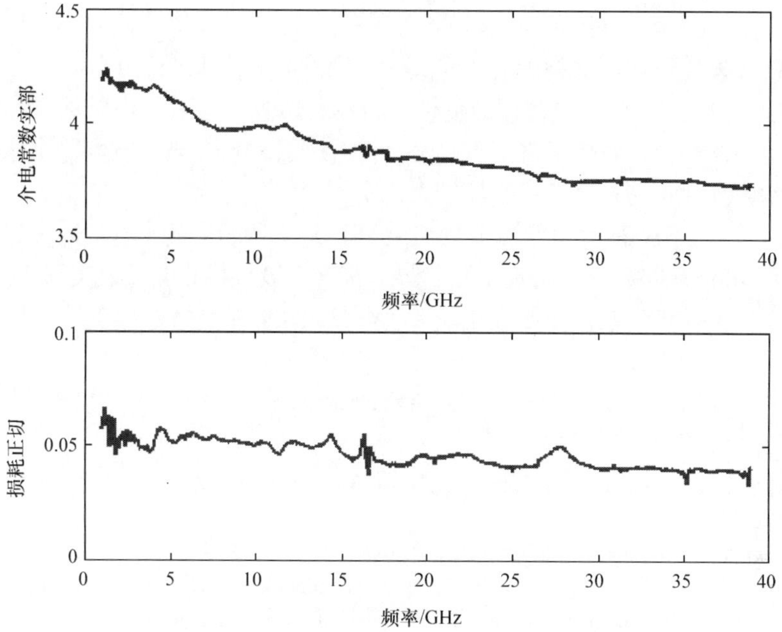

图 5.40 模拟月壤 LLB-07 的相对介电常数

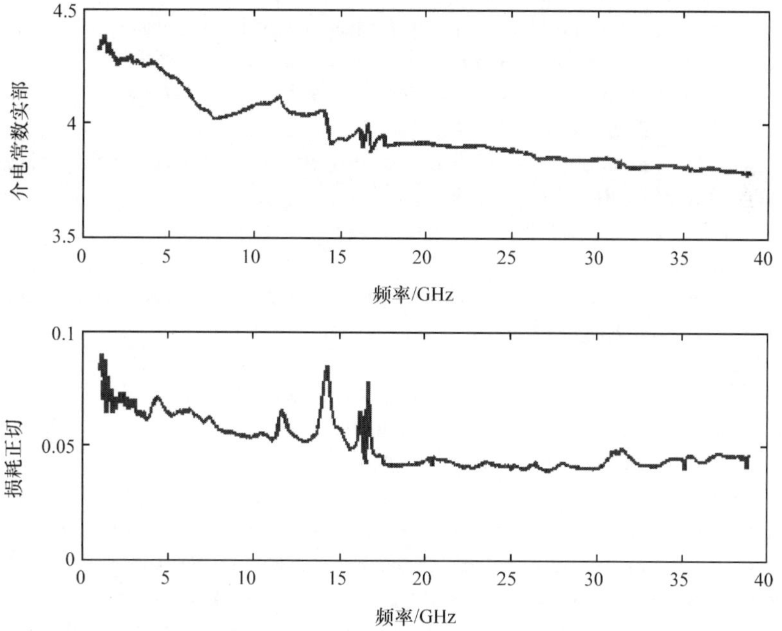

图 5.41 模拟月壤 LHB-05 的相对介电常数

其中模拟月壤 LP-08 介电常数测量结果如图 5.39 所示。其介电常数实部测量结果范围是 3.6～4，整体呈现下降趋势，符合一般材料介电常数实部变化规律。其介电常数损耗正切在低频段变化较大，全频段内数值为 5×10^{-3}。

模拟月壤 LLB-07 介电常数测量结果如图 5.40 所示。其介电常数实部测量结果范围是 3.9～4.5，整体呈现下降趋势，符合一般材料介电常数实部变化规律。其介电常数损耗正切在低频段变化较大，全频段内数值为 4.5×10^{-2}。

模拟月壤 LHB-05 介电常数测量结果如图 5.41 所示。其介电常数实部测量结果范围是 4.0～4.75，整体呈现下降趋势，符合一般材料介电常数实部变化规律。其介电常数损耗正切在低频段变化较大，全频段内数值为 4.5×10^{-2}。

参考文献

[1] Note A. Agilent basics of measuring the dielectric properties of materials. Agilent Literature Number, 2006.

[2] DivisionA C M. Design DK. Rogers Corporation, 2012.

[3] Rautio J C, Carlson R L, Rautio B J, et al. Shielded dual-mode microstrip resonator measurement of uniaxial anisotropy [J]. Microwave Theory and Techniques, IEEE Transactions on, 2011, 59(3): 748-754.

[4] Koledintseva M Y, Drewniak J L, Hinaga S. Effect of anisotropy on extracted dielectric properties of PCB laminate dielectrics [C]. Proceedings of the Electromagnetic Compatibility (EMC), 2011 IEEE International Symposium on, Long Beach, 2011: 514-517.

[5] Herrick C, Buck T, Ding R. Bounding the Effect of Glass Weave through Simulation [C]. Design Con. 2009, Santa Clara, 2009: 425-439.

[6] Coonrod J. General information of dielectric constants for circuit design using Rogers High Frequency Materials. Rogers Corporation, 2011.

[7] Altera. PCB Dielectric Material Selection and Fiber Weave Effect on High-Speed Channel Routing . Application Note, 2011.

[8] Loyer J, Kunze R, Ye X. Fiber weave effect: practical impact analysis and mitigation strategies [C]. Proceedings of DesignCon 2007, Santa Clara, 2007: 944-971.

[9] Miller J R, Blando G, Novak I. Additional trace losses due to glass-weave periodic loading [C]. Proceedings of the Proc DesignCon 2010, Santa Clara, 2010: 799-821.

[10] Note A A. Solutions for measuring permittivity and permeability with LCR meters and impedance analyzers. Agilent Technologies, 2008.

[11] Nicolson A, Ross G. Measurement of the intrinsic properties of materials by time-domain techniques [J]. Instrumentation and Measurement, IEEE Transactions on, 1970, 19(4): 377-382.

[12] Weir W B. Automatic measurement of complex dielectric constant and permeability at microwave frequencies [J]. Proceedings of the IEEE, 1974, 62(1): 33-36.

[13] IPC. Stripline Test for Permittivity and Loss Tangent (Dielectric Constant and Dissipation Factor) at X-Band [M]. IPC-TM-650, 2.5. 5.5, 1998: 1-25.

[14] Das N K, Voda S, Pozar D M. Two methods for the measurement of substrate dielectric constant [J]. Microwave Theory and Techniques, IEEE Transactions on, 1987, 35(7): 636-642.

[15] Hammerstad E, Jensen O. Accurate models for microstrip computer-aided design [C]. Proceedings of the Microwave Symposium Digest, 1980 IEEE MTT-S International, Washington DC, 1980: 407-409.
[16] IPC. Non-Destructive Full Sheet Resonance Test for Permittivity of Clad Laminates [M].IPC-TM-650 2.5.5.6, 1989: 1-12.
[17] Krupka J, Geyer R G, Baker-Jarvis J, et al. Measurements of the complex permittivity of microwave circuit board substrates using split dielectric resonator and reentrant cavity techniques [C]. Proceedings of the Dielectric Materials, Measurements and Applications, Seventh International Conference on (Conf Publ No 430), Bath, 1996: 21-24.
[18] Krupka J, Clarke R, Rochard O, et al. Split post dielectric resonator technique for precise measurements of laminar dielectric specimens-measurement uncertainties [C]. Proceedings of the Microwaves, Radar and Wireless Communications 2000 MIKON-2000 13th International Conference on, Wroclaw, 2000: 305-308.
[19] Al-Shamma'a A, Wylie S, Lucas J, et al. Design and construction of a 2.45 GHz waveguide-based microwave plasma jet at atmospheric pressure for material processing [J]. Journal of Physics D: Applied Physics, 2001, 34(18): 2734.
[20] Rautio J C, Arvas S. Measurement of planar substrate uniaxial anisotropy [J]. Microwave Theory and Techniques, IEEE Transactions on, 2009, 57(10): 2456-2463.

第 6 章　平面电路测试及去嵌入技术

微波毫米波平面电路测试技术源于传统的微波测试技术，但是又有其自身特点。这是因为传统的微波系统大部分基于矩形金属波导系统或者同轴系统，因此与之对应的微波毫米波测试仪器的接口大部分是同轴接口或波导接口，而平面电路通常是基于平面传输线如微带线、带状线、共面波导形式的电路，在测试中往往需要通过同轴到平面传输线的转换接头完成测试，在对测试精度要求不太高的情况下，往往忽略掉转接头的影响或者将其固定为一确定数值进行修正，例如，通常将转接头的插入损耗定为 0.5dB 进行修正，但是这种修正是粗略的修正，例如，同轴接头与平面传输线之间由于阻抗不匹配造成的反射情况就无法通过该方法进行修正，通常情况下理想的认为是完全阻抗匹配没有反射。如果对测试精度要求较高，则必须使用特定的方法进行处理，即使用去嵌入技术进行处理，这也是本章重点介绍的环节。其次，微波测试通常使用的是频域测试仪器，如频谱仪、矢量网络分析仪，以及专用的功率测试仪器功率计，而作为平面电路的测试而言，时域测试方法和仪器同样重要。但是需要特别指出的是，这里的时域测试方法和仪器不同于传统时域测试仪器如示波器的测试方法，而是使用激励——采集的测试方法，即时域反射法，该方法可以认为是矢量网络分析仪方法在时域上的表征和实现。本章将以矢量网络分析仪的系统架构为基础介绍散射参数的测试原理和误差修正原理，进而介绍微波平面电路的时域测试原理和去嵌入技术。

6.1　散射参数及其测试

散射参数(即 S 参数)测量的主要仪器是矢量网络分析仪，内部结构框图如图 6.1 所示。

从内部结构框图可以看出，扫频信号源模块负责产生激励信号；激励信号经 S 参数测试模块中的功率分配器、程控衰减器、定向耦合器后输入至被测网络，定向耦合器分离出被测网络的正向入射波信号 $R1$、反射波信号 A 和传输波信号 B(若信号反向输入被测网络，则可获取被测网络的入射波信号 $R2$、反射波信号 B 和传输波信号 A)。幅相特性经被测网络调制的信号送入混频接收机，与本振源的扫频信号进行混频，得到第一中频信号；第一中频信号再经过滤波放大和二次频率变换得到第二中频信号；信号经多次变频后，通过采样和A/D变换成数字信号，送入数字信号处理器(DSP)进行处理，提取被测网络的幅度信息和相位信息，通过比值运算获得被测网络的散射参数——S参数。

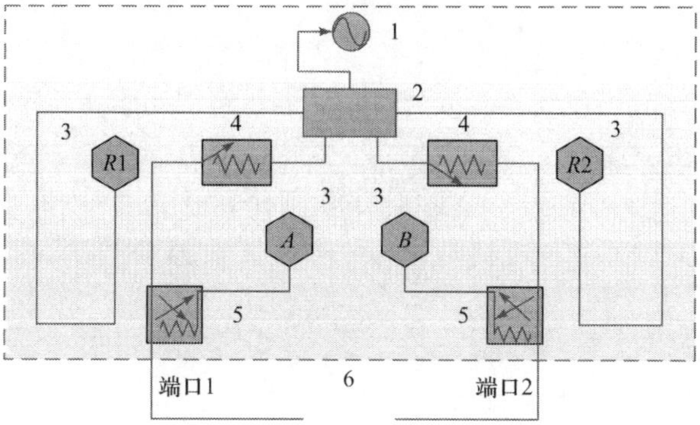

图 6.1　矢量网络分析仪内部结构图
1. 扫频信号源；2. 开关功率分配器；3. 幅相接收机；
4. 程控衰减器；5. 定向耦合器；6. 被测器件

双端口网络有四个 S 参数，其中 S_{11} 和 S_{21} 分别为正向反射和传输参数，S_{22} 和 S_{12} 为分别为正向反射和传输参数。在测试过程中，开关功分器是实现正向 S 参数与反向 S 参数测量自动转换的器件。以正向 S 参数为例，当开关功分器中的开关置于端口 1 激励位置时，来自信号源模块的微波信号通过开关功分器后分为两路。一路信号作为激励信号通过程控步进衰减器和定向耦合器馈入测试端口，作为被测网络的入射波。被测件的反射波由端口 1 经定向耦合器的耦合端口取出，用 A 表示。被测件的传输波通过被测件由端口 2 经定向耦合器的耦合端口取出，用 B 表示。来自开关功分器的另一路信号作为输入参考信号，代表被测件的入射波，用 $R1$ 表示。为了减少参考信号与被测网络入射波之间的差异，须要求参考通道和测试通道的幅相匹配。一般通过改变程控衰减器 4 的衰减实现幅度平衡，通过采用合适的电长度补偿实现相位平衡。如果采用完善的校准技术，即使不采取任何硬件补偿措施也能进行高精度测试。在新型的矢量网络分析仪中取消了幅度和相位补偿，幅度和相位的差异作为稳定的、可表征的系统误差通过修正予以扣除。被测件的正向 S 参数为

$$\begin{aligned} S_{11} &= \frac{A}{R1} \\ S_{21} &= \frac{B}{R1} \end{aligned} \tag{6.1}$$

当测量反向 S 参数时，开关功分器的开关置于端口 2 激励位置，同理可获得

被测件的反向 S 参数为

$$S_{22} = \frac{B}{R2}$$
$$S_{12} = \frac{A}{R2} \tag{6.2}$$

使用矢量网络分析仪组件微波测试系统的示意图如图 6.2 所示。

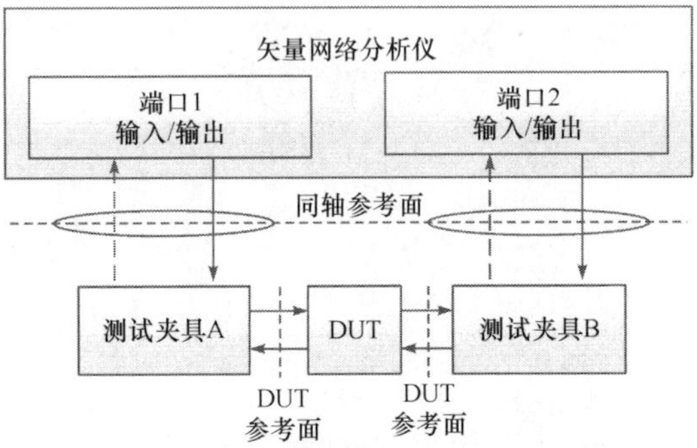

图 6.2　矢量网络分析仪测试示意图

如果被测件 DUT 的接口是标准同轴接口，通过矢量网络分析仪标配的校准过程，可将测试参考面移至上图中的同轴参考面，矢量网络分析仪的测试结果即为被测件的散射参数。如果被测件的测试接口不为标准的同轴接口，尤其是对于平面电路而言，需要通过接口转换器、测试夹具、转接电缆等将其连接至矢量网络分析仪，故矢量网络分析仪测量结果包含了接口转换器、测试夹具、转接电缆以及 DUT 的综合特性，此时需要采用特殊的测量和处理方法才能获得 DUT 实际散射参数。

多年来，涌现了许多不同的校准方法消除 DUT 接口与矢量网络分析接口之间嵌入的连接、转换部分的影响。这些校准方法大致可分为两大类：一类校准方法依赖矢量网络分析仪标配的校准件和校准模型，如标准同轴接口 DUT 测量；另一类是针对不同类型接口 DUT，建立不同的校准模型、配备相应校准件，例如，对于种类和参数繁多的平面传输线和电路，需要结合测试电路接口类型，设计独立的校准件，并建立相应校准模型，以消除嵌入部分的影响。

针对平面微波电路测试，需要设计专门的测试夹具，去除测试夹具影响是其测试技术的关键。主要有时域门法、端口扩展法、参考面校准法、归一化方法、短路开路传输线直通法(SOLT)、传输线发射匹配法(LRM)、直通传输线法(TRL)等去嵌入方法。去嵌入法的实质是将包括测试夹具在内的仪器接口和 DUT 接口之间的连接、转换部件的影响从测量结果中去除，以获得 DUT 接口处的散射参数。去嵌入过程可用图 6.3 表示。图 6.4 为综合考虑各种方法的难易程度和准确性的描述，其中横坐标代表简洁性及难易程度，纵坐标代表准确性。

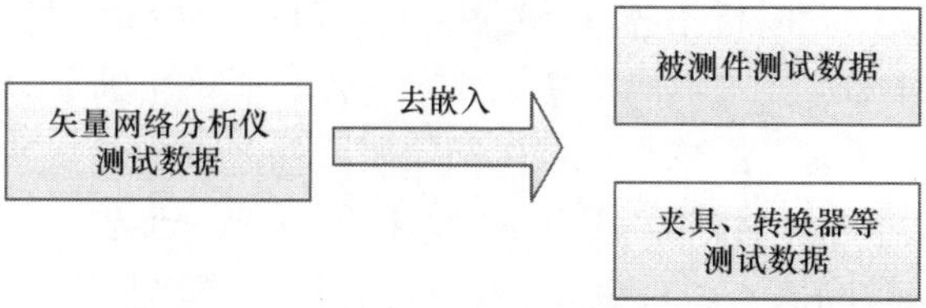

图 6.3　去嵌入过程

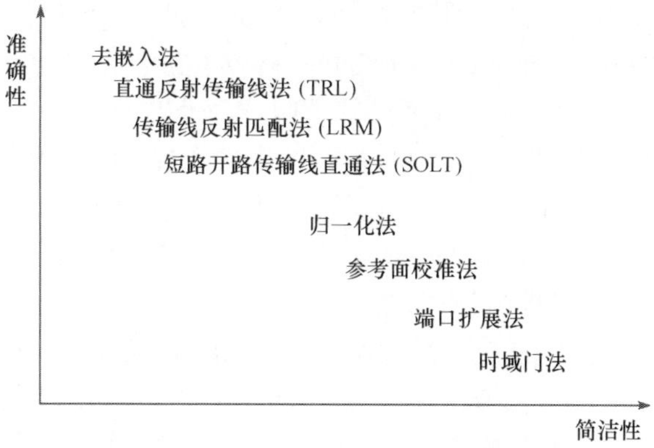

图 6.4　去嵌入方法准确性和简洁性归纳

此外早期微波测量多使用频域测试仪器和技术，随着现代器件和系统水平的提升，时域测量方法也在微波测试领域内占据了相当的比重。以 TDR 测试技术为代表的时域测试技术，在阻抗匹配、传输反射特性测试方面表现尤为突出。本章后面部分将以基于矢量网络分析仪的 TRL 测试技术和基于 TDR 方法的时域测试技术为主展开平面电路测试技术的讨论和研究。

6.2　微波平面电路测试系统

近年来，随着微波平面电路越来越广泛地应用于微波与高速数字电路的设计中，工作频率上限不断提升，电路的尺寸不断减小，给测试技术带来了严峻的挑战：时域上，测试仪器的时域分辨率不断提高；频域上，测试仪器的频率范围不断增大。

6.2.1　时域测试

微波平面电路时域测试的主要仪器是时域反射计(time domain reflectometry,

TDR)。时域反射计是在时域上对微波平面电路的响应进行测量，并根据时域测试结果计算电路的阻抗分布。同时从时域响应中还可以观察到微波平面电路中是否存在阻抗不连续点以及阻抗不连续点处的特性(阻抗、感抗、容抗等)等现象。由于对时域测试分辨率的要求不断提高，要求 TDR 所产生的单位冲激信号和单位阶跃信号的上升沿时间不断减小。相比于使用硬件产生短脉宽冲激信号的困难程度，通过硬件电路产生具有快速上升沿的阶跃信号相对容易，故单位阶跃信号一般被用作 TDR 的激励信号。TDR 测量得到的微波平面电路的响应为单位阶跃响应。根据 TDR 的端口阻抗和测到的电路单位阶跃响应，可以计算出被测电路的阻抗及其分布。在使用 TDR 对微波平面电路尤其是非均匀微波平面传输线测试时，由于传输线的阻抗不连续，激励信号在被测电路中会产生多重反射。多重反射的信号相互叠加，将影响 TDR 对传输线阻抗的准确测试。

TDR 的基本测量思路是由时域反射计产生阶跃或者脉冲信号，并将其馈入被测电路。当遇到阻抗不连续点时，输入信号部分或者全部被反射回来，反射信号会与入射信号叠加，在信号输入口被测量。通过对测量信号进行分析，可以获知阻抗不连续点的位置和阻抗值的变化。

早期 TDR 是通过高速信号发生器和高速示波器相结合实现测量功能，后来出现了特定的 TDR 测试仪器，并且结合其他测试模块，可以实现更多的测试功能。例如，常规 TDR 是单端口仪器，信号馈入和测试为同一个端口。通过测试模块的扩展，可将单端口 TDR 扩展至双端口、四端口。不但能测试传输线反射，还能测试传输线传输，以及差分传输线的互耦等电参数。TDR 尽管是时域仪器，但是由于激励信号为阶跃信号，并且上升沿时间最短可以达到 ps 级别，因此 TDR 仪器同时也是宽带测试仪器。

以 TDR 测试电路不连续点为例，TDR 测量得到反射信号与入射信号之间的时间差的 τ 反映了从信号馈入点出发到不连续点之后反射回信号馈入点的往复时间，因此阻抗不连续点与信号馈入点之间的距离 L 可以通过式(6.3)计算：

$$L=\frac{v\tau}{2} \tag{6.3}$$

其中 v 为信号在平面电路中的传播速度。由于真空中的信号传播速度为光速 c，平面电路的有效介电常数为 ε_{e}，因此式(6.3)可以进一步推导得到如下表达式：

$$L=\frac{v\tau}{2}=\frac{c\tau}{2\sqrt{\varepsilon_{\mathrm{e}}}} \tag{6.4}$$

时间 τ 在 TDR 测量中占据极为重要的地位，尤其是在微波毫米波段，电路物理尺寸相对较小，工作频率很高，要求 TDR 的时间分辨率高，现代 TDR 的时间分辨率可达 ps 级别。

仅仅获得阻抗不连续点的位置远不能满足电路设计需求，需要进一步通过 TDR 测量电路的阻抗变化。如果设入射阶跃电压为 V_i 、反射电压为 V_r ，则反射系数 Γ 、特性阻抗为 Z_0 以及被测阻抗为 Z_L 满足如下关系：

$$\Gamma=\frac{Z_L-Z_0}{Z_L+Z_0}=\frac{V_r}{V_i} \tag{6.5}$$

图 6.5 显示了被测阻抗 Z_L 分别为 25Ω 、50Ω 和 100Ω 时对应的 TDR 电压值，其中 TDR 端口阻抗为 50Ω 。图中，0～1ns 代表的是 TDR 的时延，1～3ns 对应的是 TDR 的入射电压，3～5ns 对应的是由于被测阻抗的变化而测得的 TDR 电压。从图 6.5 中还可以看到：当 $Z_L > Z_0$ 时，TDR 测量得到的电压值会增大；当 $Z_L < Z_0$ 时，TDR 测量得到的电压值会减小；当 $Z_L = Z_0$ 时，由于阻抗匹配，TDR 测量得到的电压值保持不变。

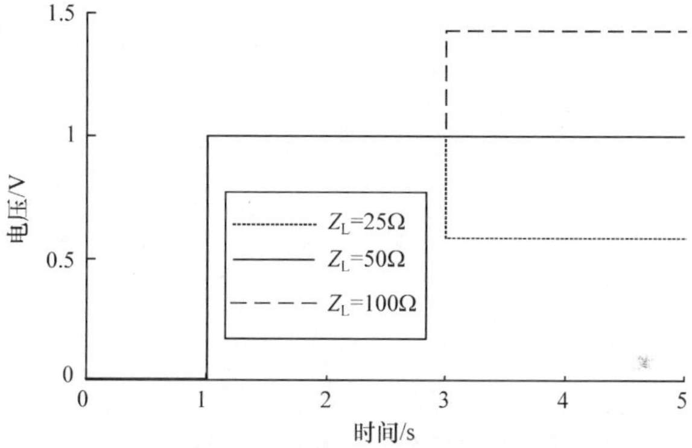

图 6.5　不同测试阻抗下 TDR 测量得到的电压

使用时域反射计对非均匀微波平面传输线进行测试时，由于被测传输线中存在多处阻抗不连续点，激励信号在不连续点处产生的反射信号在被测传输线中被多次反射，从而产生多重反射现象。由多重反射产生的额外信号被 TDR 测量得到，就会影响 TDR 对传输线阻抗的准确测量。

如图 6.6 所示，被测传输线是由阻抗为 50Ω 、100Ω 以及 50Ω 的三段均匀传输线组成。设每段传输线的时延均为 1ns；信号源产生幅度为 2V 的阶跃信号。源内阻 R_s 和终端电阻 R_L 均为 50Ω 。

采样示波器测量得到的电压值如图 6.7 所示。由于每段传输线的时延均为 1ns，所以在 0～2ns，采样示波器测得信号在第一段 50Ω 传输线中往返电压；在 2～4ns，采样示波器测得信号在 100Ω 传输线中往返电压；在 4～6ns，采样示波器测得信号在第二段 50Ω 传输线中往返电压。当信号经过第一段 50Ω 传输线时，采样示波器测量得到的电压值为 1V；当信号经过 100Ω 传输线时，采样示波器测量得到的电压值为 1.33V；当激励信号经过第二段 50Ω 的传输线时，采样示波器测量得到的电压为 1.04V。根据式(6.5)计算得到三段传输线阻抗值分别为 50Ω 、100Ω 和 54Ω 。第二段 50Ω 关于多重反射的直观理解如图 6.6 所示。R_s 和 R_L 分别为 TDR 的内阻和终端电阻。在整个测试系统中，共有四处阻抗不连续点，分别用 1、2、3、4 标识，如图 6.6 所示(其中不连续点 1 和不连续点 4 由于阻抗匹配的缘故不会对信号产生反射)。图 6.6 显示了激励信号在被测传输线中的传输路径。其中，$V_r(1)$、$V_r(2)$和 $V_r(3)$分别为反射电压。该反射电压与入射电压相叠加后依次被采样示波器测量得到。由于第一条 50Ω 传输线的阻抗与 TDR 内阻匹配，因此 $V_r(1)$的值为 0。从图 6.7 中可以看出，采样示波器测量得到的电压仅为入射电压。$V_r(2)$包含两部

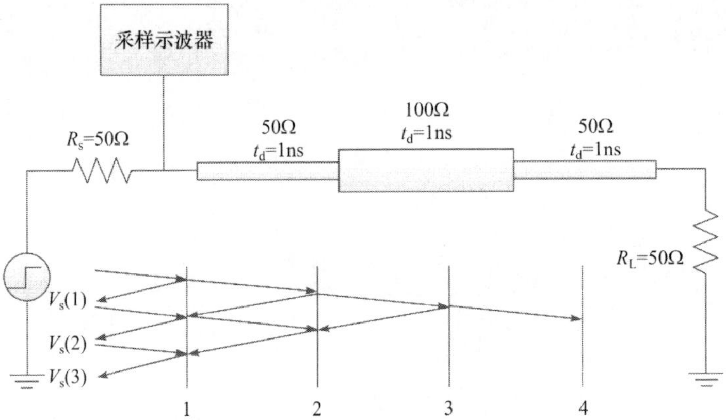

图 6.6 时域反射计对非均匀平面传输线测量原理示意图

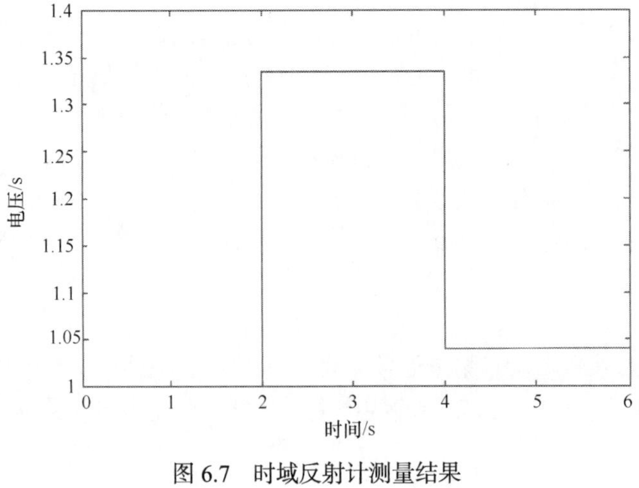

图 6.7 时域反射计测量结果

分电压：入射信号经不连续点 1 反射后的电压(为 0)；阻抗不连续点 2 处反射、并透射过不连续点 1 后的电压；而 $V_r(3)$则包含了三个部分：入射电压被阻抗不连续点 1 反射的电压(为 0)；在 50 Ω 传输线中传输的信号被阻抗不连续点 2 反射、并透射过不连续点 1 后的电压；在 100 Ω 传输线中传输的信号经阻抗不连续点 3 反射、经过 100 Ω 传输线和第一条 50 Ω 传输线传输得到的电压。根据以上分析，可以计算出阻抗不连续点 2 和阻抗不连续点 3 处的反射系数，进而可以计算出非均匀平面传输线的阻抗。

6.2.2　频域测试系统误差模型

微波平面电路频域测试的主要仪器是矢量网络分析仪 VNA。矢量网络分析仪通过扫频方式对微波平面电路进行宽频带测量，测量结果反映微波平面电路端口阻抗、驻波比、衰减量等参数随频率变化的情况。在矢量网络分析仪的频域测试过程中，由于测量端口与被测平面电路之间的传输、转换器件以及测试夹具等嵌入系统的影响，需要通过建立的算法模型从测量结果中提取被测电路的参数，即对矢量网络分析仪测试系统进行校准，去除嵌入系统的影响。

矢量网络分析仪的校准是利用已知特性的器件——校准件和校准模型实现的。例如，一般同轴接口的校准需要使用以下四种校准件：短路器(Short，简称为“S”)、开路器(Open，简称“O”)、匹配负载(Load，简称“L”)和直通(Through，简称“T”)，称为 SOLT 校准。SOLT 校准算法基于经典的矢量网络分析仪 12 项误差模型，如图 6.8 所示。“测量端口 1”和“测量端口 2”之间的部分为被测器件信号流图，“仪器端口 1”和“测量端口 1”之间以及“仪器端口 2”和“测量端口 2”之间分别为嵌入在矢量网络分析仪和被测件之间的系统信号流图 12 项误差分别为：E_{DF}，E_{SF}，E_{RF}，E_{TF}，E_{LF}，E_{CF}，E_{DR}，E_{SR}，E_{RR}，E_{TR}，E_{LR}，E_{CR}。矢量网络分析仪测量得到的 S 参数，即图 6.8 中的 S_{11M}，S_{21M}，S_{12M} 和 S_{22M}，为“仪器端口 1”和“仪器端口 2”之间的综合影响。通过校准，可获得 12 个误差项，以实现嵌入项的移除。

12 个误差项的定义与矢量网络分析仪的硬件架构和特性指标相关，其中又可分为正向测量误差和反向测量误差两类，其中 E_{DF}，E_{SF}，E_{RF}，E_{TF}，E_{LF}，E_{CF} 为正向测量误差，E_{DR}，E_{SR}，E_{RR}，E_{TR}，E_{LR}，E_{CR} 为反向误差。其表征的含义分别如下：

E_{DF}，E_{DR}：方向性误差，取决于矢量网络分析仪中定向耦合器分离前向波和反射波的能力；

E_{RF}，E_{RR}：反射频响误差，该误差项可以用短路和开路校准件进行测量得到；

E_{CF}，E_{CR}：泄漏误差，误差项与矢量网络分析仪的串扰相关，可以通过测量接匹配负载的端口 1 和端口 2 来确定；

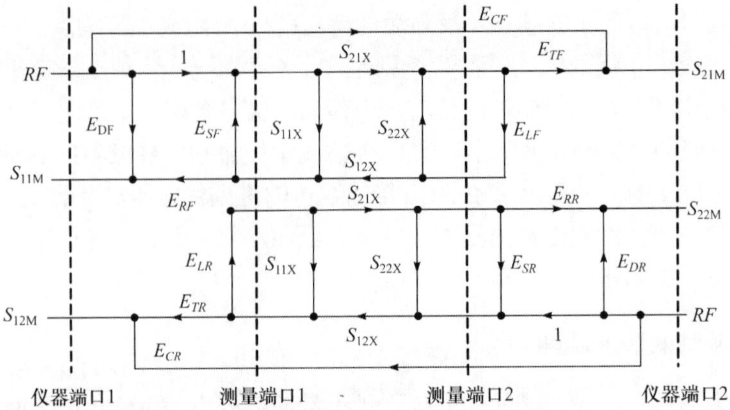

图 6.8　矢量网络分析仪测量端口之间的信号流图

E_{SF}，E_{SR}：源失配误差；

E_{LF}，E_{LR}：负载失配误差；

E_{TF}，E_{TR}：传输路径频响误差，可以通过测量端口 1 和端口 2 直通时的传输参数确定。

使用 SOLT 校准方法对双端口矢量网络分析仪的校准件过程如图 6.9 所示。

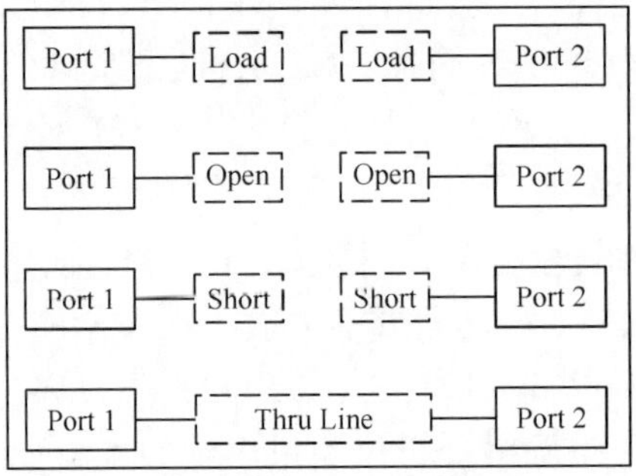

图 6.9　SOLT 校准过程

当两端口分别接开路(Open)、短路(Short)、匹配负载(Load)和直通(Thru Line)时，矢量网络分析仪两个端口之间相当于连接了一个双端口网络，这些双端口网络真实 S 参数分别为

$$\boldsymbol{S}_{\text{Open}} = \begin{bmatrix} \varGamma_0 & 0 \\ 0 & \varGamma_0 \end{bmatrix} \tag{6.6}$$

$$\boldsymbol{S}_{\text{Short}} = \begin{bmatrix} \varGamma_s & 0 \\ 0 & \varGamma_s \end{bmatrix} \tag{6.7}$$

$$\boldsymbol{S}_{\text{Load}}=\begin{bmatrix}\Gamma_L & 0\\ 0 & \Gamma_L\end{bmatrix} \tag{6.8}$$

$$\boldsymbol{S}_{\text{Thru}}=\begin{bmatrix}0 & \mathrm{e}^{-\gamma l}\\ \mathrm{e}^{-\gamma l} & 0\end{bmatrix} \tag{6.9}$$

式(6-10)～式(6-13)中，Γ 表征反射系数；γ 是传输系数；l 为传输线校准件长度。如果标准件是理想的，而且与频率无关，那么：

$$\Gamma_0=1+\mathrm{j}0 \tag{6.10}$$

$$\Gamma_s=-1+\mathrm{j}0 \tag{6.11}$$

$$\Gamma_L=0 \tag{6.12}$$

$$\mathrm{e}^{-\gamma l}=1 \tag{6.13}$$

有上述校准过程即可获得 12 个误差项，并且在 12 个误差项已经获得的前提下，从测量结果 S_{M} 中求解被测件的 S 参数过程为

$$S_{11X}=\frac{\dfrac{S_{11M}-E_{DF}}{E_{RF}}\left(1+\dfrac{S_{22M}-E_{DR}}{E_{RR}}E_{SR}\right)-\left(\dfrac{S_{21M}-E_{XF}}{E_{TF}}\right)\left(\dfrac{S_{12M}-E_{XR}}{E_{TR}}\right)E_{LF}}{D} \tag{6.14}$$

$$S_{22X}=\frac{\dfrac{S_{22M}-E_{DR}}{E_{RR}}\left(1+\dfrac{S_{11M}-E_{DF}}{E_{RF}}E_{SF}\right)-\left(\dfrac{S_{21M}-E_{XF}}{E_{TF}}\right)\left(\dfrac{S_{12M}-E_{XR}}{E_{TR}}\right)E_{LR}}{D} \tag{6.15}$$

$$S_{12X}=\frac{\dfrac{S_{12M}-E_{XR}}{E_{TR}}\left[1+\dfrac{S_{11M}-E_{DF}}{E_{RF}}\left(E_{SF}-E_{LR}\right)\right]}{D} \tag{6.16}$$

$$S_{21X}=\frac{\dfrac{S_{21M}-E_{XF}}{E_{TF}}\left[1+\dfrac{S_{22M}-E_{DR}}{E_{RR}}\left(E_{SR}-E_{LF}\right)\right]}{D} \tag{6.17}$$

$$\begin{aligned}D=&\left(1+\frac{S_{11M}-E_{DF}}{E_{RF}}E_{SF}\right)\left(1+\frac{S_{22M}-E_{DR}}{E_{RR}}E_{SR}\right)\\&-\left(\frac{S_{21M}-E_{XF}}{E_{TF}}\right)\left(\frac{S_{12M}-E_{XR}}{E_{TR}}\right)E_{LF}E_{LR}\end{aligned} \tag{6.18}$$

6.2.3　平面电路测试去嵌入技术

利用矢量网络分析仪测量微波电路，须使用“同轴—平面传输线”连接器进行转换，因此在此情况下，多采用 TRL 校准方式，即校准件为“Thru”、“Reflect”和“Line”，注意与前述 SOLT 校准过程之间的联系和区别。

在 TRL 法校准过程中，矢量网络分析仪的测量端面和被测器件之间的所有连接部分统一看做是夹具，并用一个二端口微波网络表示。使用双端口矢量网络分析仪进行 TRL 去嵌入需使用三个校准件："Thru"、"Reflect" 和 "Line"，"Thru" 代表将测试端口对接；"Reflect" 代表大反射负载；"Line" 代表传输线。TRL 去嵌入过程如图 6.10 所示。

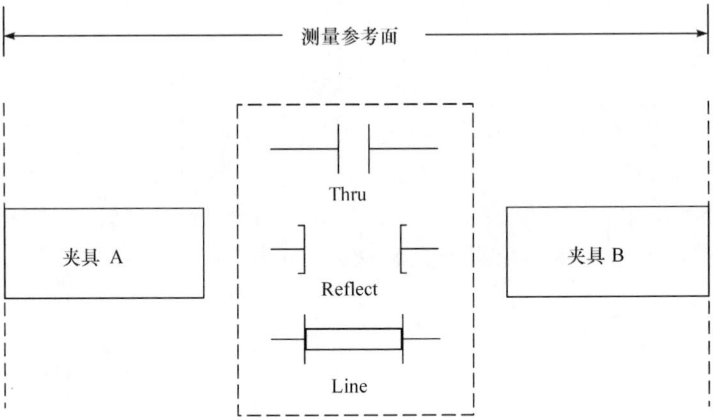

图 6.10　TRL 去嵌入示意图

矢量网络分析仪双端口 TRL 去嵌入对应的信号流程图如图 6.11 所示，其中下标为 A 的 S 参数和下标为 B 的 S 参数对应了夹具所带来的误差项。C_F 和 C_R 分别对应了正向传输泄漏误差和反向传输泄漏误差。下标为 M 的 S 参数代表矢量网络分析仪同轴端口的测量结果，该参数中包含了测试夹具的散射参数 $[S_A]$、$[S_B]$的影响，通过校准予以消除。下标为 X 的 S 参数代表了被测件实际的 S 参数。

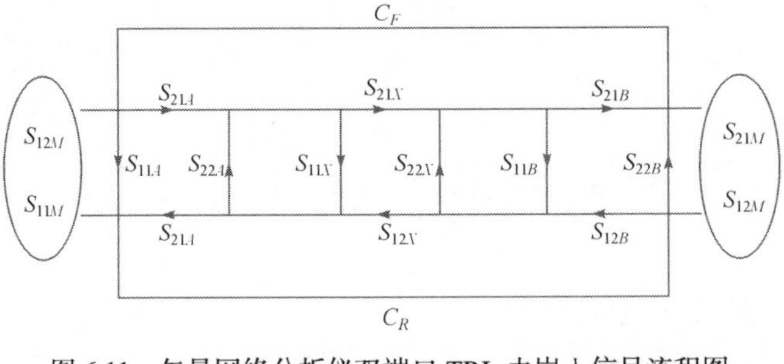

图 6.11　矢量网络分析仪双端口 TRL 去嵌入信号流程图

根据图 6.11 所表示的信号流程图，利用 Mason 公式，可以求出被测件 S 参数的表达式：

$$S_{11X}=\frac{\dfrac{S_{11M}-S_{11A}}{S_{21A}S_{12A}}\cdot\left(1+\dfrac{S_{22M}-S_{22B}}{S_{21B}S_{12B}}\cdot S_{11B}\right)-\dfrac{S_{21M}-C_F}{S_{21A}S_{21B}}\cdot\dfrac{S_{12M}-C_R}{S_{12A}S_{12B}}\cdot S_{11B}}{B} \tag{6.19}$$

$$S_{22X}=\frac{\dfrac{S_{22M}-S_{22B}}{S_{21B}S_{12B}}\cdot\left(1+\dfrac{S_{11M}-S_{11A}}{S_{21A}S_{12A}}\cdot S_{22A}\right)-\dfrac{S_{21M}-C_F}{S_{21A}S_{21B}}\cdot\dfrac{S_{12M}-C_R}{S_{12A}S_{12B}}\cdot S_{22A}}{B} \tag{6.20}$$

$$S_{21X}=\frac{\dfrac{S_{21M}-C_F}{S_{21A}S_{21B}}}{B} \tag{6.21}$$

$$S_{12X}=\frac{\dfrac{S_{12M}-C_R}{S_{12A}S_{12B}}}{B} \tag{6.22}$$

其中

$$\begin{aligned}B=&\left(1+\frac{S_{11M}-S_{11A}}{S_{21A}S_{12A}}\cdot S_{22A}\right)\cdot\left(1+\frac{S_{22M}-S_{22B}}{S_{21B}S_{12B}}\cdot S_{11B}\right)\\&-\frac{S_{21M}-C_F}{S_{21A}S_{21B}}\cdot\frac{S_{12M}-C_R}{S_{12A}S_{12B}}\cdot S_{11B}\cdot S_{22A}\end{aligned} \tag{6.23}$$

式(6.19)～式(6.23)显示，被测器件的 S 参数是 10 个误差项$[S_A]$、$[S_B]$、C_F 和 C_R 以及 4 个测量值$[S_M]$的函数。其中，4 个测量值已知，若知道了 10 个误差项的值，即可通过式(6.19)～式(6.23)计算被测器件的 S 参数。

直通校准件的 S 参数为：$S_{11X}^{\mathrm{T}}=S_{22X}^{\mathrm{T}}=0$，$S_{21X}^{\mathrm{T}}=S_{12X}^{\mathrm{T}}=1$，上标“T”代表“Thru”。大反射负载的 S 参数为：$S_{11X}^{\mathrm{R}}=S_{22X}^{\mathrm{R}}=\Gamma$，$S_{21X}^{\mathrm{R}}=S_{12X}^{\mathrm{R}}=0$，上标“R”代表“Reflect”。传输线的 S 参数为 $S_{11X}^{\mathrm{L}}=S_{22X}^{\mathrm{L}}=0$，$S_{21X}^{\mathrm{L}}=S_{12X}^{\mathrm{L}}=X$，上标“L”代表“Line”，代表校准件的传输系数。通过 TRL 校准得到的 10 个误差项如式(6.13)～式(6.23)所示。其中，下标“M”表示通过矢量网络分析仪测量得到的 S 参数。

$$C_F=S_{21M}^{\mathrm{R}} \tag{6.24}$$

$$C_R=S_{12M}^{\mathrm{R}} \tag{6.25}$$

$$S_{22A}=\frac{W}{\Gamma(1+W)} \tag{6.26}$$

$$S_{11B}=\frac{V}{\Gamma(1+V)} \tag{6.27}$$

$$S_{11A}=S_{11M}^{\mathrm{T}}-\frac{\left(1-AX^2\right)\left(S_{11M}^{\mathrm{T}}-S_{11M}^{\mathrm{L}}\right)}{1-X^2} \tag{6.28}$$

$$S_{22B}=S_{22M}^{\mathrm{T}}-\frac{\left(1-AX^{2}\right)\left(S_{22M}^{\mathrm{T}}-S_{22M}^{\mathrm{L}}\right)}{1-X^{2}} \tag{6.29}$$

$$T=S_{21A}S_{21B}=\left(S_{21M}^{\mathrm{T}}-S_{21M}^{\mathrm{R}}\right)\cdot\left(1-A\right) \tag{6.30}$$

$$P=S_{12A}S_{12B}=\left(S_{12M}^{\mathrm{T}}-S_{12M}^{\mathrm{R}}\right)\cdot\left(1-A\right) \tag{6.31}$$

$$Z=S_{21A}S_{12A}=\frac{S_{11M}^{\mathrm{T}}-S_{11M}^{\mathrm{L}}}{S_{11B}\cdot\left(\dfrac{1}{1-A}-\dfrac{X^{2}}{1-AX^{2}}\right)} \tag{6.32}$$

$$Y=S_{21B}S_{12B}=\frac{S_{22M}^{\mathrm{T}}-S_{22M}^{\mathrm{L}}}{S_{22A}\cdot\left(\dfrac{1}{1-A}-\dfrac{X^{2}}{1-AX^{2}}\right)} \tag{6.33}$$

其中

$$X=\frac{-b\pm\sqrt{b^{2}-4\left(S_{21M}^{\mathrm{R}}-S_{21M}^{\mathrm{T}}\right)\left(S_{12M}^{\mathrm{L}}-S_{12M}^{\mathrm{R}}\right)\left(S_{21M}^{\mathrm{L}}-S_{21M}^{\mathrm{R}}\right)\left(S_{12M}^{\mathrm{R}}-S_{12M}^{\mathrm{T}}\right)}}{2\left(S_{21M}^{\mathrm{R}}-S_{21M}^{\mathrm{T}}\right)\left(S_{12M}^{\mathrm{L}}-S_{12M}^{\mathrm{R}}\right)} \tag{6.34}$$

$$\begin{aligned}b=&\left(S_{21M}^{\mathrm{R}}-S_{21M}^{\mathrm{T}}\right)\left(S_{12M}^{\mathrm{R}}-S_{12M}^{\mathrm{T}}\right)+\left(S_{12M}^{\mathrm{L}}-S_{12M}^{\mathrm{R}}\right)\left(S_{21M}^{\mathrm{L}}-S_{21M}^{\mathrm{R}}\right)+\\&\left(S_{22M}^{\mathrm{L}}-S_{22M}^{\mathrm{T}}\right)\left(S_{11M}^{\mathrm{T}}-S_{11M}^{\mathrm{L}}\right)\end{aligned} \tag{6.35}$$

$$A=\frac{S_{22M}^{\mathrm{T}}-S_{22M}^{\mathrm{L}}}{\left(S_{12M}^{\mathrm{T}}-S_{12M}^{\mathrm{R}}\right)-\left(S_{12M}^{\mathrm{L}}-S_{12M}^{\mathrm{R}}\right)X}\cdot\frac{S_{11M}^{\mathrm{T}}-S_{11M}^{\mathrm{L}}}{\left(S_{21M}^{\mathrm{T}}-S_{21M}^{\mathrm{R}}\right)-\left(S_{21M}^{\mathrm{L}}-S_{21M}^{\mathrm{R}}\right)X} \tag{6.36}$$

$$W=\frac{S_{22M}^{\mathrm{T}}-S_{22M}^{\mathrm{L}}}{\left(S_{12M}^{\mathrm{T}}-S_{12M}^{\mathrm{R}}\right)-\left(S_{12M}^{\mathrm{L}}-S_{12M}^{\mathrm{R}}\right)X}\cdot\frac{\left(S_{11M}^{\mathrm{R}}-S_{11M}^{\mathrm{T}}\right)}{\left(S_{21M}^{\mathrm{T}}-S_{21M}^{\mathrm{R}}\right)\left(1-A\right)}+\frac{A}{1-A} \tag{6.37}$$

$$V=\frac{S_{11M}^{\mathrm{T}}-S_{11M}^{\mathrm{L}}}{\left(S_{21M}^{\mathrm{T}}-S_{21M}^{\mathrm{R}}\right)-\left(S_{21M}^{\mathrm{L}}-S_{21M}^{\mathrm{R}}\right)X}\cdot\frac{\left(S_{22M}^{\mathrm{R}}-S_{22M}^{\mathrm{T}}\right)}{\left(S_{12M}^{\mathrm{T}}-S_{12M}^{\mathrm{R}}\right)\left(1-A\right)}+\frac{A}{1-A} \tag{6.38}$$

$$\Gamma=\pm\sqrt{\frac{WV}{\left(1+W\right)\left(1+V\right)A}} \tag{6.39}$$

下面以一个实例介绍平面电路测试去嵌入技术的应用。图 6.12 所示的一段阻抗变换的传输线，通过同轴–微带的转换接头只能测量图中所示的实测端口 1 和实测端口 2 处的 S 参数，并且此时还默认同轴–微带转换接头具有理想的传输和反射特性，为了直接校准后的参考面出的 S 参数，需要借助于 TRL 校准过程，图 6.13 所示为实际加工的 TRL 校准件与待测微带线。

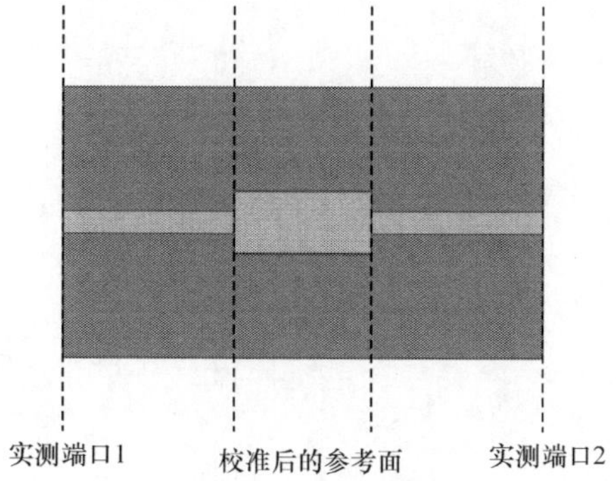

图 6.12　待测件示意图

图 6.13　TRL 校准件及待测件实物图

图 6.14 所示为矢量网络分析仪通过标准的 SOLT 校准过程后，从同轴-微带转换接头处测得的 S 参数曲线，图 6.15 为经过 TRL 校准后，获得的实际微带线的 S

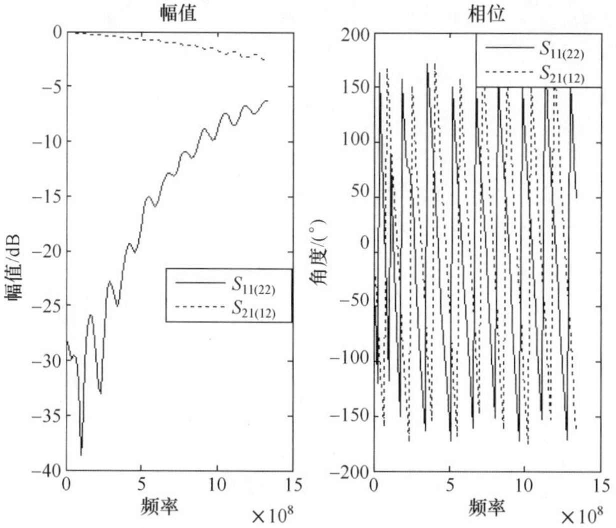

图 6.14　TRL 校准前实测端口处的 S 参数曲线

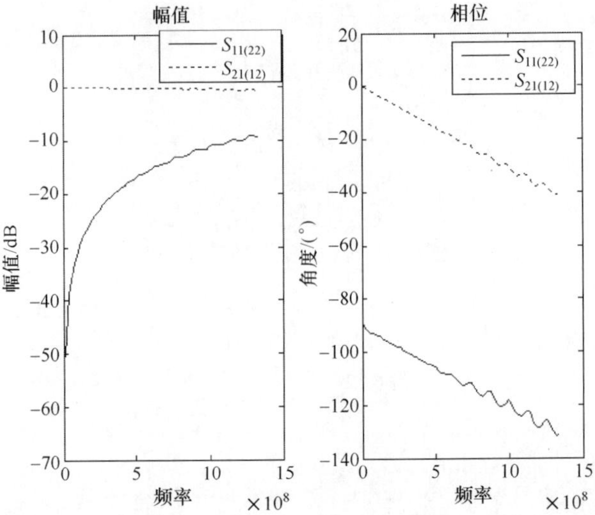

图 6.15　TRL 校准后 *S* 参数曲线

参数曲线，从两者对比可以看出，经过 TRL 校准后，将同轴-微带转接头以及过渡微带线的影响基本消除了，获得了更接近实际的测量结果。

参 考 文 献

[1] 古天祥, 王厚军, 等. 电子测量原理. 北京: 机械工业出版社，2004.
[2] 陈光禹, 王厚军, 等. 现代测试技术. 成都: 电子科技大学出版社, 2002.
[3] 汤世贤. 微波测量. 长沙：国防工业出版社, 1991.
[4] 董树义. 近代微波测量技术. 北京: 电子工业出版社, 1995.
[5] Agilent Technologies. Agilent De-embedding and Embedding S-Parameter Networks Using a Vector Network Analyzer. Application Note.
[6] Golio M. 射频与微波手册. 孙龙祥等译. 北京: 国防工业出版社, 2006.
[7] TDA. TDR and VNA Measurement Primer. Application Note, 2004.
[8] Agilent Technologies. Time Domain Analysis Using a Network Analyzer. Application Note 1287-12.
[9] Agilent Technologies. Time Domain Reectometry Theory . Application Note 1304-2.
[10] ROHDE&SCHWARZ. Time Domain Measurements Using Vector Network Analyzer ZVR. Application Note, 1998.
[11] Dima Smolyansky. TDR and S-parameter Measurements for Serial Data Applications:How Much Rise Time, Bandwidth and Dynamic Range Do You Need. Tektronix, 2007.